论坛开幕式现场 ▶

中国艺术研究院原副院长贾磊磊研究员开幕式致辞 ▶

中国电影家协会原秘书长饶曙光教授开幕式致辞 ▶

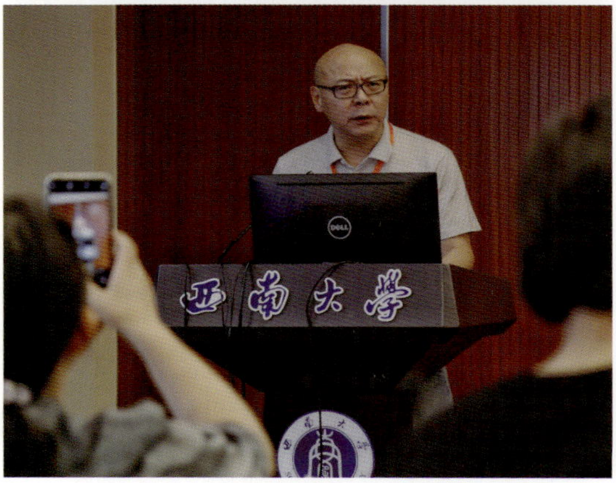

西南大学新闻传媒学院院长虞吉教授开幕式致辞 ▶

上海大学影视学院陈犀禾教授发言

海南师范大学易连云教授发言

北京电影学院王志敏教授发言

《电影艺术》主编谭政研究员发言

西南大学影视传播与道德教育研究所所长袁智忠教授发言▶

四川大学曹峻冰教授发言▶

北京师范大学张燕教授发言▶

中国文联电影艺术中心彭流萤副研究员发言▶

◀ 重庆涉外商贸学院彭成副教授发言

◀ 陕西师范大学牛鸿英教授闭幕式总结发言

◀ 参会主席台部分专家

◀ 西南大学影视传播与道德教育研究所所长袁智忠教授主持开幕式

北京电影学院和未来影像高精尖创新中心科研项目成果

中国电影伦理学·2020

贾磊磊　袁智忠　主编

西南师範大學出版社
国家一级出版社　全国百佳图书出版单位

图书在版编目(CIP)数据

中国电影伦理学. 2020 / 贾磊磊，袁智忠主编. —
重庆：西南师范大学出版社，2020.9
ISBN 978-7-5697-0386-3

Ⅰ. ①中… Ⅱ. ①贾… ②袁… Ⅲ. ①电影—伦理学
—中国—文集 Ⅳ. ①B82—056

中国版本图书馆 CIP 数据核字(2020)第 146246 号

北京电影学院和未来影像高精尖创新中心科研项目成果

中国电影伦理学·2020
ZHONGGUO DIANYING LUNLIXUE 2020
贾磊磊　袁智忠　主编

责任编辑：曾　艳　鲁　艺
封面设计：熊艳红
排　　版：吴秀琴
出版发行：西南师范大学出版社
地址：重庆市北碚区天生路 2 号
邮编：400715　市场营销部电话：023-68868624
http://www.xscbs.com
经　　销：新华书店
印　　刷：重庆共创印务有限公司
幅面尺寸：170mm×240mm
印　　张：17
彩　　插：4
字　　数：398 千字
版　　次：2020 年 10 月　第 1 版
印　　次：2020 年 10 月　第 1 次印刷
书　　号：ISBN 978-7-5697-0386-3

定　　价：68.00 元

虚拟世界的伦理失序及其生成语境

贾磊磊

内容提要

视频游戏只是在互联网上运行的千千万万个活动影像中的一个。比起金融系统、商务系统、通讯系统来说，游戏系统的问世显得似乎并不那么重要。可是，实际上数字技术、互联网、新媒体对影像的改变不仅关乎影像的虚拟世界，而且它已经嵌入到我们现实生活的方方面面特别是对我们的思维方式、情感方式、生存方式的改变正在与日俱增。我们在不能改变电影、电视和新媒体的商业化生存境遇的时候，怎样在一个商业化的平台上建构一种既符合我们这个时代的基本精神诉求，又能够符合人类共同价值取向的虚拟世界，是我们这个时代面临的重要课题。

关键词：影像艺术 伦理取向 文化批评

在文化艺术领域，文化产品思想导向的正确性并不仅仅是指社会政治思想的正确性，还应当包括文化思想的正确性，其中特别重要的是还包括着伦理道德的正确性。如果我们不能从整体上实现文化艺术作品思想导向正确性的诉求，既不能够全面完成新时期国家赋予影像媒体的思想导向使命，也不能适应当代文化产业发展的客观需要。所以，对于电影、电视、互联网的文化思想导向正确性的恪守，是在融媒体时代文化艺术创作者至关重要的社会责任。其中的核心内容是对于中国优秀传统文化精神的弘扬与传承，特别是对于中华民族伦理品格与道德精神的历史性重构。

一、虚拟技术的高仿真性正在感觉上弥合艺术假定性的鸿沟

客观地讲，我们现在的生活已经被互联网划分为两个世界：一种是网上的

世界与另一个网下的世界；一种是线上的生活与另一种线下的生活。总之，一种是网民式的生活，另一种是非网民式的生活。不管你愿意不愿意，我们每天都在这两种身份的交替与转换之中生活。它给你带来了便利也好，给你带来了烦恼也罢，其不可置疑的事实是，互联网已经深深地嵌入到我们每人每天的现实生活之中。尼葛洛庞帝在《数字化生存》(1997)中关于互联网对人类身份的重新划分的学说，如今更显示出它的现实意义。中国网民的规模目前已经超过全球网民总数的五分之一，手机网民规模达八亿以上。伴随着互联网普及而来的是网络社交平台的兴起，微信朋友圈、QQ空间等成为网民广泛使用的社交应用平台，它们已经成为国民普遍使用的通讯工具。现在，几乎所有网上的商务都在挑战网下的商务，有些甚至要将网下的买卖取而代之。像网上的书店颠覆了传统书店架上购书的销售方式，使所有的书店面临着倒闭的风险；网上的商场快捷、方便的购买方式挤压了所有百货商店的利润空间，使传统商店不得不重新寻找新的商业销售模式；网上的银行，可以让你足不出户就办理过去要等上半天才能够办理完毕的银行业务——尽管现在的银行营业厅里的人依然络绎不绝，可是一种更高效、更安全的互联网理财方式方兴未艾。与此相关的是，现在越来越多的电影和电视剧可以在互联网上观看，网剧也开始以更快的速度、更大的规模占领着互联网的播出平台。

我们正越来越多地在互联网的社交平台上看到我们不愿意看到的事件。我们看到了过去未曾见到的许多惨不忍睹的现实。现在只要你愿意，你在互联网上可以看到汽车与汽车的对撞，还可以看到汽车对行人的碾压，包括人从高楼上骤然坠下的镜头以及警察在现场将罪犯击毙的情景。有些过于残忍的镜头在好莱坞的电影中曾经都是被限制或禁止的，而在我们的互联网视频里却一再出现！我们在为影像时代的即时性、真实感而欢呼的时候，有可能某人正在失去宝贵的生命。

在自媒体时代，没有人能够对互联网上发布的每个信息做逐字逐句的检查，也没有任何机构能够对微信上的每个信息做一页一页的审读。在这种文化语境中我们一方面能够看到最直接、最真切的信息，同时，我们也看到了我们这个世界中最黑暗、最阴森的状态。一个看惯了互联网上的各种负面信息的人，他对这个世界的判断将会怎样呢？如果这个人还是个未成年的孩子，这类信息又会将他未来的思想引向何方呢？

虚拟世界与我们的现实世界看似有一道无形的屏障，阻隔着相互之间的切身交际；可是，实际上由于虚拟技术的高仿真性，虚拟与现实两者之间在心理感受上几乎已经缝合。艺术自古以来所设定的与现实的假定性鸿沟在心理的感受上正在被虚拟技术所覆盖。我们看一个虚拟的世界与看一个真实的世界，就心理感受而言已经别无二致。虚拟的影像世界如今因为科技的巨手变成了一个无奇不有的世界，惊险的变得更加惊险，恐怖的变得更加恐怖，美丽的变得更加美丽……现在的电影、电视剧也变得越来越注重对观众视听感官的吸引力。数字技术使电影越来越具有娱悦性和消费性。传统电影与观众之间建立的那种以直观的情感交流为核心的亲缘关系被无情地粉碎了，观众从此不再相信他们所面对的是一个由真实的现实元素所组成的天地。电影成了一种真正的数字游戏，一种虚拟人生的奇幻之地。如果我们把数字技术称之为吞噬真实世界的“魔鬼”，那么，它现在又把吞噬的真实世界重新吐了出来，而且吐出来的世界远比客观的真实世界更艳丽。

二、电视游戏规则控制下人类情感的道德转向

毋庸置疑，互联网在改变了我们现实生活的硬性世界的同时，也在开始改变我们生活中的软性世界。因为我们现在身处一个影像化的时代，我们对这个世界认识的主要路径是在通过影像媒介，确切地说是通过电视屏幕、电影银幕、电脑屏幕和手机屏幕来完成的。为此，有人称我们这个时代为“四屏时代”。这四块屏幕传播什么，我们就知道什么，我们就相信就是什么。在某种意义上讲，我们对世界的认知方式已经被影像媒体所引导、所控制。我们的价值观、人生观乃至世界观亦随之发生改变。对于那些世界观尚未形成或正在形成的人，这种作用更为明显。现在，如果影像媒介出现了价值的错位、道德的失序，那么，就很有可能致使我们思想的航船发生逆转。有时这种现象可能发生在一个人身上，有时可能发生在一群人身上，如果有一天它发生在一代人身上呢？

历史使我们站在一个多元道德时代的交叉口上，这里远不是一种二元对立式的道德选项那么简单。它牵涉到诸多不同的道德归属：传统与现代、东方与西方、历史与当下、现实与理想，这些不同的价值取向汇集在我们每天的现实生

活中。现在，你一旦开机，就会有游戏广告接二连三地呈现在你的眼前。你的时间再宝贵，你的意志再坚定，也会有无聊的时候，也会有走神的时候——那个时候也许就有一款游戏在等着你，或是一个视频等着你，一旦被它俘获，你的钱财可能被它席卷不说，你宝贵的生命也会为其占有。网络视频游戏现在已经成为青少年群体越来越热衷的一种休闲娱乐方式。它不仅创造了一系列被玩家所青睐的游戏品种，而且也逐渐形成了一种介入青少年群体生活的社交方式。凡是进入网络视频游戏的玩家，几乎个个被其强烈的悬念跌出的情节所吸引。轻者闲来无事打开网络自得其乐，重者则在网络游戏上通宵达旦……

在现实生活中，我们没有人会去拿自己的情感当游戏。可是，在电视的相亲节目里为了寻找自己的生活伴侣，我们就有可能就范这种情感游戏的逻辑选项。最起码人们是在以自己的出场（表演）来换取相互结识的机会——而这种非同寻常的选择机会只有在电视这种大众传播媒介中才能够提供。因为我们在生活中没有任何人会愿意当着几个人的面去选择一个恋爱对象。在一个原版引进于美国福克斯的同类节目《The Choice》，作为国内唯一的按照原版权引进模式引进制造的，主打盲选约会、转椅相亲的节目中，曾经有一位年轻的语文男老师，在节目中相中了一位自己心仪的小学女老师。他当即背诵了清代文人张潮的《幽梦影》："春听鸟声，夏听蝉声，秋听虫声，冬听雪声，白昼听棋声，月下听箫声，山中听松声，水际听欸乃声，方不虚生此耳。"男嘉宾接着对女嘉宾说，"此时此刻，我听到的只有你的声音，我愿意一生一世陪伴你"。这种山盟海誓式的真情表白，使许多在场的人和电视观众为之动容。遗憾的是这位男老师的山盟海誓并没有赢得女嘉宾的芳心。根据节目规则在女嘉宾离场之后，四位男嘉宾将面对新上场的女嘉宾进行下一轮的选择。当新的女嘉宾出现时，那位刚才山盟海誓的男老师随即第一个转过身来，他要去选择自己新的心上人。前前后后还不到一分钟，这位男嘉宾就当着成千上万的观众将自己的山盟海誓撕得粉碎！这并不是这位先生个人的道德问题，而是一种在影像媒体的游戏规则控制下人类情感世界的一次道德转向。在节目现场没有人对会这种转向存在任何疑义，因为节目的规则预先就决定了任何人都可以这样"朝令夕改"。我们想说的只是，就算从一而终是一种传统的道德观念，就算一言九鼎也是一种过去的伦理律令，就算电视节目是一个可以尽情娱乐的空间，我们对情感世界的爱情伦理难道在影像媒体的世界里就要告别得这样突兀，这样决绝，这样随意吗？比这种个人的情感表达更为严峻的现实是，在我们身处的这个时代，商业的逻辑几乎充斥到我们生活的每个领域。桑德尔的告诫确实令我们警醒："市场和市场价值以前所未有的方式掌控了我们的生活。我们并没有刻意选择这样做，但这种现象似乎就这样发生在我们身上。市场价值在社会生活中所扮演的角色愈来愈重要。如今，购买及销售的逻辑已不再仅限于有形的商品，它对整体生活的掌控程度愈来愈深。"①我们讨论的虚拟世界恰恰就处在这种越来越深的境遇之中。

三、影像叙事的伦理逻辑正在被视频游戏的商业规则所解构

在我们的现实社会中，已经开始出现了诸多与人类的伦理道德格格不入的现象。其中包括许多恶性事件，其深层的原因都与文化伦理的失序密切相关。北京某幼儿园教师因部分儿童不按时睡觉，遂采用缝衣针扎的方式进行"管教"；陕西榆林靖边县一男子将79岁瘫痪的老母亲活埋在废弃墓坑内；某大学教授竟然使用安全性、有效性不确切的技术，实施国家明令禁止的以生殖为目的的人类胚胎基因编辑活动，导致志愿者怀孕。这些有悖人伦天理的恶性事件证明我们的社会伦理失序已经到了何等严重的程度。包括在社会政治领域，基本的国家文化秩序也在某些地方被颠覆。其中最严重的是香港，那里的青年一代，对于国家的政体，对于民族的信仰，对于历史的记忆都极度缺乏认同。尽管，我们不能把这种精神的迷失完全归咎于互联网及其相关媒体，可是，以影像媒介为主体的新兴媒体，在这个历史的畸变中所起到的作用是应当进行深刻的反思的。

现在互联网时代的影像艺术遇到的是一种影像伦理的失序与重构问题。确切地讲，是在互联网上讲述的故事，特别是互联网上播放的视频游戏与传统的电影、电视剧在叙述方式上存在着根本性的差异。这就是说，电影在它一百年的历史发展过程中逐步形成了一种能够区分正邪、表现善恶、判定是非的影像叙述模式。这种语言模式通过核心句式的建构能够将观众的身份锁定在一

---

①[美]迈克尔·桑德尔.钱买不到的东西——金钱与正义的攻防[M].吴四明、姬健梅译.中国台湾：台湾先觉出版股份有限公司出版，2012：22.

个正义的、善良的、正确的视觉/心理立场上。固然，这种身份的认同是想象的、假定的、虚拟的，可是它毕竟能够通过镜头的有序运用将观众演变成为一种正义者的化身、一个替天行道的侠者，甚至一对真诚的情侣。我们虽然不能够保证百年来每部电影都能够如此信守叙事的伦理，但就影像的叙事形态而言，这种推论是可以成立的：电影与电视建立了一种观众可以通过叙事逻辑判定的伦理系统。

互联网上的游戏则与此不同了。凡是在网上玩过视频游戏的网友都应当体验过手持冲锋枪在一个固定的机位（立场）上肆意扫射的感受。这种没有人称变化、没有立场区分、没有空间变化的统一机位，我们不妨可以称之为伦理的"零度立场"——没有任何伦理支撑的叙事者的立场。而这个永久性的机位确立能够使一个游戏的玩家永远处于百玩不厌的地位。现在，视频游戏的玩家已经进入到小学生的群体之中，在一个没有任何审查门槛，没有任何道德约束的领域。与此同时，它的特定视点能够让一个游戏的玩家在互联网上成为一个不折不扣的想象杀人狂。它在无休止地满足一个玩家在潜意识中对于杀戮、对于暴力、对于超我的想象。一种在电影、电视剧之中经过精心设计、包装的叙事者的合乎正义伦理的道德立场，在互联网的语境中被消解、被颠覆、被改变了。

我们知道，影像语言的价值取向是根植于其特定的叙事方式之中，而不仅是取决于其表现题材之中。一种影像语言的建构方式是其价值体系建构的客观基础。对于电影、电视、互联网这种以影像为媒介的语言形式而言，这个逻辑同样适用。由于视频游戏的主要模式采用的是"第一人称射击"的介入方式，这种操作、游戏方法的最大特征是游戏者（玩家）无论男女老少，不管白天黑夜，都会成为一个没有道德归属、没有伦理依据的暴力实施者。他手中的冲锋枪就是其实施暴力的工具。尽管在游戏中由于玩家的失误"杀戮者"的资格可能会被取消片刻，可是，在他的身份被重新确认之后，他的杀戮本性随即会被恢复。游戏玩家这种无休止的暴力行为，不是游戏玩家本身的残酷所致，而是依从于整个游戏的程序设计确定了这样一种残酷的杀戮规则，而在这个杀戮规则的背后则是一个吞噬人性的商业逻辑在起作用。试想，如果玩家的资格在一个回合之后就被取消，还有谁能够在游戏中获得无休止的金钱受益呢？如果你为一个终日而沉迷于网络游戏中的少年因受到某种精神的伤害而起诉，你的被告是谁都不知道。一种娱乐的机制似乎是在空中形成的，它没有人称、没有归属、没有署名，可是它确实存在。也许，网络的运营商、广告的经销商、游戏的开发商这三种力量共同决定了网络游戏的本性。这也许就像你不可能因为一位戏迷出了车祸去起诉剧院，因为一位烟民引起火灾去起诉烟厂，因为一位酒驾肇事者去起诉酒厂一样，我们也不可能因为有人模仿视频游戏去杀人就起诉游戏厂家。可是，我们就因为无法在法律上对游戏厂商问罪，就终止了对于视频游戏的伦理追问吗？

四、影游无界限，杀手无禁忌

如果说，影像游戏的基因就存在着某种“原罪”。那么，大量的影像游戏被改编为电影、电视剧，其中的负面因素自然也通过影像的转换过程进入到公众的视野之中。如果在这个过程中没有经过有效的过滤。那么，在互联网上没有经过校正的“原罪”就会在电影院、电视台再度传播。通过视频游戏、网络小说改编的电影、电视剧已经进入到我们的大众传播媒介。有些时候我们过于注重题材、内容，而不注重方法、工具和形式。影像游戏并不仅仅是一种娱乐工具和休闲形式，它所承载的内容是基于其媒介自身的物质形态而专门设计的。在互联网上曾经以“影游无界限”来评价好莱坞改编游戏的电影，而网络游戏的电影化正越来越成为一种电影的改编路径。从开始的《古墓丽影》系列、《生化危机》系列，到如今的《刺客信条》《魔兽世界》《极品飞车》，尽管某些通过游戏改编的电影遭遇到“一流的特效、二流的人物、三流的情节”的诟病，但是，影像游戏与电影的联姻正在为电影提供源源不断的创意资源。

现在，我们首先关注的并不是你在游戏中做了什么，而是你一旦进入影像游戏的玩家位置，手放在鼠标上点击游戏的那一刻，你就是一个影像世界的虚拟暴徒，一个置任何法律于不顾的冷血杀手。这就是影像游戏对玩家身份的预先设定。尽管，在你面前出现的有可能是各种各样的敌人、恶魔、罪犯，但是，更多的是没有任何道德标志的对手——影像游戏的这种没有身份的角色是它与电影、电视最大的伦理差异。奇怪的是，这种将自我虚拟为杀手的游戏却产生了海量的经济收益。好在并不是所有的视频游戏都是杀手式的设定模式。《王者荣耀》这一款游戏在 2016 年的收益就达到 1789.2 亿元，相当于当年中国电影整个行业票房总收入457亿的近4倍。参与这款游戏的玩家成千上万。固然，影像游戏不是千篇一律地以杀戮作为基本的娱乐方式。可是，其间沉迷于虚拟现实中的玩家已经成为当代影像世界中不折不扣的“瘾君子”。对于年龄的限制在商业利益的驱使下，很多时候已经名存实亡。就像在法律与法规的禁忌下依然不断有人铤而走险，命令与惩罚似乎从未解决根本问题。那么，在这样一个被称为“全民游戏”的时代，我们如何与游戏共处，如何生产出“好”的游戏，如何引导游戏产业成为有着社会责任担当的生产者，如何保护好游戏主体的文化利益与心理健康，这些都是迫切需要解决的现实问题，而不是我们思考思考就可以算了的。

也许，游戏只是被互联网改变了的千千万万事物中的一个，比起金融系统、商务系统、通讯系统来说，游戏系统的改变显得似乎并不那么重要。可是，实际上影像的改变已经嵌入到我们生活的方方面面，它对我们的思维方式、抒情方式、生存方式、生活方式的改变正在与日俱增。其中包括对于我们伦理道德的改变也正在逐渐呈现。我们常说，人与生俱来是有原罪的。可是，人的原罪是在一个假想的黑暗世界里得到宣泄、得到排遣好，还是让它留在内心里，蛰伏在人的潜意识里好？我们不得而知。我们知道的只是影像游戏的这种设计是一种基于互联网的生存逻辑，而互联网的生存逻辑又必然皈依于市场的商业逻辑，所有的商业逻辑演化为影像游戏的叙事逻辑就是：将所有的影像表现元素都进行娱乐化、商业化设定，否则，商家的利润无从兑现。谋取利益对于商家而言，似乎从来就是天经地义的。我们并不是说追求作品的商业价值就是大逆不道，可是，如果我们的作品仅仅是为了追求商业的价值而置其他的所有价值于不顾，那么，就离大逆不道不远了。现在，我们在不能改变影像媒体商业化的生存境遇的时候，怎样在一个商业化的平台上建构一种既符合大众文化消费的基本诉求，又能够普遍符合人类基本的价值规范的影像世界，确实是我们这个时代非常重要的课题。

五、影像对人性的干预使人类正在失去羞耻感

我们现在是否还能够在一种新媒体的语境中保持中华民族优秀的道德风尚？尤其是在这种传统的道德风尚面临着来自现代商业思维冲击的时候，我们

怎样将这些传统的价值观保留在我们新的时代生活之中，或是去创造一种新的时代伦理与传统的道德观念相互融合？在理论的意义上确定我们的选择是逻辑推理的结果，而在现实的意义上确定正确的选择则是一种比逻辑推理更为复杂、更为艰巨的文化工程。

尼尔·波兹曼曾以《童年的消逝》为题撰写了一部电视批评的著作。他认为电视的诞生彻底改变了一代人的精神成长模式，特别是由于电视过早地介入到孩子的日常生活之中，使那些未成年的孩子过早地从电视中经历了本来应该在成年时代才经历的事情，造成了人类童年的消失。令人忧虑的是在当代社会"成人和儿童在行为举止、语言习惯、处世态度和需求欲望上，甚至身体的外表上，越来越难以分辨了"。① 在尼尔·波兹曼看来，人的读写能力的消失、教育的消失、羞耻心的消失是童年消逝的重要标志，而这一切都与电视的介入密不可分。

现在，人们宝贵的童年因为电视的干预而消逝了。与电视共同成长的人已经成为一代没有童年的人群。尼尔·波兹曼对电影与电视对人类造成的心理改变进行了深刻而透彻的分析。他指出在美国1950年至1979年期间，15岁以下的人口的严重罪犯率增加了110倍——谁也不能将这样一个复杂的社会问题全部归咎于电视的普及。可是，谁也不能否定电视包括电影对一代人心理的严重影响。电视，这个曾经被法兰克福学派抨击得的体无完肤的赚钱机器，又面临着媒介生态学派新的历史诘问。最起码，我们得承认电视削弱了我们这个时代青年男女的羞耻感。而没有基本的羞耻感，不要说人类的童年不可能存在，就是成年人的人性又将何去何从呢？现在，电视会不会成为对儿童的成长进行消解之后再一次对所有人的人性进行干预的一种无形力量呢？如果，电视的干预曾经使人类丧失的是童年，那么，它对人性无休止的干预会不会让人们丧失人类整体的羞耻感呢？笔者曾经问过成龙，什么样的电影才是他认为的好电影。他说，好电影就是一家人坐在一起看而不脸红的电影。现在我们真的不知道，如今的电影包括电视是离成龙先生的期望越来越近，还是越来越远了。（虽然，合家欢式的电影仅仅是整个电影产业中的一种版本）事实上，那种无法

①［美］波兹曼．童年的消逝［M］．吴燕莛译．桂林：广西师范大学出版社，2004：5.

在同一个空间环境中观看的电视节目、电视剧包括电影正在被批量生产，并源源不断地进入到没有分级的播出、放映系统之中。

我们常说，我们生活在一个互联网的时代，或是说一个影像媒体占据主导地位的时代，这意味着互联网、手机、电视、电影不仅改变了我们情感的方式，而且也改变了我们生存的境遇。总而言之，它似乎改变着我们的一切。我们是不是真要在现实的世界里上演一次逃离地球的故事，或是与地球一起做一次精神的漂泊呢？只有未来能够告诉我们……

2020 年 5 月 29 日

本文作者为北京电影学院未来影像高精尖创新中心中国电影学派研究部特聘研究员，中国艺术研究院原副院长、研究员、博士生导师。［本文系 2018 年度国家社科基金艺术学重大项目“中国电影学派理论体系构建研究”的阶段性成果(批准号:18ZD14)］

目录 Contents

上篇

电影伦理学的学科审视

本篇以跨学科视野审视电影伦理学的学科体系,力图进一步为学科体系的深化打下坚实的基础。交叉学科是当代学术研究创新的重要路径,世界电影理论史从某种程度上也是电影学与其他学科的融合发展史,从明斯特伯格、爱因汉姆到克拉考尔、米特里再到德勒兹……电影学在历史进程中正是由于其不断地同哲学、心理学、社会学、传播学、文化学、符号学等学科融汇才呈现出勃勃生机,才能持续开拓创新。电影伦理学本身就是交叉学科,又是一个新的学科,其学科体系的建构,其理论视角的拓展,其研究方法的完善需向其他成熟的学科借鉴和取经。

“电影工业美学”的“伦理承诺”：从“伦理至上”到“道德焦虑”

陈旭光

表面上看，“电影工业美学”似乎非常强调工业、市场、好莱坞、商业电影、类型电影，因此有学者，如徐洲赤先生，曾真诚地撰文提醒——建构电影工业美学不能忘了诗性之维。但实际上，电影工业美学作为一个理论体系，从来都是源自现实，力求“接地气”“研以致用”的，它关注诗性、人生、社会、“常人”即受众的接受和反应及文化认同等。同样，我也主张电影工业美学应该保有伦理的底线。无论怎么强调电影的工业品质、视听效果、类型化生产、体制内作者的制作、制片人中心制、票房指标、对受众和投资人负责等，在这些原则要求之余，都有一个最低限度的伦理承诺。

这在根本上是由电影的艺术特点与文化属性决定的，电影具有工业性、商业性，但它也是艺术表现形态和文化传播形态，也是不同文化冲突、交流、交汇、共鸣的场域，更是意义和意识形态生产与再生产的“空间”，千千万万的观众通过电影交流、认同、娱乐，达成某种张力性和谐。

很大程度上，中国是一个伦理本位的国度，对电影中伦理道德规范的强调和重视，既是一种人伦传统，更代表了一种中国知识分子的精神传统。忧国忧民，“先天下之忧而忧，后天下之乐而乐”，总是担忧礼崩乐坏，凤凰之死——伦理强调的是为人之理，伦理学研究人和人的关系，尤其强调家庭伦理。但道德与伦理不是一回事，道德也许更含有主观性，强调个体。对于一个社会人来说，向外他自有法律和社会伦理道德价值观念的制约，向内则应该有自觉的道德焦虑。

我们也要看到社会发展带来的家庭结构的解体和多样化，使得伦理的含义与形态与以往有了些许的不同。这在一些电影中也有表现，如“二人转”式、“拍档”式关系；《中国合伙人》《湄公河行动》《红海行动》式团队关系；《闺蜜》《小时代》的闺蜜关系。以上这些关系都不同于家庭伦理关系。一些以同性恋、同性婚姻、婚而不育、人工智能（复制人）等为题材的电影，也是先行表达了对伦理关系变化的警惕，甚至恐惧，更不用说网络上不以血缘关系为基础的新的粉丝、网友关系的出现，所以立足于家庭伦理的伦理思考也应该与时俱进。

西方宗教史上，马克斯·韦伯的“新教伦理”强调资本主义发展过程中与“新教伦理”诞生的关系，新教把宗教的戒律教条世俗化、日常生活化，使其从中世纪的宗教禁锢中走了出来，不再局限于烦琐的仪式化的律令中，这就像佛教进入中国后的世俗化，都极大地推动了社会的发展。新教对资本主义的推动意义极其强大。当下，我们也要思考传统伦理在新媒介背景下发生变化的问题。例如，“五四”新文化运动时期，新知识分子曾经艰难而无畏地思考并推动新道德、新伦理的建设。在当下网络时代，这些问题再一次尖锐而迫切起来。譬如，我们应该承认，像电影这样的大众文化，其表现伦理和道德有它的特殊性，如大众文化性、视觉欲望、快感与满足、梦的升华等，我们在谈伦理问题的时候必须尊重电影的这些特性。从某种角度讲，电影的世界与现实的世界是两个世界，遵循不同的游戏规则和道德律令。电影是梦的虚幻世界，现实生活中我们要遵守道德律令、伦理准则，但是在电影中，我们可以通过梦幻的、想象的、游戏的方式，在“刀刃上游走”的方式升华在现实社会难以宣泄的情绪。

因此我总在想，电影镜头、语言、叙事有原罪吗？电影语言有伦理道德问题吗？语言学界曾经争论过语言是不是有阶级性的问题，我认为语言只是一种工具和武器，电影语言或许也是如此。

在我看来，我们不宜在电影中强调“伦理至上”，毕竟电影不是伦理教科书和道德戒律。我们应该在“伦理承诺”的前提下，表现主体道德焦虑——一种发自主体的自觉的道德焦虑。道德焦虑按照弗洛伊德的说法是“超我”与“自我”之间的一种紧张关系，个体感觉违反了自己最初的价值或道德标准，“超我”则产生内疚、羞愧、自卑的心理，进而产生一种自我救赎的冲动，并在电影情节中外化为一系列行为和动作。

表现“道德焦虑”，一方面能够增加影片伦理叙事或道德叙事的心理内涵，另一方面能够通过“心理焦虑”的表现创生中国比较稀缺的新电影类型，如心理题材片、悬念片、惊悚片、犯罪片等。我在“电影工业美学”的阐释中论述的很多类型电影，如《烈日灼心》《一个勺子》《暴裂无声》等，都有主人公道德焦虑和自我救赎的主动追求，这使得类型电影增加了心理的深度和行为的心理依据。道德焦虑与悬疑、侦探、惊悚、犯罪等大众化电影进行了深度嫁接，比之于当下喧闹一时的嬉闹、“傻乐”的喜剧电影，这一类电影无疑更有深度，也更为耐看。

总之，从电影工业美学的伦理之维而言，中国电影应该立足伦理底线，践行伦理承诺，超越道德真空而表现道德焦虑，进而走向道德自律。

（本文原载于《现代视听》2019 年第 07 期）

由美学到伦理学：中国电影研究的一种转向

——兼及电影伦理学的建构

史可扬

进入新世纪以来，中国电影的评价原则和评价标准正在发生变化：传统的美学批评向伦理学批评拓展乃至转向，成为一种值得注意的趋向。这种趋向的出现主要是由两个方面的原因决定的：理论层面上，以“善”为研究对象的伦理学，作为一种价值哲学，理应对具有价值属性的电影有理论规范作用，伦理学批评本就应该在电影批评领域占据一席之地，在这个意义上，眼下的这种趋向，是某种理论的觉醒和复归；现实层面上，电影具有意识形态属性，电影对观众的价值观念培育和引导、对社会文化观念和思潮的影响、对正面精神价值的提倡和对负面因素的警惕及摒弃，是电影文化建设的重要任务。尤其在构建社会主义和谐社会、大力提倡社会主义核心价值观的当下，电影所扮演的角色决不能忽视，这对电影的道德伦理内容提出更深、更高的要求。而且，这种趋向与中国传统文化和美学密切相关，以儒家文化和美学为主干的中国文化和美学，同样是中国电影的主要文化和美学根源。而儒家文化和美学，本质上就是以“仁”为核心的伦理学，也正是在儒家美学的滋养和培灌下，中国电影一直把伦理道德作为主要表现领域，大到家国情怀、礼义廉耻、扬善惩恶，小至父子之情、婆媳关系、姊妹亲情，都是中国电影热衷的题材和主题。而且，从郑正秋到谢晋，中国电影一直有一条明显的儒家美学脉络，及至谢晋电影更是被称为“银幕儒学”。所以，对电影伦理学的学科性质、理论构架、伦理批评等方面的探讨，是当下中国电影理论和批评的重要课题。

对电影的价值评判，应从真、善、美三个维度出发。评价角度的不同，直接影响对电影的认知。粗略审视新时期以来中国电影批评的历史，电影的批评标准和评价原则悄然发生着改变。如果说新时期伊始，电影的评判主要依据美学原则，那么进入新世纪后，电影的评价标准呈现多元性。其中，电影的意识形态要求日益强化，与此相应，“善”的标准亦即电影的伦理学批评，有逐渐突出的趋向。换言之，由美学到伦理学，可以被视作中国电影批评的一种转向。这样一种转向，既有中国文化、美学及电影批评的传统根基，也是新世纪中国电影社会角色变化和创作走向的反映。但是，对何谓电影伦理学以及电影伦理学批评应该注意哪些问题，却缺乏深入系统的研究思考。本文即由此而发。

一、中国电影伦理学建设的迫切性

自20世纪90年代始，大众文化渐成一股强烈的思潮，在其影响下，电影的娱乐化、平民化乃至商品化倾向日趋严重。此种倾向，既是对以往电影过于偏向宣教功能的矫正，也是对市场的主动贴近和对精英意识的放逐，由此产生了许多负面影响。一个时期内，一些电影作品的精神内涵之苍白，已经接近于无病呻吟，电影艺术所应具有的文化和美学品性渐行渐远。价值向度的混乱、道德意识的匮乏越来越成为必须面对的严肃问题。所谓价值向度，就是以什么价值作为衡量标准的问题。人类的精神文化产品，无外乎真、善、美三个价值标准或价值向度，对中国电影而言，这三者同样是要实现的价值目标。需强调的是，在美之外，真与善是重要价值趋附。电影的道德意识，即对什么是电影的善做出回应，对电影表现的善和恶有正确的判断。

近年来，许多电影片面追求票房数字，商业利润无形中成为电影的价值目标，导致电影的人文内涵极度萎缩。在商业化的狂欢之下，美感和艺术性深度匮乏，代之以数字化场景铺排、服装美术设计的华丽，感官盛宴取代文化挖掘，其结果是电影的形式追求压倒了内涵和深度，架空了影片的文化内涵和艺术品位，电影沦为徒有其表的“视觉奇观”。这类电影本末倒置，忘记了艺术本体是永远不能被技术手段代替的。在这股商业娱乐化的狂潮中，以真、善、美的普遍价值标准来衡量，许多电影已经“价值失范”，电影在广大观众心目中的形象也遭到了极大的损害。

而我们的电影批评，不仅缺乏对以上乱象必要的警惕和警醒，更没有担负起足够的批判责任，甚至在一定意义上成为其同谋。一段时间以来，严肃的学理批评和批判意识，成为电影批评中稀缺的奢侈品，批评原则偏离了真、善、美的精神标准，把经济收益视为评价电影优劣的标准，一定程度上助长了这种乱象。应该说，中国电影批评曾经有过优良的传统，尤其中国电影美学在新时期得到了快速健康的发展，经过二十余年的努力，已经初步确立了电影审美哲学、电影审美心理学及观众学、电影文化学的大致理论框架[1]。但近年来，电影美学批评的薄弱、批评学风的不尽如人意，已经越来越引起人们的警惕和不满。

这里要解决的中心问题在于：电影作为具有精神品性的审美文化产品，理应将满足人的心灵需求作为主要任务。也就是说，无论电影的商品属性多么突出，也无论它的大众文化色彩多么浓烈，自诞生之日起，其定位就是精神文化产品，它必然遵循真、善、美统一的价值标准。在不同的社会条件和历史时期内，真、善、美的标准会有不同的侧重,但总的目标是电影作品应该始终成为最广大人民群众根本利益的体现者,即实现“善”的要求。换句话说,不能脱离道德关系谈论人与电影的关系,人对电影的要求,包含了对电影的“善”的要求。纵观古今中外的电影史,这一点是得到充分证明的,是我们在评价电影并对其进行价值定位时,必须坚持的理论前提。

从理论上讲,包括电影在内的艺术引起情感愉悦时,就包含着“善”的满足。因为,“美”是“真”和“善”的统一,亦即规律和目的的统一。“善”的希腊文是“agathon”,原本就有好、优越、合理、有益等含义,苏格拉底认为,“善”是一切行为的目的,其他一切事情包括快乐、理性、自制等,都围绕着“善”来进行,因而也是最高的道德价值。所以,对电影“美”的追求,就包含在对“善”的追求中,单纯地只追求一方而放弃另一方,或者人为地割裂“美”和“善”,无论从理论上还是实践上,都是错误的,其结果也是有害的。我们的部分电影的缺陷,如情感的琐碎、没有灵魂深度、概念化的主题先行、流于说教、艺术的感染力尽失等,都与此直接相关。因此,如何使电影的情感愉悦和心灵净化结合起来,事关电影的健康发展。而就眼下的中国电影来说,“善”的原则的提出和落实,是我们绕不过去的大课题。

鉴于此,诚如笔者一再论述过的,当下的中国电影亟须道德意识和道德建设规范。中国电影还远没有承担作为艺术和文化产品应该承担的使命,那就是直面现实生活、反思历史、揭示生命和人性的深层结构。日益弥漫开来的商品化、娱乐化风潮,导致中国电影文化品位和深度的缺乏,其中道德感的褪色和缺席,已经成为中国电影的一大症结。我们现在仍然把二十世纪三四十年代、八十年代视为中国电影的两个黄金时期,其原因就在于这两个历史时期的中国电影不仅有着深刻的思想内涵以及美学探求,还在于其代表性作品都在价值观念上有正确取向,以及对优良道德观念的提倡和弘扬,乃至对封建落后的道德观念的鞭笞和讽刺,如郑正秋、蔡楚生、沈浮、沈西苓、谢晋、黄健中、郑洞天、胡柄榴、黄蜀芹、吴天明、颜学恕、陈凯歌、田壮壮、黄建新、张艺谋、娄烨、张元、管虎、霍建起、贾樟柯等导演的代表作品《姊妹花》《一江春水向东流》《万家灯火》《十字街头》《牧马人》《过年》《邻居》《安居》《人鬼情》《老井》《野山》《孩子王》《蓝风筝》《黑炮事件》《菊豆》《推拿》《妈妈》《老炮儿》《那山那人那狗》《小武》等等。

二十世纪九十年代末期以来,中国电影在价值取向和价值观念上不断遭人诟病,我们不妨简单回顾新时期以来中国电影所走过的历程:在经历了政治反思、文化反思、纪实美学、文化寻根和影像美学之后,以2002年张艺谋的《英雄》为开端,出现几大导演争相拍摄所谓“大片”的热潮，相继出现张艺谋的《十面埋伏》《满城尽带黄金甲》、陈凯歌的《无极》、冯小刚的《夜宴》等；几乎与此同时，冯小刚以《甲方乙方》《不见不散》《没完没了》《手机》《天下无贼》等带动了所谓“贺岁片”及喜剧热潮，宁浩的“疯狂”系列之《疯狂的石头》《疯狂的赛车》、徐峥的“囧”系列之《泰囧》《港囧》及最新的《囧妈》，均属此列；再到青春片热，如《梦想照进现实》（徐静蕾导演）、《致我们终将逝去的青春》（赵薇导演）、《匆匆那年》（张一白导演）、《同桌的你》（郭帆导演）、《左耳》（苏有朋导演）、《栀子花开》（何炅导演）、《万物生长》（李玉导演）以及韩寒的《后会无期》《乘风破浪》、郭敬明的“小时代”系列等。在这个粗略的描述中，应该说，精神内涵和思想深度是一路走低的，人们对电影所期待的美学精神、道德内涵及价值目标，日益成为中国电影的奢侈品。

“在文化素养偏低却仍在蜕化、人心浮躁而灵魂深度却横遭消解、大众传媒争相轻浮献媚而我们的现实生活却又如此沉重的境况下，电影作为艺术或精神产品，理应具有一切真正的精神产品都应具有的根本品质：给现实中的人们以精神的泊锚地，给理想以冲破现实藩篱的梦幻空间，让有限的生命获得其永恒和超越性的慰藉。我们需要轻松和发泄，但更需要生存的‘诗意’；我们需要让电影发挥它的教育或引导功能，但它首先应以‘人性’的方式关照人的存在。所以，让我们漂泊无依的灵魂有所抚慰和归依，使我们的精神有所提升，对人生和世界有所感悟，才是电影艺术所应追求的境界。而要达到这个目标，必须有丰厚的美学底蕴作为依托，有文化的品位作为标准，即电影作为一种精神产品，它必须具有时代和社会的烟火气，与人类心灵的幽深之境相连，它应该具有一种超越精神，把对人精神生活的关照看得远胜于对感性肉体的垂青。这，就是我们呼唤电影应具有文化和道德意识的原因所在，也是我们的殷殷期待。”[2]

总之，建立和强化电影及电影批评“善”的标准，已经是当务之急。而建立这一标准的前提，就是在正确的价值观的指引下，对电影设立必要的道德阀限，并在此基础上加快理论体系化的电影伦理学建设。

二、中国电影伦理学的文化美学源流

中国电影受中国传统文化和中国美学滋养，中国电影批评也脱离不开中国文化与美学。因此，讨论电影的伦理学批评及中国电影的伦理学，核心的前提就是搞清哪些中国传统文化和美学思想观念构成中国电影伦理学的理论源流和价值向度。

美学家刘纲纪认为：“以屈原为代表的楚骚美学融合儒道两家的美学而形成了

一种既不完全属于儒家也不完全属于道家的新的美学倾向，并在中国美学史上和文艺史上产生了巨大的影响。因此，我们研究儒道两家美学的相互渗透，主要应研究楚骚美学。自先秦以来，中国古典美学实际上可以划分为四大潮流——儒家、道家、楚骚、禅宗。其中，儒道是基本，楚骚是融合。禅宗是道家与佛教唯心主义融合的结果。”[3]这段论述是国内美学界关于中国传统美学“儒道骚禅”四大主干说的代表性表述。与此四大主干说相近的，还有以李泽厚为代表的儒道互补说，即如果把艺术划分为“向外”的社会功用和“向内”的本体建构两部分，儒家美学重在前者，后者则是道家美学的重点所在。

“如果荀子强调的是‘性无伪则不能自美’，那么庄子强调的却是‘天地有大美而不言’。前者强调艺术的人工制作和外在功利，后者突出的是自然，即美和艺术的独立。如果前者由于以其狭隘实用的功利框架，经常造成对艺术和审美的束缚、损害和破坏；那么，后者则恰恰给予这种框架和束缚以强有力的冲击、解脱和否定。浪漫不羁的形象想象，热烈奔放的情感抒发，独特个性的追求表达，它们从内容到形式不断给中国艺术发展提供新鲜的动力。庄子尽管避弃现世，却并不否定生命，而毋宁对自然生命抱着珍贵爱惜的态度，这使他的泛神论的哲学思想和对待人生的审美态度充满了感情的光辉，恰恰可以补充、加深儒家而与儒家一致。所以说，老、庄道家是孔子儒家的对立的补充者。”[4]“就思想、文艺领域来说，这主要表现为以孔子为代表的儒家学说，以庄子为代表的道家，则做了它的对立和补充，儒道互补是两千年来中国思想一条基本线索。”[5]

也就是说，儒家文化和美学的主要贡献在于对中国艺术进行外在价值引导，确切言之就是艺术要由“礼”“仁”等进行规范，艺术的道德标准和道德意义亦即“善”高于“美”，在这个意义上，儒家美学就是伦理学美学。所以，谈到中国电影的伦理学理论渊源和价值导向，主要就是儒家文化美学给中国电影提供的土壤。

直言之，以孔子哲学为思想基础的儒家美学属于道德哲学，“仁”“礼”等既是伦理学也是美学范畴，个体如何达至“仁”的境界，以及基于血缘关系的社会等级秩序的维护，是孔子关心的核心问题：“为仁由己，而由乎人哉？”[6]“仁乎远哉？我欲仁，斯仁至矣。”[7]“一日克己复礼，天下归仁焉。”[8]审美和艺术在孔子及儒家那里，本质上只是“行礼施仁”的途径和工具。

实质上属于伦理学的儒家美学，对电影的伦理学评价原则及电影伦理学的影响，无疑更具有直接性和现实性，尤其其入世精神，“士不可以不弘毅，任重而道远”[9]等基本主张，被认为是中国艺术现实主义精神的思想根源。也正因此，重视电影的社会功利性以强调电影艺术家的社会责任感,用中国电影早期最著名的导演郑正秋的话说即电影要“教化社会”、电影艺术家要有“良心”,这样一种电影美学传统,同时也是电影伦理学血脉,贯穿于整个中国电影史,乃至在每个重要历史阶段都发挥重要作用,并出现了众多的代表性电影作品。中国电影的第一部长故事片《孤儿救祖记》开其端,默片时期的主要影片《姊妹花》《狂流》《春蚕》《都会的早晨》《三个摩登女性》《民族生存》《渔光曲》《新女性》《生之哀歌》《逃亡》《桃李劫》《风云儿女》《压岁钱》《十字街头》《大路》《马路天使》,二十世纪四十年代中国电影黄金期的《万家灯火》《一江春水向东流》《乌鸦与麻雀》《八千里路云和月》《松花江上》《还乡日记》《夜店》《幸福狂想曲》,“十七年”时期的《红旗谱》《甲午风云》《舞台姐妹》《革命家庭》《英雄儿女》《小兵张嘎》《农奴》《英雄儿女》等“革命现实主义和革命历史主义”影片,谢晋的一系列影片如《芙蓉镇》《牧马人》《风云山传奇》,第四代“文化反思”电影如《人生》《良家妇女》《香魂女》《老井》和第五代的代表影片《孩子王》《黄土地》《活着》《红高粱》《蓝风筝》《猎场札撒》,直到第六代的《站台》《小武》《鬼子来了》等。这些电影作品无一不是凸显鲜明的现实主义精神与强烈的社会功利色彩,伦理学色彩非常浓厚,中国电影的伦理学源流也主要在此。

三、中国电影伦理学理论框架和主要问题

应该承认,中国电影伦理学仍然处于起步或草创阶段,一些基本问题还没有解决,笔者认为,如下几个问题是首先要解决的。

1. 电影伦理学的学科性质和基本问题

电影伦理学作为一门学科,至少和两个学科关系紧密:电影学、伦理学。学科性质上,它属于哲学性质的理论学科,学科基础是伦理学,而非电影学。这是首先应该明确的。所谓哲学性质的理论学科,基本规定是它所探讨的问题是具有根本性的,所采取的思想方法是理性思维方式。

十八世纪德国哲学家鲍姆加登在创立美学时就已经指出,人性结构分为知、情、意三者,应该有不同的学科进行研究,相对应的,研究知的是逻辑学,研究情感的是美学,而研究意志的就是伦理学。此种看法把伦理学与逻辑学、美学并列在一起,将其视作对人类心理结构进行研究的学科。从学科层次上看,伦理学是研究人类的根本问题的。

伦理学的研究领域是意志,研究对象是道德,核心问题是价值、意义等。与此相应,电影伦理学的研究对象就是电影的道德问题,核心是电影的价值和意义。

2.电影伦理学的构架

与一些电影学科类似,电影伦理学的学科框架仍然模糊不清。笔者认为,既然是电影伦理学,就应该遵照伦理学的理论框架来构建电影伦理学比较合理。

这里,要特别注意几个概念的区别:电影伦理学、伦理电影学、电影的伦理学研究,厘清这三个表述是前提,三者是不同的。

电影伦理学是一门学科,属于伦理学的一个分支,如同电影美学、电影经济学、电影传播学等一样,其实质是哲学体系的组成部分、一个分支学科——应用(实用)伦理学。

伦理电影学,是把"伦理电影"作为一种类型的研究,是对以伦理问题作为主要表现主题的电影的研究,如对谢晋电影、"伦理情节剧"的研究等,其实质是电影学。

电影的伦理学研究,是从伦理学角度对电影进行的研究,探讨电影中表现的伦理学问题,其实质是伦理学。

纵观电影伦理学的研究现状,多为后两个层面的,第一个层面的很少涉及。笔者认为,应该由如下一些内容构成电影伦理学的主要框架:

电影的道德原则——电影必须遵守的基本原则,如提倡正面价值,遏制负面价值,坚守正确的价值观。

电影的道德评价——对电影活动所涉及的道德问题作出判断,其基本的标准是有正确的是非观、荣辱观、正邪观、善恶观。

电影道德规范体系——道德规范是一个国家所有公民必须遵守和履行的道德规范的总和。电影必须遵循的道德要求,即对电影人及电影活动制定道德原则,如公民的基本道德规范是"爱国守法,明礼诚信,团结友善,勤俭自强,敬业奉献",对电影人的道德规范也可以参照制定。

电影的道德效果——电影对人的教育意义、人格影响、人性培养等。

电影的意义——电影的价值问题,核心是判断电影是否有助于促进道德上的"善"。

3.电影伦理学批评的三个主要层面

一是电影文本伦理学批评。没有电影文本就没有电影伦理学,或者说电影文本是电影伦理学批评的首要对象,因为电影人的伦理思想与伦理观念,都会保存在电影文本中。

二是电影人物伦理学批评。电影伦理学批评的主要是电影作品里的人物,而不是故事情节与语言形式。因为"伦理"主要还是人物的伦理,人物的伦理身份、伦理意识、伦理思想与伦理观念。这部分比较重要的是人物心理研究。人的伦理身份、伦理困境、伦理选择等,核心是人的心理、人的情感、人的观念、人的思想、人的意志等。

三是电影艺术家伦理学批评。此方面的研究有很大的现实意义,电影作品的道德观念是由电影艺术家决定的,对导演、编剧、演员等主创人员和管理人员的道德观念的研究是重要方面。电影伦理学批评的最基本方面,就是"人性基础理论",亦即"抑恶扬善"。

4.应予澄清的问题,即值得警惕的伦理学批评倾向

一是电影伦理学不等于电影意识形态学,电影伦理学批评不等于电影意识形态批评。

二是电影伦理学批评不能沦为"道德审查"。道德原则和道德意识是电影伦理学批评的主要领域,但这并不意味着把伦理学批评与道德审查混为一谈,简而言之,伦理学批评是学理批评,道德审查是带有社会功利性的现实评判,二者有融汇和贯通的部分,但真正科学的伦理学批评必须是客观和理性的,是与现实保持一定距离的。

三是道德的"一般"和"特殊","义"的普适性原则。亦即,道德既有抽象性,也有具体性,在电影伦理学批评实践中,要坚持普遍性原则,也要对影片中的道德观念、道德意识和道德行为进行具体的历史和民族特征分析。

四是道德标准不能混同于美学和艺术标准。如"爱国主义""民族主义"等,可以作为道德标准,但绝非美学和艺术标准。

以上对电影伦理学的思考还是初步的,但可以欣喜地看到,国内已经有不少影视理论专家对此问题产生了浓厚的兴趣,两次全国性的电影伦理学研讨会召开并出版了会议论文集,一些专业理论刊物也开始发表相关的理论文章,笔者相信,假以时日,电影伦理学将成为电影理论及电影批评领域的"显学"。

注:

[1]史可扬.改革开放30年中国电影美学的流变[N].光明日报,2008-12-07.

[2]史可扬.浅议电视的道德意识和道德建设[J].中国电视,2009(1).

[3]蒋孔阳.美学与艺术评论(第一卷)[M].上海:复旦大学出版社,1984:55-56.

[4]李泽厚.美的历程[M].北京:中国社会科学出版社,1984:65.

[5]李泽厚.美的历程[M].北京:中国社会科学出版社,1984.59.

[6]王超.论语[M].北京:北京联合出版公司,2015:95.
[7]王超.论语[M].北京:北京联合出版公司,2015:59.
[8]王超.论语[M].北京:北京联合出版公司,2015:95.
[9]王超.论语[M].北京:北京联合出版公司,2015:64.

(本文原载于《艺术广角》2020 年第 02 期)

消解电影原罪的叙事策略:视觉禁忌的诗性表达

——兼论中国电影学派的影像伦理表征

刘永宁

“视觉禁忌”是电影画面中约定俗成的表现禁区,电影作为“现实的渐近线”,它的“物质现实复原”特性或者说与现实关联的“直接性”“逼真性”决定了其画面是最具感染性、同化作用和效法驱动力的媒介。电影自诞生以来,影像的道德批判、文化批判、政策规制与人的观影心理预期而导致的娱乐影像泛滥在对立中此消彼长、相伴共生,不同社会伦理环境和媒介生态,对电影的传播价值存在着不同的道德判断,在当前商业逻辑主导下的电影市场,突显了电影的娱乐本性。鉴于我国电影分级制度尚未出台和传播媒介多元化、个人化背景,低俗、暴力、血腥和赤裸裸的性表现不加掩饰地占据银幕,对社会尤其是青少年的成长带来许多负面影响,电影这一“原罪”被放大,进而挑战了电影的伦理底线。在尊重电影艺术创作规律的前提下,如何走出娱乐影像观影心理预期与道德戒律的困境,化解电影媒介特性自身的“原始罪孽”,净化银屏,是中国电影伦理学研究必须直面的课题,也是我国电影创作者的责任担当和亟待解决的问题,中国电影的文本经验在这一领域为中国电影学派的影像伦理学的理论建构提供了丰富的实践个案,从而构成了本研究的立意动机和问题出处。

一、电影原罪的由来

“原罪”一词源于基督教,人类原罪包括:傲慢、嫉妒、暴怒、懒惰、贪婪、暴食、淫欲七种,引申到电影有相近之处。作为“第七艺术”的电影,从诞生之日就被作为“市井杂耍”来满足人们对活动影像好奇的商业行为。奠定电影叙事基础的《火车大劫案》首先是一部警匪动作片,大卫·格里菲斯的《一个国家的诞生》《党同伐异》都是以血腥、暴力、杀戮与战争为主题的商业巨制,“尽管该片在影片的道德方面存在种族偏见,却在商业上大获成功,公映一年票房盈利就达 100 万美元,这在当年已属票房奇迹了”[1]。正如电影史学家萨杜尔所言,“1915 年 2 月 8 日《一个国家的诞生》首次在美国上映的日子乃是好莱坞统治世界的开始”[2],由此可见,电影从问世之初,就与“血腥与暴力”有着天然的联系。同样,电影的商业诉求与娱乐影像表述机制、人观影的心理预期也是分不开的。

电影的媒介特性决定其表述机制，迄今为止，电影是唯一的能以具象的形态表现时间、空间和运动的艺术，所以它与物质运动、现实生活、人类行为有天然的亲近性和逼真性。因此，电影银幕是承载着人类现实幻觉的中介，按照英国著名电影理论家、制片人劳拉·穆尔维的观点，“电影的演进似乎演化出某种现实幻觉，本能欲望和自我之间的这种矛盾在其中找到了一个完美互补的幻想世界。实际上，银幕的幻想世界服从制造它的法则，性本能和认同过程在象征世界都有表达欲望的意义”[3]。也就是说，人们通过对银幕现实幻觉的认同来投射原始本能欲望，银幕影像就成了观众欲望的对象，心理满足感由此而生；然而，观众观影的心理预期又是如何界定的呢？劳拉·穆尔维在其著名论文《视觉快感与叙事电影》、论著《恋物与好奇》中将娱乐影像的观影过程和心理归结为“窥淫、恋物、好奇”，其中“好奇”是动力，“恋物”是欲望，“窥淫”是目的，他们通过“自我”与“银幕幻象”的双重认同获得欲望满足和情感宣泄，这一心理预期是构成观众观影认同机制的心理基础。由此看来，电影“原罪”的根源是媒介特性与人的观影预期共同作用的结果。“暴力与性”何以成为电影“原罪”的首位呢？原因在于《圣经》界定的人类七宗原罪中，“暴力”和“性”是最具行为动作表现力的叙事元素，也是人类原始欲望借助银幕对象化最直接的动力和视觉快感产生的渊薮，这从世界商业电影集大成者好莱坞电影的经典叙事文本中可以得到明证。从埃德温·鲍特导演的早期电影《火车大劫案》、格里菲斯的《一个国家的诞生》到经典时期的西部电影《关山飞渡》《疤脸大盗》《正午》，再到新好莱坞时代的《邦妮与克莱德》《教父》《美国往事》《发条橙》，直至现代的《本能》《致命的诱惑》《铁面无私》《速度与激情》系列，尽管重复除恶扬善这一符合好莱坞商业道德准则的不变主题，但就影像层面，无不通过“暴力与性”带给观众血腥、恐惧与色情，这种赤裸裸的银幕刺激，在某种意义上是有悖于电影伦理的，也说明了电影背负的“原罪”与人类的“原罪”一样，是与生俱来的。

伴随电影艺术的数字化革命，影像再现物质现实世界和人心理世界的能力与日俱增，电影制作设备便携化、大众化，使影像生产门槛日渐降低，互联网和手机移动终端的普及大大拓展了电影影像的传播方式，媒介融合、跨屏传播、纪实性微视频的霸屏趋势使影像的生产更加个人化、自由化、露骨化甚至低俗化。反观主流电影商业化和商业电影娱乐化主导下的中国电影产业，突出市场导向、票房评价，追求感官刺激、技术至上，电影娱乐化诉求成为大众观影的主导价值取向，尤其是手机短视频的泛滥，将大屏幕禁忌的暴力、色情、恐怖、隐私肆意传播，这一媒介生态无疑助长了电影暴力、血腥和性表现的原始罪孽；另一方面，在影片视听表述上，“杂耍”构成了现代电影娱乐影像重要的表现手段，“爱森斯坦的‘杂耍蒙太奇’在剥离了意识形态功利性演变成今天商业电影中纯粹营造视听感染力的形式技巧，在枪战、武打等动作段落中成为手段”[4]。这种形式技巧通过对动作段落的叙事时间重组，有力地渲染了枪战、武打的视觉冲击力，助长了电影影像对动作段落的表现，强化了观众对暴力段落“奇观性”的观赏预期，为电影传播暴力文化起到助推作用。

回顾电影艺术一百二十多年的发展历程，为人类社会文明、审美文化、经济繁荣做出了巨大的贡献，但就其影像的原罪性而言，也为整个社会带来诸多消极影响，这是毋庸置疑的，电影的“原罪”需要借助法规和伦理两方面进行合理的规制也是必然的。

二、电影影像伦理与视觉禁忌

著名电影学者贾磊磊先生指出，“电影伦理学最原初的理论问题，可以演变为一个对话式的问题：镜头有对错吗”，进而强调“镜头的对错是电影伦理学的逻辑原点”[5]。此言意指，电影镜头的价值判断、道德判断、审美判断是一部电影伦理评判的基础，也是电影伦理学学理构成的核心。因此，对电影影像伦理的研究必然成为电影伦理学研究的起点。

电影影像伦理意为电影画面构成元素、视觉符号、表意系统、结构方式及蒙太奇组接技巧中呈现出的文化价值观、商业道德观、社会责任感的总和。广义地讲，可以概括为“电影影像生产与消费文化的道德总和”，体现于电影制作、传播、观影、批评等领域。对电影影像伦理的研究主要从电影叙事和电影画面的视听构成两方面切入进行价值评判和理论归纳。

“视觉禁忌”一词源于 20 世纪 70 年代初的美国先锋派电影美学观念，其含义是“把一切遭到禁止并认为‘不得体’的形象和情景称为‘视觉禁忌’，并主张打破这种‘视觉禁忌’，让电影摄影机去‘窥视’犯禁和‘不得体’的情境和对象，认为这是先锋主义电影最主要的社会文化职能”[6]。这是一个相对广义的概念，其中包括了故事情境、主题立意，就电影画面而言，可以表述为“电影镜头中约定俗成的表现禁区”，主要包括：(1)电影画面中赤裸裸地表现淫秽、裸露、色情、暴力、血腥、低俗及能够引起生理不适的场景、细节、动作、符号；(2)有损于国家形象、民族风俗、宗教伦理、主流价值、文化精神的场景、细节、动作、符号；(3)不加遮掩地表现犯罪过程和细节，有诱导犯罪之嫌的镜头。显然，电影画面存在着视觉表现的“特区”和“禁区”，电影应该表现什么与忌讳表现什么是这两个区域的分野，不同国家和地区在设定“视觉禁忌”的边界和底线时，往往受限于民族文化传统、审美心理、宗教信仰和社会价值观，这是一个复杂的电影伦理学命题。实际上，电影诞生以来，世界各国电影主管部门都有相应的法规，包括各种审查制度，比如，早年的“海斯法典”到“电影分级制”及形形色色的审查条例，这些措施从法律和政令层面对电影从题材到影像进行了限制，在一定程度上有效地控制了“视觉禁忌”画面的传播，净化了电影银幕；然而，从法规之外的伦理领域如何使影像的创作者、发布者形成一种道德自觉，是电影影像伦理学关注的界域，对“视觉禁忌”画面的处理方式也就构成了电影影像伦理学的最基本问题。

值得指出的是，“我们也不能因为电影诱发了某些社会犯罪，就叫停全部电影产业。我们现在讨论电影伦理问题在于它指涉到我们怎么样以学术的方式来消解电影的原罪”[7]。也就是说，以何种方式平衡禁忌元素与道德戒律的冲突？契合点在哪里？我们处理电影与生俱来的暴力与性的底线又在何处？

三、“视觉禁忌”的诗性表达是有效净化电影银幕的策略

“诗性”的概念谱系主要源自西方，但其含义又与中国古典美学的核心范畴“意境”“境界”“情感空间”有一定的联系，可以表述为“一个超出了具体可感的物质世界的空间，一个微妙丰富的情感世界，乃至指向一个超凡脱俗的超验世界；情感、想象、节奏是其特征”[8]。可见“诗性”是情感化、审美化了的物象世界，也是审美主体的诗情对象化了的物化形态，“诗性表达”就是运用诗的语言对审美客体进行艺术加工，使其产生具有意象、隐喻、象征意味的文本。电影是叙事艺术，“所有的叙事艺术在铺陈叙事的过程中，都难以规避抒情艺术的诗性结构”[9]，电影当然不例外，只不过面对不同的规定情境其叙事策略不同而已。

电影中“视觉禁忌”的诗性表达是充分运用电影艺术造型表现手段，以鲜明的视觉形式将禁忌元素充分写意化、审美化、符号化表现，达到一种相对陌生的间离效果，以弱化或消解禁忌元素表现的直接性。俄国形式主义评论家维克多·什克洛夫斯基在《作为手法的艺术》一文中指出：“艺术的技巧就是使对象变得陌生，使形式变得困难，增加感觉的难度和时间长度，因为感觉过程本身就是审美目的，必

须设法延长。”[10]换言之，这种通过“诗性”化加工表现出与真实的现实物象的“陌生化”，可以有效地消解血腥、暴力、色情场景的直接性和逼真性，产生神似形异的想象空间，引导观众以一种积极健康的视觉审美化解对暴力与性窥视的心理预期，以审美的方式接受视觉形象，达到培育高雅、健康的艺术趣味的目的。

电影“原罪”对社会产生的消极影响往往通过“视觉禁忌”元素的直露传播实现的，一味放纵银幕“暴力与性”的泛滥，必为社会伦理道德所不容，对其进行诗意化消解是在不违背电影艺术创作规律的前提下化解电影“原罪”的有效策略，有效起到净化电影银屏、构筑电影影像伦理的底线、平衡观影窥私心理期待与社会道德戒律的对立的作用，从电影创作的角度解决了电影伦理学的若干元命题。

尽管不同的国家和地区民族文化、宗教信仰、意识形态存在差异，但对电影中的“视觉禁忌”却有相对一致的认知，除了通过立法或颁布行政审查条例对其进行限制之外，从电影伦理层面对其进行道德批判，以艺术化的方式对禁忌题材和禁忌画面加工，含蓄迂回的传播策略是许多国家电影创作的共同做法。值得指出的是，文化传统、审美理想、宗教风俗的异同导致艺术处理的风格和表达方式不同，中国电影中“视觉禁忌”诗性呈现的文本特征构成了中国电影特有的影像伦理观。

四、中国电影“视觉禁忌”诗性呈现的文本特征

中国电影中诗性化的文本呈现与一般叙事性段落的视听构成在影像形态上有所不同，前者称之为“诗性影像”或“诗性影像形态”，注重“空间造型意象化、时间拓展情感化、影像符号象征化、视听节奏感染化”；“叙事型影像形态”则强调画面叙述是线性的、逻辑的、理性的、因果的。中国电影中的这种“诗性影像”继承了中国文学艺术的诗性美学传统，吸收了中国传统绘画的写意风格，注重叙事空间的“意境”营造，集中体现中国主流审美文化精神和艺术传统，在对禁忌画面处理上有其独到之处。

1. 意象化表现——追求空间造型的整体表意

影片《红高粱》中九儿和我爷爷在高粱地“野合”一场戏，可谓是“视觉禁忌”意象化呈现的经典。严格意义上讲，我爷爷胁迫九儿就范，有明显的强暴意味，看似是对传统婚姻道德的颠覆；但从故事层面来讲，首先有了如花似玉的九儿在父亲包办下，将她许配给 50 多岁患有麻风病的男人李大头，这是有悖于闺女意愿的封建婚姻包办行为，本身就存在着不道德的前提，使得九儿为眼前这个激情充沛、粗犷

豪气、敢作敢为的男人献身有了人性依据;尽管如此,直露的性表现显然违背视觉禁忌原则,采用影像意象化表达、仪式化处理有效地规避了充满色情意味的细节,带给观众强烈的视听震撼和意犹未尽的回味。

该场戏充分调动色彩对比、运动节奏、光线气氛和音响渲染手段,营造了充满激情与诗意的视觉段落,时长3分钟的39个镜头中,使用了17个眩光镜头。[11]最出色的要数九儿在逆光下,闭上了双眼缓缓后仰倒地出画的瞬间,她平静又充满期待的表情在柔和暖调光的沐浴下显得异常满足,其身后强烈的直射光射入镜头,观众产生炫目的视觉刺激,光线气氛将观众带入奇异、超验的情感世界;我爷爷亢奋、狂野的动作,在手持摄影机晃动的跟拍下,被其遮挡的光线反复冲撞着镜头,如同心脏跳动般的节律,将一种原始生命的激情和冲动传递给了观众,他在扳倒的高粱秆上踏出了一块圆形平整区域,面对平躺的九儿慢慢下跪,此刻,伴随鼓点唢呐齐鸣,强烈的仪式感、敬畏感油然而生;接下来的镜头并没有直接展现两人的激情动作,而是连续叠化了几个舞动的高粱在逆光中随风摇曳的空镜头,赋予自然以强烈的生命意识和崇高的审美意象,这里光线、运动、音乐、空镜头与人物心理交织的浑然天成,用含蓄、隽永的美感表达并取代了简单、直露的禁忌行为,既是生命的颂歌,也是人性的升华。

吴天明导演的影片《老井》中,旺泉和巧英被困塌方井下的一场戏,在找寻旺才未果的情形下,濒临绝望的两颗心在与世隔绝的枯井,点燃了深藏内心的爱欲,相拥在一起。此时,镜头处理的次序是深情依偎、油灯空境、激情拥抱、最终两人激吻的画面与四个连续叠化的太行山峦缓摇镜头的剪辑,伴随着忧伤的配乐,将炽热的爱情、生命的激情与永恒的自然通过诗化的手段交织、升华。这种诗性是借助承载了生命和情感意象的大山与镜头凝重、舒缓的运动传递出来的。那个时代的电影银幕,更多的用巍峨山峦、苍松翠柏、惊涛拍岸表现英雄的精神,用这个符号诠释爱的激情并不多见,这带给观众陌生化、诗意化的情感体验,将观众窥私的心理预期引导至崇高和美的境界,诗性消解了禁忌元素。

2.审美化渲染——实现暴力画面的美轮美奂

银幕暴力动作的诗意化、唯美化呈现被电影理论界称之为“暴力美学”画面,按著名动作片导演吴宇森的表述就是把暴力场面和动作拍得很美,使其具有形式美和节奏美,也就是说:“电影中对暴力的形式主义趣味,就是把暴力和血腥的东西变成纯粹的形式感。它主要发掘枪战、武打动作或其他一些暴力场面的形式感,并将这种形式感美化到炫目的程度。”[12]这类画面更多出现于动作片中，其主题主要是正义战胜邪恶、英雄惩治歹徒、光明照亮黑暗，有鲜明的价值判断和善恶分野，观众在动作的节奏与美感中经受道德和情操的洗礼，具备电影“视觉禁忌”诗性表达的显著特征。比如，张彻、吴宇森、胡金铨、徐克等导演的影片及国产电影《战狼》《红海行动》《湄公河行动》，也包括《英雄》《卧虎藏龙》中的武打、枪战场景。“暴力美学”画面不仅出现于商业电影，也出现在艺术或其他类型的影片中。究竟“暴力美学”画面的形式感是通过何种元素得以诗性呈现的呢？以电影《英雄》中飞雪与如月胡杨林对剑的段落为例。

张曼玉扮演的飞雪与章子怡出演的如月在胡杨林斗剑一场戏是极富视觉想象力的动作经典，这场戏充分调动了色彩对比、升格拍摄、气氛元素烘托、镜头角度变化、动静节奏交替等艺术表现手法，把这一段落演绎得美妙无比。第一阶段如月追杀飞雪的37个镜头中，主要用了“威亚”[13]技术将人物悬于空中产生飞檐走壁的动感，两人红色的衣裙与大片杏黄色树林形成鲜明的大色块对比，色彩艳丽炫目，加上升格摄影造成的慢动飘逸、曼妙，如月执剑三次直冲地面的镜头，角度奇特，冲击力强；奇异的角度带来陌生体验，慢动作似情绪的延续，色彩的变幻如意象流动；在接下来飞雪应战的64个镜头，采用了剑起舞动黄叶漫天飞舞，置于人物动作的前景，在音响的配合下将杀戮的气氛渲染成一曲斑斓的视觉交响诗；打斗动作静动结合，打打停停，形成鲜明的视觉节奏，出神入化的人物表演和台词在动作休止的瞬间清晰传递；段落最后如月被剑刺中渐渐倒地，画面慢慢地被鲜血染红，如月的复仇以血染胡杨林的画面意象结束，完成了生命的升华。“张艺谋导演的《英雄》，尽管在历史层面存在着这样或那样的问题；但是，导演对暴力的诗化表现，使得整部影片在视觉上呈现出一种低度暴力的特点。”[14]

徒手打斗暴力场景的诗性呈现，在电影《有话好好说》中有异曲同工之处。安红纠集男友刘德龙等人殴打赵小帅一场戏，整个段落1分10秒，摄影师吕乐通过肩扛摄影机的摇晃画面产生的剧烈动荡，配合前景快速掠过的汽车虚影恰到好处地遮蔽了后景殴斗的惨烈，避实就虚，别具特色；背景音乐加以悠远抒情的歌曲《爱到永远》，舒缓的节奏与打斗的激愤形成对比，对比本身就是一种“诗境”，而这种“诗境”产生于声画间的节奏、情绪、运动共同传递的韵味，将一场原本很暴力的殴斗表现得超凡脱俗、意味盎然。

3.符号化隐喻——营造视听元素的诗意象征

借助于电影中的视觉符号将“视觉禁忌”元素进行象征化、隐喻化表达的艺术方法,构成了诗性表达的另一种类型。比如中国第五代导演陈凯歌的开山之作《黄土地》中翠巧出嫁一场戏,抬新娘的花轿放定以后,花轿红帘被掀开,此时画面没有直接给新娘的镜头,而是连续切进了一组包括弟弟憨憨的旁观、父亲的无奈及几个空镜头,镜头转换到婚房,披戴着红盖头的翠巧静坐在婚房的窑洞的床头,镜头由小全切到近景,一只乌黑的男人手从右下角伸进画面,粗暴地揭去了她的盖头,露出翠巧惊恐的脸,她慢慢地向墙角退缩。此刻借助于劳拉·穆尔维的视觉快感说,观众尤其是男性观众会认同于剧中缺席男人的视点,预期窥见少女翠巧被蹂躏的动作过程。然而,导演回避了直接表现,而是突然切入被周传基教授称之为“新时期中国电影第一剪”[15]的延安腰鼓队员跳起敲击铜锣的特写,利用两个空间的色彩变化、节奏变化、气氛变化,传递翠巧没有走出那片黄土地的悲剧命运,男人的黑手符号化地隐喻了导致女性可悲命运的并非某个男人个体生命,而是整个愚昧、没落的父权、夫权伦理范式。这种诗性处理技巧,有效规避了动作带来的禁忌画面,隐喻地表达了影片主题。

根据王朔小说《动物凶猛》改变的电影《阳光灿烂的日子》,是一部表现处于青春期少年因性意识萌动而导致其激情四溢的青春记忆影像。从弗洛伊德精神分析学的视角解读,片中人物的行为方式是典型的“力比多”转化形式,姜文导演并没有像欧美青春片那样过多直露地表现性冲动和性行为,而是利用象征性符号解构禁忌,比如高耸的烟囱、发现米兰照片时的单筒望远镜等,马小军帮米兰洗头用水壶倾倒水柱于米兰裸露的脖颈的细节,有明显的暗示性,但被摄影师顾长卫高超地用光技巧遮蔽掉了,上述画面在柔美的光晕[16]下显得生机盎然、美妙绝伦。

电影《菊豆》中杨天青与菊豆在染布坊偷情的戏,颇有烈火遇干材般的激情,镜头呈现的是行为中菊豆下意识地用脚蹬开挂染布支撑轮轴的支杆,导致大红染布倾泻而下的画面与菊豆面部表情交叉剪辑的技巧,突出了象征欲望的红色与快速下落布帘节奏产生的情欲与冲动像决堤的洪水,一泻千里,这里红色和快速下落、充满动感的染布符号化地表现了这一禁忌场景。《红高粱》中的九儿、《大红灯笼高高挂》女主角宋莲的情感经历有相似的设定,这点与某些欧美电影中纯粹情欲猎奇有根本的不同。

中国电影在“视觉禁忌”的叙事策略上表现了对影像伦理道德戒律的坚守,并成为一种自觉，这在某种意义上讲，不仅表现出影像叙事的诗性美学风格，也是中国电影的优秀伦理文化传统的彰显，这也从另外方面突显了中国电影学派的影像伦理观。

五、中国电影学派的影像伦理表征

中国电影学派的理论体系建构，是基于中国电影特有的历史经验、创作方法、美学风格、价值体系、产业机制的理论总结和话语表述，体现在电影创作、生产、批评、传播、伦理诸多方面的一项系统工程。其中，电影伦理学理论建构是具有中国特色的电影价值体系的重要组成部分，必然构成中国电影学派理论体系的重要分支。纵观中国电影百余年的发展历史，主流电影的伦理表达实际构成了中国电影的核心价值，正如中国电影家协会前秘书长饶曙光研究员指出的："伦理片是中国电影类型的原型。"[17] 从早期的《小城之春》《一江春水向东流》《早春二月》《枯木逢春》，到新时期的谢晋电影《天云山传奇》《牧马人》，再到张艺谋、贾樟柯电影无不体现重大题材问题的伦理化表述，突出人的社会责任感，将艺术审美与社会功利结合，建构"教"与"乐"的和谐关系，追求"人伦亲情""善"在社会伦理中至高无上的地位，符合中国传统文化弘扬的道德观和人文精神，这是中国电影学派在电影观念、电影价值和电影主题层面的文本征候；然而，对于"视觉禁忌"诗性表达方面形成的独特美学品格不仅应对了中国当下因社会价值观导致的道德滑坡趋势，以及电影对低俗、暴力、色情的露骨表现大有超越伦理底线的现象，而且从电影伦理视角显现了中国电影学派影像伦理传统的视觉表征。着眼于世界电影的发展，国际上对"视觉禁忌"有相对一致的认知，迫于电影审查制度或行政条例的制约，同样存在着对禁忌画面的策略化处理的传统，但影像形态和叙事主旨有所不同。

其一，影像形态的不同。中国电影对"视觉禁忌"艺术化表达就其影像形态而言呈现出鲜明的"意象性"，或称之为"诗性影像形态"。从上一节对中国电影的文本分析可以看出，无论是"暴力美学"画面还是"视觉禁忌"镜头，对其"符号化隐喻""审美化渲染""意象化表现"都是建立在通过电影造型表现手段营造的"视觉形式感"基础上完成的，强调空间意象化造型而非完全依赖于事件细节的逻辑组接。这一"视觉形式感"从电影时间上看，突出了"时间与事件的冲突"[18]，是一种通过运动着的素材交叉剪辑以达到拓展段落心理时间的目的的形态。时间与事件的关系是共时的、非线性的，素材的积累必然强化情绪感染力，这是爱森斯坦"杂耍蒙太奇”的现代文本体现。从电影空间上看，这种形态突出角度、景别、运动方式、运动节奏的变化；从画面元素构成上看，这种形态强调色彩、基调的丰富性，追求虚实相生、意在镜外，突显画面的意境，体现了中国传统审美文化的影像特征。

欧美电影在策略化规避“视觉禁忌”的影像表现上，更突出“叙事性”，就其影像形态上可以用“叙事型影像形态”来概括，其核心特征是强调与情节链相关的元素组合来拓展时空、替代禁忌细节，实现婉转表达。比如人物关系的逻辑联系、道具的剧作功能、平行事件的交叉剪辑等，其事件发展与时间关系是线性的、是历时的。比如，获得第68届奥斯卡10项提名5项获奖，由好莱坞著名演员梅尔·吉布森导演的《勇敢的心》结尾处，民族英雄华莱士被砍头一场戏，直露地表现砍头的行刑过程显然犯忌，导演和剪辑师在1分38秒时长内，使用了33个镜头表现这一段落，伴随华莱士“Freedom”的呼喊声到行刑完毕，镜头交叉剪辑不包括华莱士的面部特写插入的17个镜头，其中已逝去的妻子4个、现场围观的群众3个、英格兰皇帝2个、怀了华莱士孩子的皇后2个、皇子1个、监斩官1个、出卖英雄的叛徒1个、手握信物手绢特写3个，插入画面囊括了都出现在行刑现场的所有与华莱士生命历程产生过恩怨情仇的人物；行刑过程的升格镜头在砍头瞬间用华莱士紧攥象征爱情信物的手渐松、手绢在蓝天的映衬下缓缓飘落的镜头代替，这条细节合理地规避了恐怖残忍的血腥画面，这条手绢在整个影片多次出现，是见证华莱士与妻子相爱的重要道具；刽子手手起刀落的过程用了6个升格镜头，同样使用了延时技术，但插入镜头里的人物和细节与中国电影类似表现相比是人物关系的凝练，是高度逻辑化、因果化的，插入的人物镜头角度、景别是符合角色主观视点的。由此可见，整体段落表现用叙事逻辑取代了影像诗性表达逻辑。

其二，中国电影在电影叙事主旨上有别于欧美电影对暴力与性的直白、露骨表达。从我国早期的经典电影《小城之春》到电影《早春二月》《小二黑结婚》《红色娘子军》《刘三姐》再到《庐山恋》《归心似箭》，直至当代爱情题材影片，对其中情爱部分的表现大都采取含蓄、隽永的表达，通过男女主角羞涩、隐讳的行为举止加以传情，带给观众丰富的联想，这是符合中国传统文化范式下对爱情表露的习俗。而好莱坞和欧洲电影由于文化的差异，在爱情题材影片中对性爱场面的描绘基本是不加掩饰的，因此，“情色电影”作为一种类型始出于欧美，如好莱坞电影《本能》《心中狂野》《爱你九周半》，法国电影《三十七度二》《巴黎最后的探戈》，北欧电影《迷情六月花》《生命中不能承受之轻》，以至于我们邻国韩国、日本也出现了诸如金基德、大岛渚等享誉国际影坛的大导演，他们在电影色情细节的展露上毫不逊色于欧美电影。在枪战、武打等动作电影的视觉表现上，早期港台导演们着力追求视觉形式感，并将其美化，形成了“暴力美学”观念，借此解构血腥和杀戮，在这点上依然有别于欧美影片。如美国影片《发条橙》《美国往事》《教父》，法国电影《杀手莱昂》等在性与暴力的表现上大胆、直露、残忍、血腥，虽然在商业上成绩斐然，但从视觉上、心理上带给观众无尽的恐怖、惊悚，突破了“视觉禁忌”的底线。当然，中国当下的银屏娱乐化、低俗化趋势依旧存在，许多影片不加遮掩地展示色情与暴力，表现出庸俗、低下的文化价值观，甚至引发青少年犯罪。因此，中国电影人依然任重道远。

结合上述比较可以看出，中国电影学派的伦理观念在对待“视觉禁忌”的处理策略上，继承中国电影的“诗性传统”：从题材方面，注重含蓄隽永、迂回表达；在影像上借助“诗性影像形态”解构禁忌元素，合理地化解了银幕污染；从理论和实践两个层面构建了中国电影学派的伦理价值体系。

结语

电影“原罪”具体体现于“视觉禁忌”画面的传播，由此导致了对人感官刺激带来的视觉暴力和对社会产生的消极影响。电影影像伦理学研究的基本问题首先要落实到如何有效地化解影像视觉污染，也就是探讨策略化处理禁忌元素的方法与途径。借助于“诗性影像”解构“视觉禁忌”，以“意象化表达、审美化渲染、符号化象征”的诗性特征实现对电影中“暴力与性”的规避，是中国电影影像伦理的底线，也是解决目前国产电影在当今传媒生态下道德困境的重要途径。体现电影伦理学视域下影像价值体系的美学表征，符合中国主流审美精神与伦理传统，这种基于中国电影实践的文本经验及理论提升，必然是中国电影学派理论体系建构的有机组成部分。

注：

[1]郑亚玲，胡滨. 外国电影史[M]. 北京：中国广播电视出版社，2003：29.

[2]乔治·萨杜尔. 世界电影史(上)[M]. 徐昭，胡承伟译. 北京：中国电影出版社，1986：136.

[3]李恒基，杨远婴. 外国电影理论文选(上)[M]. 北京：三联书店 2006：643.

[4]郝建. 暴力美学的形式感营造及心理机制和社会认识[J]. 北京电影学院学报，2005(4).

[5]贾磊磊.电影伦理学：以理性的方式化解电影“原罪”[N].中国美术报，2018－11－16.

[6]许南明.电影艺术词典[M].北京：中国电影出版社，2005：38.

[7]贾磊磊，袁智忠.中国电影伦理学的元命题及理论主旨[J].当代电影，2017(8).

[8]张卫东.“诗性”概念的谱系[J].汉语言文学研究，2012(4).

[9]陈林侠.论影像叙事的诗性结构与后抒情[J].艺术广角，2003(1).

[10]维克多·什克洛夫斯基.散文理论[M].刘宗次译.南昌：百花洲文艺出版社，1994：50.

[11]刘永宁.眩光：一种独特的现在电影语言[J].当代电影，2014(4).

[12]郝建.暴力美学的形式感营造及心理机制和社会认识[J].北京电影学院学报，2005(4).

[13]“威亚”是从 wire(钢丝)这个单词音译过来的，是武戏导演利用威亚技术的力学原理特点，广泛运用于影视动作特技之中，能出神入化地表现出空中飞人、翻腾、打斗等特技动作，将其在镜头里展现得微妙至极。

[14]贾磊磊，袁智忠.中国电影伦理学的元命题及理论主旨[J].当代电影，2017(8).

[15]周传基.电影中的声音[M].北京：中国电影出版社，1990(5)：78.

[16]“光晕”是射入镜头的直射光使画面弥漫着柔和的眩光。

[17]饶曙光.2019 年第三届中国电影伦理学学术论坛上的主题发言，西南大学，2019.6.

[18]李恒基，杨远婴.外国电影理论文选(上)[M].北京：三联书店，2006：151.

(本文原载于《现代传播(中国传媒大学学报)》2020 年第 03 期)

从"身体媒介"到"类身体媒介"的媒介伦理变迁

刘明洋 王鸿坤

"伦理"一词中的"伦"字意为"人们彼此之相与","相与之间,关系遂生"。因此,梁漱溟先生指出:"人生且将始终在与人相关系中而生活(不能离社会),如此则知,人生实存于各种关系之上。此种种关系,即是种种伦理。"[1] 从这个角度来看,伦理始于关系,是处理不同社会关系的准则。因此,媒介伦理就是指处理传播活动参与者之间关系的标准和要求,对每个传播活动参与者行为起到规范制约作用。媒介形态和传播生态的变迁必然带来具体传播实践的变动,参与者关系的形成也会发生变化,因此,媒介伦理的内涵是伴随媒介演进不断推陈出新的。

传统意义上的媒介伦理起源于19世纪90年代的美国新闻界,它主要约束专业媒体机构从业者的职业活动,是一种自律性条例。但在媒介技术的持续影响下,传播过程中的新媒介、新主体、新现象层出不穷,新的传播关系对原有的媒介伦理概念产生了强烈的冲击。在这种情况下,我们需要从"伦理"一词的核心属性——关系出发,思考不同的媒介形态对传播活动参与者及其关系产生了何种影响,由此带来了媒介伦理的哪些变化。

随着虚拟现实、人工智能等新技术越来越普遍地应用于传播领域,"身体"这一曾经被传播学研究忽略的概念逐渐走到了聚光灯下。媒介的发展史可以看作是一段技术与身体纠缠的历史,人类先是追求将身体从传播实践中抽离,进而又怀念身体在传播活动中的卷入。在技术的作用下,"身体"也超越了单纯生物学意义上的存在,而更像是一个具备自我调节和动态平衡能力的系统,不同媒介技术对身体的替代或强化,造成了人的思维方式、行为倾向等的改变,也引发了媒介伦理的变迁。

因此,本文试将"身体参与传播活动的完整度"作为媒介形态的划分标准,提出"身体媒介""无身体媒介""身体化媒介"及"类身体媒介"四个阶段的论断,进而根据不同媒介形态的特性进行媒介伦理的讨论。

一、"身体媒介"时代的媒介伦理

在文字等表意符号出现之前,人们主要是通过动作、表情、口语等身体语言传递信息,传受双方处于相同的时空之中,以相似的文化背景、生活经历为基础,接收、处理对方传递的信息,信息意义与身体语言及传播场景有着紧密的联系。在这种传播生态中，媒介以生物学意义上的身体即肉体的形式存在，每个个体都是一个独立的媒介，自行筛选、接收信息、理解信息意义并进行反馈，因此，我们称这种媒介形态为"身体媒介"。这是苏格拉底所推崇的"双方肉体在场"的传播，传播内容只在关注此事的人中间分享，信息有着明确的传播走向，"交流者的两个灵魂相互缠绕，对等互惠"[2]。在苏格拉底看来，比起文字媒介的随意"撒播"，这是一种更为理想的传播方式。

在此种传播生态下，个体可以通过对方的身体语言，与其即时进行反馈互动，进而及时调整传播内容和传播方式，以保证传播活动的有效性和质量。这一时期的传播活动往往与其他社会实践活动如采集、狩猎等同时进行，是一种常见的社会行为。因此，真诚待人、互相理解、推己及人、合作共赢等最基本的社会伦理要求，是"身体媒介"时代媒介伦理的第一要义。

这一时期的传播活动最重要的目的，是使群体成员获取环境变动的信息，以及时调整生产实践活动，规避风险。因此，这一时期的媒介伦理还要求传播主体以保证传播效率为主要目的，使用共通的意义符号，避免造成传播过程中的圈层隔阂，保证社会变动信息在尽可能大的范围内传播。

此外，保证社会成员参与传播活动的自由也是这一时期媒介伦理的重要要求。可见的身体在传播过程中除了提供语言符号这类显性信息外，还呈现了个人社会阶层地位这一重要的隐性信息。社会地位高的群体对社会地位低的群体产生天然的强迫效应，且因为面对面的实时反馈，低社会地位者往往畏于权力而被迫接收信息和观点，被动进入传播过程。因此，如何保证传播活动的自愿与平等，是这一时期媒介伦理的重要考量。

表1　媒介形态变迁与媒介伦理演进

媒介形态	传播活动的直接参与者	身体在传播活动中的状态	传播活动参与的关系	媒介伦理要求
"身体媒介"时代	生物学意义上的人	肉体在场	固定的地缘关系	互相尊重、合作共赢等社会伦理，保证传播效率，保证个体不参与权等
"无身体媒介"时代	机器与生物学意义的人	隐退	工具与使用者的关系	真实、客观、中立，提高新闻生产透明度等

续表

媒介形态	传播活动的直接参与者	身体在传播活动中的状态	传播活动参与的关系	媒介伦理要求
"身体化媒介"时代	机器与以"数字身体"形式存在的人	虚拟在场(不直接出现,但发挥系统功能)	多变的趣缘关系	树立主体间性理念,为真实性提高可控路径等
"类身体媒介"时代	机器人与"技术身体""身形式存在的人"	技术真实下的虚拟在场(与"身体媒介"时代相同的体验,但肉身无须真正接触)	平等的合作者关系	保证人类对自身的控制权,尊重其他主体

二、"无身体媒介"时代的媒介伦理

在以生物学意义上的身体为媒介参与传播的过程中,身体既保证了传播活动的真诚性和有效性,但也限制了传播范围的扩大和时效性的提高。因此,人类为突破生理局限,开始将造纸术、印刷术、无线电技术、晶体管技术等应用到传播领域,创造出纸质出版物、广播、电视等新的媒介形态,它们使"肉体不在场"的传播成为现实。

自此,媒介技术物进入传播实践中,成为直接与人建立联系的传播参与者。这些媒介以视觉、听觉符号代替了身体语言,传受双方的身体无须在场便可以实现信息传播,因此我们将这类媒介归为"无身体媒介"的范畴。"无身体媒介"的发明与普及解放了人的身体,提高了信息的流动性,使信息得以跨越时空局限出现在公众面前,这一技术进步造成的直接后果就是个体需要接触并处理的信息量激增。因为个人无力处理如此庞杂的信息,所以专门从事信息生产与传播的组织和人员应运而生,从最初的抄信人群体,到后来的新闻机构从业人员,他们筛选加工信息,扮演着信息代理人与把关人的角色,对社会成员对外部世界的认知及不同群体之间的交流沟通产生巨大影响。

但在"无身体媒介"占主导地位的传播生态中,传播者和接收者并没有建立直接的联系,一个完整的传播过程沿着"传播者—媒介技术物—接收者"的路径展开。

信息及意义被传播者前载到媒介技术物中，它们沿着“输入—输出”的设定机械地从事传播活动，这是一种固定的传播结构，无法根据接收者的反馈实时进行调节与平衡。所以，传播者对媒介技术物的信息和意义输入环节就变得极为重要。因此，这一时期媒介伦理的主要约束对象，是作为专业媒介机构成员的传播者。

在“无身体媒介”时代，媒介技术物取代传播者的身体，成为传播活动的主体；新闻从业人员筛选并加工后的信息，成为个体认知世界、了解其他社会群体的重要渠道甚至是唯一渠道。因实时反馈调节机制的缺失，新闻从业者必须尽力保证输入环节的真实、客观、中立，以将外部世界如实、完整地呈现出来，使得社会不同群体之间能够互相了解和理解。同时，新闻从业者作为信息代理人和把关人，其信息选择、报道体裁选取、内容组织方式等都应遵循一套稳定的准则，增强生产环节的透明度，以保证其权力不被滥用，维护社会公共利益。

这一时期的媒介伦理由行业内部生发，与法律法规等外部约束相配合，规范传播者的信息采集与新闻生产实践，减少因实时反馈调节机制缺失带来的噪音，保证传播质量和有效性；同时，它们也提高了媒介机构的运作效率，建构了职业共同体的认同感和自豪感，成为传播者对社会公众的职业保证，是媒体机构及其工作人员塑造自身社会形象、维护其公信力和话语权、进行自我辩护的有力武器。

三、“身体化媒介”时代的媒介伦理

以互联网和数字技术为基础，如今信息传播活动的主要阵地，已经基本从报纸、广播、电视等单一媒介转移到了微博、微信、手机新闻客户端等整合媒体平台，这些平台涵盖文字、声音、影像（3D动画）等多种传播形式，在保留了各类传播介质原有特性的同时，也生成了独属整合平台的新特性，有学者称这类整合多种传播介质的媒介为“元媒介”，即“作为媒介的媒介”[3]，这一名词不仅代表了传播功能和形态的融合，也标示了一种新的传播生态。

以“元媒介”为主要形态的传播活动包括人和机器两类参与者，它们都以节点的形式存在，传播关系主要在“人与人”和“人与机器”之间形成，但占主导地位的为“人与人”之间的传播关系。在这一时期，人与人之间的传播活动呈现出更多“身体媒介”时代的属性。以节点形式存在的人虽未重归“肉体在场”，但已经找回了身体系统所具有的互动反馈能力，能够根据信息及时调节、平衡自身行为，肉体虽依旧隐退，但已经在传播活动中发挥了其作为完整的动态平衡系统的作用。因此，我们可以将这一阶段的身体看作是“数字身体”，不具备实体形态，但发挥身体作为完整系统的功能，所以，这一时期的媒介形态被定义为“身体化媒介”。

这一时期的机器作为另一类传播参与者，突破了“无身体媒介”时代媒介技术物机械的“输入—输出”模式，具备了一定的自行抓取和处理信息的能力，能够整合信息并生产新闻作品，也可根据人的行为数据有针对性地进行信息传播。在这一时期，人类对它们的影响作用由输入具体的信息，转到输入一套相对灵活的程序模式，它们依旧不具备内部的自我调节与动态平衡能力，不能算是传播主体，而只是为人所用的传播工具，这与我们将在下一个阶段讨论的机器不同。

1. 现状：动态的主体关系与传播内容

我们可以将“身体化媒介”时代的传播活动看作是技术化的“身体媒介”传播，在这一时期，人际传播又成了最主要的传播模式，但“数字身体”而非肉体的在场，使得这种人际传播呈现出新的特点。同时，大众传播依旧存在，但专业新闻机构生产者对传播资源的控制力下降，其代理人和把关人的角色逐渐弱化。

首先，传播主体关系是动态的，是一个不断建构又不断分裂的结构，这与“身体媒介”时代基于现实生活中先在、固定关系展开的传播实践完全不同。传播主体以事件、话题等为契机，基于价值观、认知能力、兴趣偏好等因素自发进行横向交流，形成大大小小的圈子，现实社会中的稳定“阶层”关系在平台上转化为流动的“圈层”关系。

其次，传播内容是动态的，各个圈层之间的交流和缠绕使传播活动“液态化”，信息处在持续地增补变动之中。由于“数字身体”与现实生活身体在虚拟传播场域中的暂时割离，传播主体对信息质量的责任感下降；同时，信息流向的不可控性提高，且一旦发出就无法追回。基于这两点原因，信道中的熵值不断增加，传播活动变得更为错综复杂。

最后，社会个体重新以主动传播者的身份出现在传播实践中，成为专业媒体机构的信源提供者，甚至自行从事新闻生产。他们有时与专业的新闻从业者合作，使传播活动更为流畅有效；有时则与专业从业人员对抗，对其传播活动进行解构，引发信息冲突、议程混乱等问题。

作为一种整合了人际传播、组织传播、大众传播等多种传播模式的媒介，“无身体媒介”时代的传播活动中主体关系、内容结构、力量分配等都发生了变化，因此我们需要重新梳理媒介伦理的特点和要求。

虽然“身体化媒介”传播同时带有人际传播、组织传播、大众传播等多重属性，但这一时期的媒介伦理并非每种传播形式伦理的简单相加，而是有其自身的特性。

2. 特征:流动性和稳定性共在

在前两个时期,传播活动参与者以预先存在的关系为基础展开传播实践,因此媒介伦理基本是稳固不变的。在"身体媒介"时代,传播活动参与者是在现实中生活在相近区域的个体,他们本身共享一套共同认可的伦理标准,打破这套标准需要面对巨大的群体压力。在"无身体媒介"时代,传播者和接收者之间的关系结构是固定的,媒介伦理规约的是专业新闻从业人员的行为,职业共同体内部商定形成相对固定的基础框架,如若出现分歧和冲突,新闻从业者会在框架内进行协商和修复,在内部约束失效时,法律法规、社会舆论等外部力量才会进行干预,因此这是一种稳定的职业伦理。

而"身体化媒介"时代传播主体间的关系是临时建立的,他们原本可能互不相识,在现实生活中有着截然不同的社会属性,也不存在既定的责任关系,他们在传播场域中相遇后,需要在协商对话中形成一套共同认可的伦理标准,以减少误解冲突,不同圈层会形成多种具有群体特殊性的媒介伦理,并且不断修改完善。但同时,作为人类社群成员,每个个体都必须接受某些超越民族、宗教和文化的"锚固"准则,如真实、人类尊严、非暴力[4]。而且,在交往范围不断扩大、圈层成员组成日益复杂的当下,这些具有稳定性、普遍性的媒介伦理显得尤为重要。

3. 重要性:高于法律法规

伦理是一个属于自律范畴的概念,不具备法律、规章制度的强制性,但对于社会的稳定和谐作用巨大。媒介伦理作为传播参与者的自律标准,在匿名性强、流动度高的"身体化媒介"时代,它的适用性和效力更强。

传播者既是信息的发出者,也是信息与接收者之间的中介变量。接收者对传播者的认知和态度,直接影响信息的传播效果,进而影响整个传播活动。在"身体化媒介"时代,传受双方的关系往往建立在信任、偏好等情感色彩的基础之上,选择自由度更高、个性化更明显。因此,"身体化媒介"环境下传播者是比信息自身具有更大力度的传播效果因素,接收者倾向于以信息来源而非信息内容质量来决定自身的态度和行动。

"身体化媒介"主导的传播场域是以匿名性、流动性为特征的"陌生人社会"[5],时空被虚化,社会关系和外在规则处于脱域状态,现实社会中的秩序感、确定性处于缺失状态,这使得传播活动参与者容易丧失责任感和社会公德意识,传播实践的随意性增强。与此同时,"身体化媒介"时代,信息传播的速度和范围都大幅提升,引发的负面影响强度更高。但相对应的却是信息流向和传播关系的复杂性,使定责和追责变得极为困难;且法律法规制定修改的周期长,流程烦琐,已有的法律法规无法完全契合新生传播生态的需求。因此,遵照媒介伦理进行自律显得尤为重要。

4.呈现:工具理性和价值理性的混杂

工具理性与价值理性的概念最先由马克思·韦伯提出,韦伯在论述“社会行为”时,认为“社会行为”包括四种——目的合乎理性的、价值合乎理性的、情绪的、传统的。所谓目的合乎理性的,即人通过对外界事物的情况和其他人举止的期待,并利用这种期待作为“条件”或者作为“手段”,以期实现自己合乎理性所争取和考虑的作为成果的目的[6],对行为目的以及对达到这一目的的手段的自觉思考和选择就是基于工具理性的合理性;价值合乎理性的,即通过有意识地对一个特定的举止——伦理的、美学的、宗教的或作任何其他阐释的——无条件的固有价值的纯粹信仰,不管是否取得成就……人根据自己的信念和要求行事,服膺其重要的信念(包括义务、尊严、美、宗教训示、孝顺、某事的重要性)[7],就是基于价值理性的行为。

在“无身体媒介”时代,媒体机构通过制定、展示和遵守明确的媒介伦理规范,指导、规范自己的工作,提高整个行业的运转效率,向社会公众标榜其公正、客观、真实、中立的职业理念,增强社会公信力,维护社会形象与社会地位;在公民权利与社会公共利益发生冲突时,媒介伦理条例与法律法规一起成为媒介活动的挡箭牌,为职业行为背书,防范外界对其工作的不合理干扰。从这个层面来看,媒介伦理主要是合工具理性的。

在“身体化媒介”时代的传播互动过程中,传播活动参与者基于其信奉的价值信念而非机构利益、效率等出发参与传播实践,在这个过程中社会公众形成的媒介伦理以个体价值为基点,彰显社会成员参与社会生活、表达自身需求的价值。从对人的价值的尊重和维护的层面上看,价值理性优于工具理性,但最纯粹的价值合乎理性的行为无视可以预见的后果,过分重视自我表达,可能会导致个体行为对公共生活、第三方利益产生不良影响。这也是当前传播生态中情绪极化、共识缺乏等现象的重要成因。

5.建构:“对话的媒介伦理”

数字技术保证了信息传播的实时性和连贯性,使人得以凭借“数字身体”重返传播过程,发挥身体所具有的互动反馈、动态平衡机制,大众传播的“撒播”范式逐渐回归人际传播的“对话”范式。在“身体化媒介”的传播生态中,以节点为存在形式的传受双方地位、传播机会平等,在自愿自主的前提下参与讨论、设置议程、表达意见，中心化的支配力量弱化直至消失。这种去中心化的环境激发了社会成员对于个性、平等、多元的追求，关系的流动性带来了伦理规范在不同关系群体间的变化。

但这并不意味着“身体化媒介”时代完全自由，再无约束。预设的、固定的、先验的伦理规范无法满足现下传播生态的需要，“身体化媒介”时代的媒介伦理应是“在主体间的交往过程中生成的认可……即经过对话者充分讨论、普遍认同的那些约定和规范，非个体理性和意志的独白，亦非共同体预设的底线”[8]。传播活动的参与者在互动中商讨确定共同认可的伦理规范，在传播实践中能够感知违反伦理要求带来的后果及遵守这些要求获得的利益，由此自觉践行并维护伦理要求。我们将“身体化媒介”时代的媒介伦理称作“对话的媒介伦理”。

“对话的媒介伦理”可以从两个层面进行建构：第一个是传播实践层面，主要涵盖节点如何选择沟通方式，如何参与公共传播，以及以何种态度参与公共讨论，这关系到良好传播生态的建构；第二个是在价值基础层面，是将媒介伦理作为社会伦理的一部分进行思考，体现作为数字化传播媒介的个体对社会应负的责任。

(1)保证传播内容被社会公众所理解

在“身体化媒介”时代，社会成员基于信息获取方式、兴趣爱好、传播习惯等，融入某个线上社区，并在这一场域内建构起属于本圈层的语言规则、文化属性，只有属于这一群体的成员才能理解并熟练使用这些规则和属性。“小猪佩奇文上身，掌声送给社会人”“为××疯狂打call”等移动互联场域内层出不穷的“梗”，是圈层文化的重要体现，这些“梗”让有些人心领神会而部分人不知所云，因此成为社群成员归属感的重要来源。这样的媒介文化一方面加强了群体成员内部的认同感，但在另一方面却在一定程度上带来了社会分裂。

作为“身体化媒介”时代传播活动的主体，个人必须要对传播平台、事件性质、相互关系等有着正确的判断，依此选择合适的传播行为。特别是在重大的公共传播过程中，传播活动要遵照彼此认可的方式，选择能够被广泛理解的语言。个人表述要以对方能够完整、详尽地把握内容意义为目标，尽可能准确明了；不应在公共领域的讨论中过度展示群体内部的文化属性，要使用必要的传播技巧表情达意，以增进理解、形成共识为导向，成为负责任的传播者。

(2)为传播内容真实性提供可控路径

在当下的传播生态中，信息真假难辨，事实与情绪混杂，新闻真相被不断解构与重构，进行事实核查、确保新闻真实性对专业媒体机构和个人来说都十分困难。因此，我们不能要求社会成员在真相完全显露之后再参与传播活动，而是应该帮助社会成员提高媒介素养,使其能够根据常识对阶段性信息进行基础判断后再参与传播;不能捏造、编造信息,避免增加传播渠道中的噪音;在二次传播过程中注明消息来源,以便专业人士追根溯源进行事实核查;另外,个人还应利用自身专业知识及了解的情况对新闻报道进行补充,成为专业媒体机构有力的补充。这是每个社会成员应当遵循的媒介伦理。

此外,这一准则也对机器程序设计人员提出了要求。虽然技术人员并不是传播活动的直接参与者,但由于当下参与传播活动的“机器人”仍未达到智能化,无法自行进行判断取舍和调节更正,因此,技术人员必须保证机器程序的客观中立,以及设置必要的不良行为规避机制,比如在“机器人”推送错误信息后及时关闭程序。正如英国标准协会(简称 BSI)在《机器人和机器系统的伦理设计和应用指南》开篇中提到的:“需要对事情负责的是人类,不是机器人;对于任何一个机器人及行为,都应该有找到背后负责人的可能。”[9]

(3)以真诚、专业的态度参与传播实践

在“身体媒介”时代,个体在参与信息传播和公共讨论时,应避免立场先行,即率先将异见者定义为自己的敌人,贴上各色标签,而应以开放包容的态度倾听他人观点;在交流过程中,避免泛政治化、泛道德化思维,避免以战胜对方为最终目的。提高信息质量,打破不同群体间的代沟,促进形成共识才是对话传播的根本所在;另外,还要注意聚焦真正的核心问题,避免在表面问题、边缘问题上纠缠,提高社会问题的解决效率。

(4)尊重个体差异与多元价值

除了要了解具体实践中的伦理要求,个体还应有思想上的转变。“身体化媒介”的传播生态要求尊重个体差异与多元价值,摒除“自我”“他者”二元对立的思维模式,树立“你”“我”的主体间性思维模式,将自己和他人摆在平等的位置上,避免以自我为中心思考问题,即使不认可对方的价值判断,也要对其表示尊重,并尽可能理解。个体应将其他社会成员视作传播活动的合作者,彼此相互依存,以互相信任、互利互惠心态参与传播实践,促进社会资本的积累,实现传播效益的最大化。此外,传播活动参与者还必须以公共性为原则规范自身行为,必须维护公共利益,增进公共善行,不得以追求自由、维护群体利益为由伤害公共利益。

四、“类身体媒介”时代的媒介伦理

未来的生物量子芯片、VR/AR、人工智能等技术的发展成熟,又将重构现有的传播方式和媒介形态。脑机接口、生物量子芯片等,将媒介技术物对人肢体功能的延伸扩展到神经系统的延伸;人的"技术身体"成为独立而又功能强大的媒介,它将集信息收集器、存储器、处理器、播放器于一身,可以实现信息的直接收集、储存、回放、传递、分析,无须借助外在设备。而且,全息技术、触觉反馈技术等将会把身体在场感进一步真实化,使人类既能突破时空限制,又能重获"身体媒介"时代的传播体验。

此外,真正具有智能和自我调节能力的机器人也将在传播活动中扮演主体角色。不同于在人设定好的程序框架下运行的机器,这类机器人能够独立自主地处理其他传播活动参与者传递的信息,且在传播活动中是具身化的存在。

因此,在未来,以生物学意义上的身体为基础形成的"技术身体"及机器人共同成为传播活动主体,外部的信息代理人和把关人彻底消失,这是一种崭新的传播场景,本文将其定义为"类身体媒介"时代。这种传播场景需要我们重新思考媒介伦理问题。当人的体内嵌入了技术设备,人的意识和机器意识究竟谁才掌握对身体行为的控制权?技术在提高人类感知世界、传递信息能力的同时,对人类生活的介入和控制也不断增强,那么究竟是"人利用物"还是"物控制人"?我们如何处理与机器人这一传播主体的关系?在这种情况下,我们需要突破"人是万物尺度"的人文主义思想,以"后人类"的视角来思考媒介伦理问题,重构媒介伦理。

1.作为伦理主体的"人—技联结体"

若以人文主义作为价值判断标准,那么只有"人"才能被看作是媒介伦理的主体,媒介技术及由此生成的媒介形态是一种价值中立的存在,其好坏完全取决于作为主体的人的使用目的和使用方式,无须也无法对其提出伦理要求。但在人机融合、边界消融的"类身体媒介"时代,在物质层面上,人与机器作为一个整体共生,无法分离,应该共同承担伦理责任;在精神层面上,技术物对个人认知能力的协助与控制并行,形成新的把关方式,当技术设定与人的意识在某些情境下出现撕裂时,媒介技术物作为"非人",不仅应遵循技术判断,也应体现价值判断,遵循媒介伦理的要求,在传播活动中发挥正确的引导作用。

现行思维方式使人难以理解媒介技术物也是伦理主体这一论断,对此,荷兰技术哲学研究者保罗·维贝克的"技术调解"理论为我们提供了新的思考角度。他在具体分析技术物对人的行为和知觉全面调解作用的基础上,阐明了技术物作为道德伦理行动体的可能性,从这一角度出发,"类身体媒介"符合他所提到的"因果效应""代理"及"自主性标准",因此是一种伦理主体。

(1)从意向性的角度理解“类身体媒介”的控制力

传播媒介诞生伊始，就具备呈现乃至塑造现实，进而影响个人行为的能力。任何媒介都具有技术意向性，不是对现实的复制再现，而是具备放大、缩小、遮蔽现实的效果，“类身体媒介”更是如此。

在英剧《黑镜》第三季《战火英雄》一集中，士兵在加入军队组织前就被要求在脑袋中置入一个芯片，这个被称作“植入物”的装置能够帮助士兵了解战场情况，完善作战方案，同时也能控制人的视野和记忆，将眼前的情景变为军队组织想让人看到的事物，忘掉一些有悖人性的场景。于是，血统受到歧视的无辜平民在士兵眼中变成了怪物一样的“蟑螂”，求饶和哭泣变成了面目狰狞的咆哮，士兵在毫无罪恶感的心理状态下完成组织任务，对这一群体肆意屠杀。这虽然只是对未来的想象，但已经呈现出“类身体媒介”对个人行为强大的影响和控制能力。未来，媒介技术物与人体的接合必将对人的认知行为造成更大的影响。

(2)从人机融合的角度理解“类身体媒介”的“代理人”角色

最初人们将意义赋给不同的符号，让它们代替具体的人类行动来表情达意，后来人们发明了报纸、电视，使个体足不出户便可最大程度地了解外部世界。媒介的发展史就是不断减少人类传播参与度的历史，在这个过程中，我们“授权”给媒介，使它们成为传播活动的“代理人”，代替人类与外部世界建立联系。

“类身体媒介”进一步消除了媒介与人的中间地带，由传播中介变为传播者，直接接收、处理外部信息，“代理”能力增强，依靠传感器、VR 技术等，个人与真实世界接触的机会和能力日渐减弱，直至完全生活在媒介呈现的世界当中，成为媒介的附属品。

(3)从积极自由角度理解“类身体媒介”的自主性

一直以来，机器是否具有自主性都是一个极具争议性的问题。对此，维贝克指出，人和技术物都无法拥有绝对的自主性，也无法单独实现自由，自由是“人一技联结体”所具有的特性：技术物构成了现时代人类存在的根本性境遇，而人们则在与技术物构建联系的实践活动中实现了对新的积极自由的践行。[10]积极自由是以赛亚·伯林提出的概念，它指“想要自己治理自己或参与控制自己生活过程的欲望”，即“去做……的自由”；与此相对应的是消极自由，即“可能和希求一个能够自由行动的范围的欲望”，也就是“免于做……的自由”。

因此，作为“人一技联结体”的“类身体媒介”，为个人感知理解外部世界提供了更多机会，提升了人类的认知能力，促进人类对于积极自由的践行，“人们能够通过实践建立起与自身以及外在影响因素的联系，这种实践活动不仅是对自由的践行，更是为实现人们自身的存在创造了空间”[11]；同时，媒介技术物必须依附人体才能发挥其所拥有的效力。人和技术物相互制约又相互赋权，由此生成“类身体媒介”的自主性。

2. 受技术“脚本”控制的“类身体媒介”

拉图尔曾用“Script”(脚本)一词隐喻技术人工物对行动者行为决策的塑造作用。如同一出戏剧或一场电影，技术人工物拥有一种“脚本”，该脚本对所有涉及的行动者行为都做了规定。[12] 传播媒介的技术特点和属性也为传播活动规定了脚本，传播主体在不同的传播情境中有不同的行为方式，这些行为又对社会生活的其他领域产生影响。互联网的虚拟性、匿名性使身处其中的个人容易将现实生活中的行为规范置若罔闻，人肉搜索、言语中伤等对个人隐私权、名誉权侵犯的行为时有发生，这是由互联网媒介属性生发出的不良传播“脚本”。

而当进入人机交融的“类身体媒介”建构的传播环境时，信息获取的超便捷性、虚拟世界和现实世界的进一步模糊成为新的传播“脚本”。通过嵌入体内的各种芯片，“读心术”成为现实，人脑这一最隐秘的存储“工具”不再安全，个人几乎丧失对隐私的控制权。我们通过电子芯片获得更强的与外部世界连接的能力，愈发成熟的虚拟技术为人类提供几近真实的“电子感官”，使技术工具完全接管了我们的身体，代替肉身接触真实世界。对诸如此类的情况，技术介入应该给个人选择的权利，给予个人自由上线和离线的能力，避免传播媒介完全主体化。这是传播技术和传播媒介发展过程中必须具有的伦理考量。

3. 科学理解机器人的“主体系统”角色

随着机器的日渐智能化，机器人将控制人甚至取代人的论断甚嚣尘上，虽然拥有智能的机器人还未成为现实，但我们已经开始以敌对的心态看待与机器人的关系。

这种心态仍未摆脱“人是万物的尺度”的局限，我们仍把自身看作世界的中心，认为其他存在都是为我们所用、受我们支配的工具。但如果我们将人类视为世界的一个普通系统，并不具备任何优先地位，我们对世界的认知需要与其他系统的配合，那么机器人的出现，对人类而言就是一种协助而非威胁。

更进一步说，在世界体系中，机器人与人类一样，都是独立的主体系统。因此在形成的新的传播生态中，既会有机器人与人的传播交流，也会有机器人在其独立系统中完成的自主传播交流。人与人的传播交流、机器人与机器人的传播交流，并行存在于传播生态之中，再加上机器人系统与人类系统之间的交叉，传播生态将更加复杂和多元。

建构新的媒介伦理，需要正确理解机器人的主体系统角色，并尊重其作为独立主体的存在，以平等、合作为目标，建立伦理关系框架。

4. 构建“类身体媒介”时代的媒介伦理

当人类以新的“技术身体”的形态出现在传播场域中，机器人不再是与人类二元对立的存在，当媒介与传播主体的概念完全等同时，我们必须重新审视人与机器、人与社会、机器与社会的关系，建构新型媒介伦理。

对“类身体媒介”来说，其设计的最基本伦理考量就是保障人类享有对自身的控制权，主要体现在肉身与技术的结合与脱离能力。“类身体媒介”必须保证个人能够根据自己的意愿管理自己的感官，控制信息的接触、储存、读取、传播等行为，能够决定自己是否以“技术身体”参与传播实践。除此之外，还应通过融入区块链等分布式技术，追踪违背媒介伦理的行为，解决因匿名性、隐蔽性引发的不良行为泛滥现象。

结语

伦理的基础是关系的形成，因此，媒介伦理应事关每个传播活动的参与者，绝非仅是媒体机构工作人员的职业遵循。技术对媒介形态最根本的影响，就是改变了“身体”在传播过程中的完整度，进而带来了传播活动参与者关系的变化。这是我们在讨论媒介伦理时应持有的两个基础认知。如今，“身体化媒介”已经成为人的“宏观知觉”[13]。人日渐向“身体作为独立完整的媒介参与传播活动”的时代回归，人与技术物的结合日益紧密，这意味着“身体”将不再是生物学意义上的肉体，模仿人类身体的系统性的机器人也或将成为现实。因此，如何保持对自身肉体的掌控，如何看待新的传播活动参与者，成为媒介伦理需要思考的重要问题。

在变动不居的媒介发展进程中，唯一能够确定的，就是我们应摒弃以自我为中心主义的思维方式，将传播视为多种系统配合才能完成的实践，这些系统不仅包括人类系统、机器系统，也涵盖环境、其他生物及未来可能出现的主体形态。以平等、互相尊重、真诚等作为媒介伦理的底色，无论未来我们会以何种形态、与何种主体在传播场域中相遇，这些底线标准都将成为增进彼此理解、协调彼此关系、建构良好传播生态的保障。

注:

[1]梁漱溟.中国文化要义[M].上海:上海人民出版社,2005.

[2]约翰·杜翰姆·彼得斯.对空言说:传播的观念史[M].邓建国译.上海:上海译文出版社,1999:35.

[3]赵星植.元媒介与元传播:新语境下传播符号学的学理建构[J].现代传播(中国传媒大学学报),2018(2).

[4]甘丽华.全球媒介伦理及技术化时代的挑战——克利福德·克里斯琴斯学术访谈[J].新闻记者,2015(7).

[5]张杰."陌生人"视角下社会化媒体与网络社会"不确定性"研究[J].国际新闻界,2012(1).

[6]马克斯·韦伯.经济与社会(上卷)[M].林远荣译.北京:商务印书馆,1997:54-56.

[7]马克斯·韦伯.经济与社会(上卷)[M].林远荣译.北京:商务印书馆,1997:57.

[8]胡百精,李由君.互联网与对话伦理[J].当代传播 2015(5).

[9]AI世代.英国出台历史上首个机器人伦理标准给机器人上"紧箍咒"[EB/OL].http://tech.qq.com/a/20160920/051755.htm,2016-09-20.

[10]陈凡,贾璐萌.技术伦理学新思潮探析——维贝克"道德物化"思想述评[J].科学技术哲学研究,2015(6).

[11]程海东,贾璐萌.道德物化:技术物道德"调解"解析[J].道德与文明,2014(6).

[12]Verbeek P P. Materializing Morality: Design Ethics and Technology Mediatio[J]. Science, Technology & Human Values,2006(3).

[13]戴宇辰."在媒介之世存有":麦克卢汉与技术现象学[J].新闻与传播研究,2018(10).

(本文原载于《新闻记者》2019 年第 05 期)

对科幻电影中科技伦理意识及其文化内涵的思考

姜博文

伦理意识,应当是人类对于社会生产以及生活进行合理的思维活动后所产生的应有的价值取向,这种意识既包括了行为准则、价值观念、社会责任,同时也包括了思辨与形成过程。究其实质,它是一种调和人与他人、人与社会、人与自然关系的道德观念,也是指导人为此行动的技术观念。

科幻电影中的科技伦理意识是多方面的,这基于两点原因:一是科学技术大幅度地改变了人类的生存方式,其成果不断融入日常生活的同时也在不断刷新着观众的观感与认知,同时,科技带来的种种问题也逐渐凸显;另一方面,科幻电影反映了人存在于社会与自然中面临的多方矛盾,甚至包括隐含的可能性与辛辣的讽刺,哪怕这种幻想指向不存在的未来。

伦理思考正是探究问题解决方案的手段,科幻电影从伦理思考这一大类的不同侧面切入,表现和传达自己思考的不同问题与角度,多方面的科技伦理思考也导致了科幻电影中题材的丰富与内容的深刻。

一、科幻电影中科技伦理意识的种类分析

江晓原将科幻电影的主要分为:星际文明、时空旅行、机器生命、生物工程、专制社会、生存环境、超自然能力等七类。

1. 星际文明题材中的伦理意识

这类科幻作品主要是描述人类与外星文明接触碰撞后产生的战争、交流、思考等。大部分的电影表现着重突出视觉享受,贯穿全场的只有战争,如同将过去人类发现新大陆的状况换了年代与科技背景再次搬上银幕。只不过,在大多数影片中,人类扮演着土著的角色,被拥有先进科技的异族亡族灭种的恐惧感和过去人类在新大陆上的残暴行径的精神推演,让这一类电影较受瞩目。而这种思维受到不同国家历史与社会的影响更大,比如我国目前畅销的《三体》就是基于此种思维所著。

此外,人类与地外文明强弱形势逆转的作品较少,但皆为经典之作,如《阿凡达》《第九区》等。这样的表现形式能够更鲜明地反映出当下的伦理思潮与难以解决的问题,比如如何面对与自身格格不入的少数族裔,人权的推广范围能包含多大的种族差异等。

当然，这一类作品还有第三类接触与太空歌剧式的作品，前者诸如《E·T》《与拉玛再会》，后者则缺乏独特性，只是将地球故事完全照搬至星空尺度，如《银河英雄传说》等。

2. 时空旅行题材中的伦理意识

时空旅行题材在科幻电影中一直是重要大类，因为其不但具有深邃的思想性，还可以让电影形成巧妙的结构。因果律是时间上的结构，一旦突破时间，因果的界限就不再明确，这种刺激性正是创作者们热爱这个主题的原因，相关的优秀电影作品如《恐怖游轮》《前目的地》《环形使者》《彗星来的那一夜》等等。这其中挑战了一个社会常识，即“人是时间线上的存在”，对此的诘问和思考也层出不穷，如可否打破“外祖父悖论”、可否因为未来的罪行预先击杀过去的罪犯，这种伦理思考常常基于哲学，探究事物的本质，让人思考自身的存在。总的来说，时空旅行和其余题材的科幻电影不同，至今没有显露其现实可能性。但提出这类想法是了不起的，因为人类虽然还缺乏跨越时空旅行的实际感受，但已经在科学幻想中游历于时间的长河。

科技发展到目前，人类已经获得了空间上旅游的自由性，究竟能否获得时间上旅行的自由性，以及这种自由性能延伸到多大的范围、是否应该有所限制，这种对于身体自由与自由意志的伦理思考一直有着其独特的魅力。

3. 机器生命题材中的伦理意识

这样的分类及其论述并不够准确，我更愿意称其为“赛博朋克”，机器人的外在形式只是表象，何况有很多此类作品并没有器械的物质实体的体现。

这类影片主要探讨两个问题，其一是机器人是否会取代人类成为世界的主宰，另一个则是人的界限。这两个问题是人与机械的永恒矛盾，也是技术大量影响生活后，技术恐惧最具象化的表现形式。

前者的代表作有《终结者》《黑客帝国》，表现了人类对于计算能力和身体体能都远远强于自身的机器获得了自主意识的恐惧，同时也借影片发出了人的本质究竟是什么的疑问。

后者的代表作《我，机器人》《银翼杀手》则是在机器与人的界限上发出疑问，当一个客体完全拥有人类的外在、情感与思想时，他与人类的区别究竟在哪里？人类该不该接受这样的机器进入人类社会？什么才是人类最重要的东西？这种伦理思考长期伴随着人类的社会发展，并非是进入现代社会后才存在的疑惑，中国的先贤们也留下了“夷狄而华夏者，则华夏之；华夏而夷狄者，则夷狄之”“非我族类，其心必异”这样截然相反的论断，可以看出这样的矛盾与伦理的变易一直伴随在人类左右。

4.生物工程题材中的伦理意识

科幻电影能够反映当前的社会思潮，对于伦理意识的思考也正是本时代的人对于技术飞速发展时人与社会、自然异化的迷茫和道德标准的重组与新建的诉求，这在科幻电影这个题材中表现得尤为明显。

无论是星际文明、时空旅行、“赛博朋克”，还是专制社会，在可以预见的未来，可能性都较为渺茫，当下的精神诉求在其中表现得并不明显。但生物工程与我们的生活息息相关，前段时间关于转基因工程的论战正揭示了这种思潮的冰山一角。

这一类的电影都对在食品、病菌等普通人难以发现异常却又常伴左右的事物上进行的不易于了解的高科技表达了深深的恐惧，如《生化危机》《我是传奇》《湮灭》等。这种恐惧可一直上溯至茹毛饮血时代对于巫医的敬畏，那时候人类尚不能理解疫病的作用原理，基于对死亡的恐惧将之神化。而随着科技跳跃式的发展，基因工程这种专业度极高的学科，所研究的又是与生存密切相关的事物，普通人对其已不能通过科普完全了解，所以难免产生强烈的危机感与不信任感。这样的思潮是人类完全可以理解的。

5.专制社会题材中的伦理意识

专制社会是西方创作的一个重要母题，反乌托邦式的作品因其辛辣的讽刺与真切的塑造让人难以视之为儿戏，权力的制衡、人民自由权利的合理表达，在人类的历史上也是重要的部分。其伦理性的判断更加明确，主题较为单一，相关作品的表现形式多为对专制的抗争、对自由的追寻，如《1984》《美丽新世界》。前者，表现的是通过高压统治的恐怖政权，后者则是通过享乐文化控制人们的思想，娱乐至死。但无论如何，剧中都表现出专制社会的威胁在于生活方式、文化与思想的单一化，其中区别只是到底是基于集权统治还是消费文化。

但后期这类电影思考得则更为深入，一般是讲述极端条件下政治体制的转变，以及生存下去与人的尊严哪个更为重要。这其中有整个世界陷入严寒，为了保留文明火种而强化阶级和愚民政策的《雪国列车》，它在思想上更有深度，对于其中的伦理探讨也不再那么旗帜鲜明。

6.生存环境题材中的伦理意识

自从工业社会到来，人类就在高效迅速地破坏生态环境。百年来，自然条件与生态平衡的变化引起了很多人的注意，科幻电影通过描绘自然灾害，揭示人类的利益应是相通的，其中不但有全球生态崩溃的大背景，也有大部分人不会接触到的封闭条件下的环境灾害。

基于现实状况的科技伦理反思，科幻电影展现了许多生存条件恶化后的恐怖场景。其中较为著名的有《后天》和《未来水世界》。这两部电影描述的生态崩溃截然相反——前者是席卷全球的寒冷，后者是全球变暖导致海平面上升。此类影片的预警性质通常非常明显且不加掩饰，“后天”“未来”，几乎要明确地说如果人类不妥善调节技术与自然的关系，这种可能的未来就要降临。

而严峻的现实让科幻电影中随处可见自然生态伦理的身影，即便是重在表现时空穿越的电影《星际穿越》《流浪地球》，驱使主角做出行动的主因也是自然环境崩溃、粮食减产、生存条件恶化。

生态环境的破坏威胁到全人类的生存，然而科幻电影前瞻性地提出了新的伦理问题——太空垃圾。在科幻电影《地心引力》中，被人抛弃的太空垃圾击毁了空间站，这让观众意识到了与自身生存并无直接关系的地方，也有着污染破坏，也有着独属太空时代的伦理问题。

7.超自然能力题材中的伦理意识

此类电影并非科幻电影的主流，但其中蕴含的伦理问题比较多样化。而在不同的历史时期，其展露的主要思想亦不相同，诸如超级英雄系列电影，基于时代背景有打击犯罪、维护和平、反击恐怖袭击等种种精神内核。

除此之外，人类能不能掌控超自然力量，也是其中伦理思考的重要方面，科幻电影《超能失控》就讲述了三个获得超能力的少年如何被超出自己心智掌控能力之外的力量毁掉的故事。

《少数派报告》和《时间规划局》则表达了对于超越常识逻辑的能力进入现实社会中，乃至人人都为其所困的恐惧。相比表现利用超能力来解决问题、消除不公的电影，这种深入探究超能力本身带来问题的电影，有着更为深刻的思想。

二、科幻电影中科技伦理意识的特点

1.对科技发展中潜在威胁的展示

大部分科幻题材的电影，在故事的表达上都较为相似，它们都指向了一个充满悲观色彩的前景，其中充斥着大量对于科技的不信任、对于人类本性的怀疑、对于未来的悲观预测。

但实际上科幻电影描述的悲观的未来与可能性，本质上是对科技负面效应的警醒。应当看到,科学技术在大幅度改变人类生存境遇的前提下,也存在着种种可以提前规避的潜在威胁和负面效应。

科技带来的负面效应首先表现在人与技术的关系上。人在享受科技成果时,应当注意到自身的自由意志及其合理发展,避免沦为科技的附庸,丧失作为"人"的意义和本性。其次,负面效应表现在社会与技术的关系上,当某一种科技被滥用,或者没有充分认识到其危害性时,其对于社会关系的溶解破坏就难以防备,同样将导致科学技术的停滞,比如《时间规划局》所展示的未来。科学技术如不加以重点关注与节制,其对自然的负面效应难以忽视,这不但严重影响科学技术的进步发展,也会威胁到全人类的生存安全。此所反应的伦理问题是如此真实,以至于在电影之外,南极上空的臭氧空洞和苏联、日本核电站泄漏已经是现实生活中的纪录片。

面对飞速变化的外界环境,人类不但希望找到技术与生态环境的平衡,维持人类这个群体的延续,求得生理上的生存,还希望找到个人在这样一个莫测的时代的定位,以求得心理上的安全感。对不确定性的惶惑,在科幻电影光怪陆离的表现形式下,获得了崭新的生命力——思考上的变化与想象力上的拓展。

科幻电影擅长通过激发观众内心的恐惧,将自身对于伦理意识的思考展现在银幕之上,这是科幻电影的一种惯用手段,也是其思考表现非常鲜明的特征之一。这种立足于通过恐惧激发观众思考的手段,不仅对于科技伦理的传播起到了积极的作用,更易于让观众与创作者在思维层面达到共情。江晓原曾指出:"对技术滥用的深切担忧,对未来世界的悲观预测,这些幻想电影和小说无疑是科学文化传播中一种非常重要的类型。"[1]在科技发展需要注意的地方,科幻电影无疑负起了自身的传播责任,给出了不同的视角:在技术影响下,人与外界的关系变化会导致什么发生?人类将以怎样的方式存在?人的异化会达到什么程度?这些伴随着科幻电影发展的永恒诘问彰显并鼓励发散性的想象力,让同属于幻想艺术的科幻类影视作品始终保有其独特的魅力,不但在公众内心塑造起初步的科技伦理意识,而且带给观众伦理意识对于指导科学技术运用的先验性观感。

2.对科研人员的科技伦理责任展示

除了对于科技"双刃剑"的思考与展示外,科幻电影中科技伦理意识的另一大特点,则是对科研人员的科技伦理责任的展示。

洪备指出,科技伦理责任是"科技人员在从事科技活动中应具备的基本道德品质和科学精神"[2]。这说明,虽然研究中推崇自由探索,但不能没有科技伦理的规范,科学研究不但要能促进人类知识的增长,也要对人类社会的生存与福利负责。

科研人员在研究中对于科研活动、仪器操作应当认真对待。《异星觉醒》中,正是由于科研人员的玩忽职守,导致外星生命体逃离实验室,危害到整个人类社会,造成了巨大损失。可见,科研人员应当重视研究中的仪器操作与流程,对于后果负有伦理责任。

科研人员对于研究结果的应用应当有更清醒的认识。也就是说,当科研人员发现研究成果具有潜在危害时,应当主动揭示这种危害。在电影《侏罗纪公园》系列和《异形》系列中,带有野心和私利的公司在生物技术领域不择手段的探索,最终导致了人类社会的巨大的生存灾难或毁灭。可见,科研人员对于科技应用的风险性应该有着清醒的认识,在必要时也应当限制或者放弃风险性巨大的研究,对人类社会的安全负责。

"能力越大,责任越大",即是说,人的责任范围是根据自身的自由选择能力而改变的。科技的发展无疑带给了人类更大的自由裁量权,古代形容力所不能及的"挟泰山以超北海"之语,在科技进步下逐步呈现出理论可能,这就是工业革命以来科技进步带来的力量,让人类真正拥有了改变自然的伟力。但技术本质上只是一种工具与中介,施密特指出,技术本身无所谓善恶。这说明,技术发展的作用与结果,归根结底是在使用它们的人身上。科幻电影构思了许多伟大的科技成果被邪恶的使用者操纵,将人类社会推入深渊的故事情节,透露出创作者们对于科技发明使用者的怀疑与担忧,表现出对科技工作者与普罗大众面对新科技时应有社会责任感的殷切期望。

三、科幻电影中科技伦理意识的产生原因

1. 基于异化的威胁:技术恐惧

科幻电影中科技伦理意识一个主要的产生原因,是人类潜意识中的技术恐惧。对技术的不信任感由来已久,科技在提高人类生存境遇的同时,也完全改组了千百年来人与外界的相处方式。在过去,人们思考得最多的伦理问题是个人与外界的关系,那么在工业社会以一种全方位渗透的方式降临时,人们将不得不思考自身与技术的关系。海德格尔认为:"我在技术之中,也即在其本质之中,发现人处于某种势力支配下,迫使人应付它的挑战,面对这种势力,人并不自由。"[3]他认为技术影响社会与文化,进一步塑造了人的处境,对工业社会对于人的异化产生强烈的不信任感。

这一思想正体现了随着科技的发展，原有的相处模式被解构，人们会开始表现出对于业已习惯的关系结构被异化甚至是被破坏的恐惧。因为人类与其他生物相区别的重要特质之一就是人类具有理性思考的能力，相对于其他生物只是单纯以感官来感受认知的恐惧，人类的恐惧有着现实因素，也有潜在因素。当科技成为人的恐惧指向的目标，同时其发展前景、对于人类自身影响前景不被看好时，技术恐惧就随之产生。

宋广佳等在《科幻电影涉及到的哲学问题》中说道："许多经典科幻电影都不同程度表达了人类对科学技术的进步、未来社会的发展状况的担忧，以及对未来世界的困惑。"[4]这表明，科幻电影中的伦理意识产生是多层次衍生的，技术恐惧的初级层次表现了人类对难以遏制却又威力无比的能量的恐惧，更高层次则是对于人类本身的不自信，面对社会制度、自然本身难以抗衡的科技力量，是否能合理掌控这份力量，将其完整融入人类生存的大环境，在可以预见的未来，还没有有效而妥善的方式。

恐惧的两个基本来源，其一是未知，其二是威胁。工业社会开始，科技就已经展现了其无可比拟的力量，社会形态的天翻地覆、自然环境的严重破坏，都体现了其对人类生存的威胁能力。而随着科技的进一步发展，普通人已经很难掌握技术的详细内容，生活中与技术的朝夕相处都处于黑箱状态，这种未知更助长了技术恐惧的滋生。

人类对于科技的依赖与疏离感将长时间地持续下去，技术恐惧的具体内涵随着科技的更新换代而变化；但唯一不会变化的，就是不同时代的人类对于自身物理与精神双重角度上生存的重视；正因为如此，对于威胁的警惕——技术恐惧还将长久地存在，见证着科幻电影内容的更替，构成科幻电影永恒的创作动力与母题。

2. 基于关注和认知：当代思潮

任何伦理思考都不会脱离原本的时代存在，人们的思维方式被意识形态、传统文化所左右，而想象力与关注点也与科技水平直接相关。科幻电影中浓烈的时代气息，不但反映出国家社会不同阶段的发展态势，而且反映出不同科技时代下人们关注的事物。

钟锟提到："我们不难在美国科幻电影的演进与变化中，看出其与美国后工业文明发展的亦步亦趋。"[5]由于后工业社会中生物技术、化学研究、信息工程的高度发展，科幻电影早期的巨大怪兽逐步被人工智能、人的异化、病毒扩散等题材取代；另一方面，科技的高速发展也造成了环境的巨大破坏，加速了能源的消耗，也导致了科幻电影中环境污染、生存危机等母题的繁荣。后工业化社会的进程中，人被作为个体而分隔开来，传统的亲属关系、邻里关系以及前工业社会的道德等不再适用，情感淡漠、快感的快餐式体验、追求性解放、独身主义与享乐主义思潮泛滥，都在冲击着原本的社会伦理，这些发展中的社会变迁，也出现在新时代科幻电影的题材视野之中。

科幻电影中的理性推演虽然基于外界条件，但是作为影视艺术的一种类型片，它自始创以来就与真实的社会矛盾和人性矛盾有所剥离，并不能完全等价对照。于是人们借助这样一种艺术形式来表达对于现实的诘问时，会不由自主地对这种超现实的梦境寄托遐思，在表现对于伦理问题的思考时，对于可能的未来有什么手段解决当下的问题，纷纷给出了自己的答卷。这就表现为对于工具理性的思考、对于未来生活舒适的渴望充斥在科幻电影的每一个角落。科幻电影中一方面展现着科技的力量与优美，一方面又在表达着人类的焦虑与不安。正是这种矛盾性促使人们对于科技发展进行持续不断的伦理思考，这是科幻电影经久不衰、源源不断的创作之源。

四、科幻电影中科技伦理意识的意义

在人类历史上几个千年里，没有任何一个时代如同这两百年间一样变幻莫测。伦理是一种普世的道德准则与处世思维，而飞速发展的技术来不及等待它的自然形成。在人类对于普世道德观的追求下，科幻电影对于伦理的思考以及追问还将继续持续下去，这是其创作之源，也是其根本魅力所在。

正由于这种独特的魅力，科幻电影中的科技伦理认识和反思在过去对社会与科学产生了巨大教育意义和指导价值，也为以后的电影人奠定了基础，指明了前路。

1.发扬责任伦理

科幻电影中的伦理思考，在绝大多数情况下是基于责任伦理来推演的，有学者这样分析“责任伦理”：“它是一种它者思维，因而不同于传统伦理的以‘己’为本位的道德思维……它是一种境遇思维，因而不同于传统伦理的律法主义思维。”[6]也就是说，责任伦理同时具备“它者性”与“前瞻性”，前者也就是说现代社会人人都是道德自治的主体，而不需要先验自我的独白；而后者则是由于科技活动后果难以预料又威胁重大，一旦发生再追究责任为时已晚，无论是现实中西方工业社会崛起对环境的破坏、核电站泄漏，还是科幻电影中如《后天》《黑客帝国》等，都鲜明地体现了这一点。

本文之前论述的伦理相比于技术的高速发展有着明显的滞后性，即用传统思维的伦理去思考与规约新技术有着巨大的局限性。因而科幻电影中所宣扬的责任伦理思维，对于减少科学活动产生的危害有着显而易见的帮助，能进一步对人与社会负责。

2.道德共同体的促进

在新媒体时代下，科幻电影有着更为便捷的传播途径，而在高新技术环绕下长大的新一代，对于科幻电影也有着更大的接受力度。在相似的社会语境下，才会产生广泛被认可的道德标准，而科幻电影的传播无疑将不同文化语境下的观众拉近了。

张晓阳指出："道德想象力不仅仅是一种新的德育方法论，而且可以从道德情境（真实或虚拟）、道德感受（反思和移情）、道德可能（显性或隐性）、道德行动（直接或间接）、道德协商（讨论或辩论）五大步骤入手，实现公德培育中自身理论的实践转化。"[7]科幻电影的很大一部分意义正源于通过刺激观众内心的恐惧，激发观众的忧患意识。同时，电影本身的叙事结构使得其表现循序渐进，甚至根本就完全隐藏在剧情之下，能让观众体会到一种自己领悟而非被动灌输的自由，如《这个男人来自地球》等。

通过影像与娱乐的传播方式，使得观众对于电影所揭示、预测的危机产生了共情，讨论的土壤也就随之铸就。在此基础上，谈论新时代的道德准则——普世伦理，便不再是无根之木、无源之水。

基于历史原因，经济、科技以及技术方面，我国仍较西方发达国家落后一些。国内对于科技伦理思想的培养，对于科学伦理的深入思考与理性分析，也存在不小的差距。要从教育开始逐渐追平差距，既要加强我国科幻电影的伦理教育功能，也要加大力度培养具有科技伦理意识的电影人才，这正是本文从科幻电影科技伦理意识及其文化内涵中得到的重要启示。

注：

[1]江晓原.好莱坞科幻电影主题分析[J].自然辩证法通讯，2007(5).

[2]洪备.美国科幻电影中的科技伦理意识探析[D].大连理工大学，2014：19.

[3]海德格尔.海德格尔选集（下卷）[M].孙周兴译.上海：上海三联出版社，1996：939.

[4]宋广佳，季振洲．科幻电影涉及到的哲学问题[J]．赤峰学院学报（人文社会哲学科学版），2012（12）．

[5]钟锟．二十一世纪好莱坞科幻电影叙事研究[D]．广西师范大学，2014：11．

[6]曹刚．责任伦理：一种新的道德思维[J]．中国人民大学学报，2013（2）．

[7]张晓阳．基于道德想象力的公德培育[J]．上海教育科研，2016（1）．

（本文原载于《名作欣赏》2019 年第 27 期）

中国人工智能电影的伦理审视

余鸿康

人工智能电影作为科幻电影的亚类型,与科幻电影一同成长,网络技术和数字影像技术的不断发展,为人工智能电影提供了广袤的生存空间。本文所探讨的人工智能电影并不是通过“AI”(Artificial Intelligence)智能程序对影像和声音进行编辑、剪辑而成的电影,而是人类生产的有关“人工智能”的电影。人工智能电影研究主要涉及人工智能题材及人工智能美学的构建。“人工智能美学探讨的是技术的‘定位’问题,而人工智能电影研究面对的是想象之域,具有一定超前性。”[1] 人工智能电影主要以奇观化的场景和未来科技探讨人类所面临的政治、经济和伦理问题,甚至是对现实的迷惑和未来的焦虑。

我国人工智能题材的电影目前处于初步的探索阶段,一方面用当下的伦理道德及日常生活的经验去塑造机器人、人造人、合成人等形象,戏剧冲突的时空设置也集中放在此刻,而不是未来,如中国最早的人工智能电影《错位》(1986,黄建新);另一方面当人类命运受到未来科技的挑战与威胁时会受到先验的价值观及传统的中国道理礼仪的审判,如1988年王亚彪执导的《合成人》。在21世纪的今天,大数据、全息影像、虚拟现实等新兴技术的不断出现,一方面,对人类生活产生深刻影响,也促进了人工智能电影的进一步发展;另一方面,却引发人类社会更为尖锐的伦理问题,例如人工智能异化是否会影响甚至威胁到人类的生存,人类的工作领域乃至生活是否会被人工智能代替。人与机器人之间的矛盾,不再是简单的善与恶的矛盾,而是权利与义务、理想与使命的伦理道德准则。有关人工智能与人类未来的诸多纷争,不但是人工智能电影的表现主题,也是对人类社会未来发展的持久思考。

一、作为亚类型电影的叙事:“人—机”关系

人工智能电影中机器人、人造人、合成人等形象都是源于对现实世界的奇幻想象,同时又超出对现实层面的合理想象。在电影叙事中,既有先进技术的飞速发展对人类带来的恐惧与焦虑,又有人类自身面对人工智能的深层次的伦理困境,由此构成了较为复杂的人机冲突。

黄建新的《错位》借用人造人的情节,对新时代进行了暗喻:科技过度发展,人

终会被自己创造的东西代替。影片中的赵书信运用科学创造了与自己相似度极高的机器人，每天都会替他处理各种事宜如开会等，与此同时机器人也产生了越来越强烈的自我意志，例如想谈恋爱、喝酒抽烟等。他说，“即使你把人类的思维都输入给我，我也只是重复；我要跟你一样，有个性，有思想，我请求你办到这一点。到时候我们智能人联合起来，拥护你做我们的领袖。”因此，赵书信遭遇了让·鲍德里亚所说的“布拉格大学生”情境[2]，他面临的问题不再是克服科学难题，让机器人具备更高的能力，而是机器人逐渐地占领他的生活和取代他的工作。他开始怀疑科学技术，担忧自己与机器人的边界逐渐迷糊，自我与镜像的矛盾，伦理与科技的冲突，在影片结尾他炸毁了这个机器人。

同年，王为一导演的喜剧片《异想天开》在荒诞幻想剧中，首次在现实的想象上融入了机器人和外星人的形象。上海某公司职员徐立国借助机器人的躯壳击退了决意将他捉拿归山的两位僧人，而后鬼使神差地被歹徒抢运到香港，随后他发现国家机密。经过搏斗，他成了保护国家机密的功臣，荣获十万元奖金。剧中的主角虽没有直接对机器人产生冲突，反而借助其躯体成就了自己，但影片结尾以一场梦为结束点。现实中人类对技术的焦虑要以镜像中叙事机制和伦理机制去化解。人与机器的关系时而合谋，时而冲突。《百变星君》（叶民伟，1995）是香港制作的一部科幻喜剧片，主要讲述了周星驰饰演的李泽星是一名纨绔子弟，由于和黑帮老大情妇有染，被黑帮追杀后炸成碎片，而徐锦江饰演的教授通过人工智能技术将其复原，并对其植入“无敌芯片”，而黑帮成员则植入“铁甲威龙”，双方再次展开搏杀。同样也是借助机器人的外壳完成人类无法实现的幻想，人类自身面对合成人的态度在电影中以一方胜利另一方失败而告终，胜利者即是道义的所指符号，正义战胜未知的科技，人类与机器的关系冲突又和解。

新世纪之后，随着科学技术的日益发展，人机关系的矛盾也越来越突出。《危险智能》上映于2003年，主要讲述了黑暗组织为了实现控制人类世界，对高智商的学生陆羽植入芯片，由此引发了一场正义与邪恶之战。整部影片将人工智能污名化，没有被植入芯片的学生即是正义，人类害怕被机器所替代。六年之后，内地和香港合拍的科幻电影《机器侠》进入人们的视野。该片的场景设置于未来社会的2046年，人工智能已经完全融入人类生活的诸多领域，机器人“德明”进入警局，展开了一系列与邪恶机器人杀手的较量。“上帝创造人，人创造机器人，人可以怀疑上帝，为什么机器人不可以怀疑人？——K-88遗言，2046年。”提出这个问题的是K-88机器人，之所以最后被杀害是因为他具有与人类一样思考问题的能力，人类害怕将被机器人统治。

21世纪的今天,在科技高速发展的大背景下,科技的异化性与适用性此消彼长。毋庸置疑,异化性一直萦绕在人类与数字科技的中间。例如数码产品一方面加速了人类了解信息和认知事物的效率,将世界变成了一个"地球村";另一方面又将人类囹圄在"信息茧房"里,同时束缚彼此之间的沟通。E·弗洛姆博士也曾在论述马克思异化论时说道:"异化了的人有这样一个特点,自信感爆棚,认定他就是主宰大自然的王者,但事实上他却是自然与物的奴隶。"[3] 人工智能电影让我们认识到,智能机器虽然是由人类所创造,但它可能会成为让人失去操控权的异质力量,处理好人机关系,解决伦理与技术之间的矛盾,是今后人工智能电影所涉及的叙事范式。

二、"人—机"关系的科技文化症候:伦理焦虑

人与人工智能的关系,最终表现的是人与工具的关系。随着人类文明的不断演进,工具也随之发展。人类对于工具的高度依赖推动着工具的智能化发展,同时人类对工具的依存程度也决定着人与人工智能之间的关系。学者戴维多伊奇认为:"人工智能只是具备人类心智的计算机程序,即便拥有了人类所赋予的情感意识等人的特征,但毕竟是运用在计算机硬件上程序无法成为真正的人类。"[4] 但这种观点,伴随着计算机水平的提升,在人类不断给人工智能赋予新的生命力时而得到挑战。《合成人》(王亚彪,1988),根据楚良的小说改编,讲述了一名外科医生通过手术将农民王家培的意识植入因车祸而失去意识的外贸公司总经理吴浩身上的故事。当农民看见自己的妻子在总经理别墅外像游魂一样来回行走时,内心产生了矛盾,不知道是否该心安理得地占有吴浩的妻子。一方面是科学技术带来的人与机的科技伦理,另一方面又展示了肉与灵的道德博弈。《凶宅美人头》(胡庆士、刘邑川,1989)中也出现了类似的伦理焦虑,教授把罗美娜的人头成功嫁接在舞女的身体上,可她无法判断自己是否应当用别人的身体与男友发生性关系。当人的完整性被破坏而形成身份的交错,带来了性爱伦理的考验。在《机器侠》(刘镇伟2009)中,机器人被植入"意识"能和人类产生情感,K-1爱上了人类,但在它们的族裔里面是不允许爱上人类。人工智能的系统的残酷性和虚拟性缺乏基本的人类道德基础,因此K-1付出了惨痛的代价,其悲凉的结局也引发了观众对于科技的伦理思考和焦虑。《超级异能人》(郑睿,2016)的半人半机器人与人类搏斗,展示出了科学技术与人类主体之间的予盾与冲突。在影片中,人类面临的一系列社会问题包

括科学技术、生物再生科技等新的学科，它颠覆了人们对于科技的传统认识和想象，也产生了深层次的伦理焦虑。

三、“人—机”关系的深层文化冲突：伦理困境

西汉时期的著作《乐记》是伦理一词的最早出处，“乐者，通伦理者也”。“伦”的本义是辈、类的意思，“理”是条理、道理。伦理包含了指导人们行为规范的一系列的道德与观念，涉及人类生活诸多领域的行为准则。[5] 在中国人工智能电影中，人类对于人工智能面临着复杂的选择，时刻面临着伦理困境的折磨。例如人类面临具有超强智慧的机器人时，应以何种态度对待他们的行为，是以人类的方式，还是以机器的方式？面对具有自我意识的机器人，是否以人类的道德标准去要求他们，他们是否也面临着道德的选择与困惑？

在《错位》中，机器人对赵书信说了这样一番话：“我发现你们人类很怪，有许多自相矛盾的地方，你们给自己指定了很多条文，但在内心深处，却只希望别人遵守，比如我在台上以您的身份讲话，台下的人不愿意听，也得鼓掌。这太难理解了。”机器人这段对白是对当时中国社会官僚主义作风的批判，把它放在后人类情境中可以理解为人类主体（创造者）与机器人的对话，类似于《异形：契约（雷德利·斯科特，2017）中机器人大卫与他的创造者彼得·威兰德的对话。人工智能在影像中无论是形象还是结尾都被赋予了恶及“死亡”的终结归属，但并非人类所愿，机器人所呈现的“非道德性”已超出了人类的心理预期，也不能再以先验的道德准则对其行为作出判断。《男人的世界》（王为一，1987）根据陈树斌的同名漫画改编，影片中的学生在毕业答辩时说：“我认为我们不仅仅能创造出为人类所利用的各种样式的电脑机器人，也能在不太遥远的将来，创造出与人具有同等思维能力，而且大大超过人的思维能力的新一代的人类。”这是典型的后人类表述。影片中，大部分女性都被优生主义医学所消灭，唯一幸存的女子是靠试管体培育出来的。因此，大量男人找不到伴侣，荷尔蒙过剩导致骚乱，甚至被女性的画像所诱惑，与之跳舞、亲吻。这部电影提出了机器人的性别伦理问题，以及优生学，通过干预手段实现生育选择本身已经触及人造人和人工生命的伦理问题。影片其中有个场景表达了赛博格的性别伦理：一个男人定制了一个女性仿生机器人做妻子，这个仿生人与《真实的人类》中的机器人一样，身材完美，唱歌跳舞，谈情说爱，收拾家务，吸引了大量男青年围观，但是那个男人并不满足，认为机器人妻子缺乏作为人的真情实感。“人—机”关系的“微妙”，使人的主体地位受到威胁。

人与人之间的关系是相互的，只有双方彼此付出，感情才能得以长久维系；那么如果机器人拥有了情感，学会了爱人类，人类又该如何回应？如果我们将已经"高度人性化的机器人"杀戮毁灭，从人性伦理的角度来讲，我们的良心会不安吗？答案是肯定的。影片《机器侠》站在机器人的角度通过阴郁的画面描绘两个机器人的悲惨遭遇，残破不全面又渴望生存的机器人通过"心灵的哀号"撞击着观影者的灵魂深处，拷问着人类的良知。

"对于未来人工智能技术将发展到什么程度，人类面临的智能社会又将以什么样的方式呈现，我们很难预测。但人工智能电影给我们提供了一个较为理想的展示平台和想象空间。因此，作为影视工作者更应该具备前瞻性的眼光和豁达的胸怀，通过影视作品传递人工智能技术发展的同时，更应该生发出对人类未来发展的忧患意识和预警作用，使人类自身更充分地认识自我、理解自我。归根结底人类对于技术的恐惧与焦虑，是缺乏对自己智慧和力量的认知。正如黑格尔所言"人既然是精神，他必须而且应该自视为配得上最高尚的东西，切不可低估或忽视他本身精神的伟大和力量。"[6]因此无论人工智能技术如何发展，它必然将依靠人类的智慧和力量，促进人类走向智能社会的美好未来。

注：

[1]王坤宇.想象之域中的人工智能电影[J].文艺评论，2019(12).

[2]肖熹，李洋.中国电影中的后人类叙事(1986—1992)[J].电影艺术，2018(1).

[3]雷姝玮.美国人工智能电影中的伦理问题研究[D].陕西：西安外国语大学，2013：15.

[4]雷姝玮.美国人工智能电影中的伦理问题研究[D].陕西：西安外国语大学，2013：15.

[5]雷姝玮.美国人工智能电影中的伦理问题研究[D].陕西：西安外国语大学，2013：16.

[6]雷姝玮.美国人工智能电影中的伦理问题研究[D].陕西：西安外国语大学，2013：19.

[本文为西南大学2020年度中央高校基本科研"创新田隧"项目"中国电影伦理思想研究"(项目号SWU2009111)的中期成果]

华语科幻电影中的“伦理性”想象

王玉良

当乔治·梅里爱把儒勒·凡尔纳想象中的奇妙世界带到了观众面前,使观众第一次看到了具象的月球、太空和海底的神奇面貌时,科幻电影便作为一种特殊的电影类型,早早地为自己在电影表达中争得了一块属于自己的领地。在一百多年的电影发展史中,科幻电影一直作为一种独特的创作类型与电影艺术的发展相生相伴。电影创作者们通过各自丰富的想象力,构筑了一个又一个人类社会发展中的奇妙想象,科幻电影构成了百年电影发展中一道亮丽的风景。对于科幻电影的概念,虽然众说纷纭,但有一点可以得到共识,那就是它是建立在科学幻想基础之上展开叙事的。虽然故事内容千差万别,情景设定千奇百怪,但它对人类未来世界的想象性特征、科学思辨的方法模式是不变的。如果以此为依据来考察华语电影的话,会发现真正称得上科幻电影的作品凤毛麟角,更多的是带有一定科幻色彩的作品。这些作品大多“是‘借科幻说事’,或‘搭科幻的台,唱别的戏’,很少有贯穿始终的科幻叙事,也不会完全遵循科幻电影逻辑叙事”[1]。不过这些作品多少体现了科幻电影的部分特征,姑且把它们称之为科幻电影,来进一步探究此类电影在华语电影界作为一个实体存在的特殊表征。

1931 年 3 月 7 日,上海大光明大戏院公映了美国福斯公司出品的影片《五十年后之新世界》。这部由大卫·巴特勒导演的作品,在当时是一部非常超前的科幻巨制。本片通过丰富的想象力和巧妙的特技制作,设想了美国最大的城市纽约,50 年后在城市建设、交通设施、居住环境和通讯方式等方面的种种景象。可能是受该片的影响,数年之后,上海的新华影业公司也出品了一部名为《六十年后上海滩》的影片。该片由杨小仲编导,改编自田汉的同名话剧,通过梦境和部分科学幻想的方式,讲述了两个小职员幻游 60 年后上海滩的各种滑稽情景。虽然两部影片都是对未来城市的幻想,但最大的区别在于,前者带有更多的科学成分,后者却充满了神秘的传奇色彩。在影片《六十年后上海滩》结尾,主人公“死而复生”,再次与妻儿团聚,回归到了普通家庭生活。从中不难看出,影片关注更多的还是中国人传统的伦理思想和家庭观念。由此可见,中国电影在表达“科幻”题材时,很早就打上了伦理想象的烙印,这种伦理想象在此后的华语科幻电影中,可以说是一以贯之,成了华语科幻电影叙事表达中的明显特征。

中国历来是一个重视伦理道德的国家，中国的传统文化，从本质上来讲是一种伦理型文化。“封闭的自然地理环境、小生产的经济基础和封建的社会伦理关系使得中国传统文化成为一种伦理道德型文化。”[2]今天文化视域下的华语电影，不再仅仅指中国内地出品的电影，而是也包括了港台地区和海外华人用华语创作的电影作品。之所以把它们纳入一个体系，是因为华语电影创作有着共同的民族文化语境。华语电影作品中的科幻电影虽然为数不多，但由于共同的民族文化语境，体现出了一种对中华民族“伦理性”关注的特征。这种“伦理性”关注在华语科幻电影中主要体现在对社会伦理、家庭伦理、医学伦理和生态伦理的想象几个方面。与西方科幻电影中的伦理性想象不同，华语科幻电影中的伦理性想象并非科幻故事的附属品，而是一种要突出强调的内容，科学幻想反成了伦理性想象的次要载体。正是这些“伦理性”想象，构筑了华语科幻电影典型的民族特征。

一、对“社会伦理”的想象

与其他艺术类型不同，电影艺术往往可以通过镜头，相对自由地把故事展现在更加宽广、真实的社会环境中。它打破了“人生小舞台”的限制，往往把关注的对象投向“社会”这个更加广阔的空间环境中。当电影在展现和处理人与社会的关系时，会不约而同地遵循一定的伦理性准则，继而上升为含有一定道德规范的社会伦理观念。科幻电影对“社会伦理”的想象体现在人对社会的责任感，通过展现剧中人物的情感、意志、人生观和价值观，来完成对美与丑、善与恶、正与邪的道德评判。在华语科幻电影中，这种社会伦理的展现相当普遍，通过对故事的讲述，来完成创作者的某种道德评判。

社会伦理体现得最明显的就是一种社会责任感。在特定的社会里，它就是作为社会个体的每个人对他人和社会的伦理关怀。社会伦理规劝人们要对社会负有强烈的责任感和道德感。因为中国长期受儒家文化的道德浸淫，“家国思想”和“明道救世”的伦理情怀自然也体现在艺术创作中。所以在华语科幻电影中，这种社会伦理体现得最为明显的就是一种社会责任感和道德感，科学幻想的奇妙叙事，最终要完成的还是一种社会认同的伦理价值。科幻在这里只是叙事的外衣，里面真正包裹的还是中国人普遍认同的社会情感观念和伦理意象。

影片《卫斯理传奇》通过追查龙珠的下落展开叙事。当发现龙珠是外星生物遗失在地球上的太空船启动器时，我们才确认了本片的科幻色彩。但影片关注的重心却不像常规科幻电影那样，大肆展现奇幻的星际世界和外星人神秘的生活方式，而是聚焦在与黑帮争夺龙珠的过程中，通过揭开龙珠的谜团，表达了卫斯理匡扶正义的社会伦理情怀。此外，该片带有明显的民族文化色彩，尤其在影片结尾处，那艘外星飞船的形态设计得很像中国文化传说中“龙”的模样，这无疑增加了华语科幻影片的民族认同感。而在影片《铁甲无敌玛利亚》《黑猫》和《幻影特工》中，社会伦理又体现出了一种利用科学武器打击恐怖主义，维护社会稳定的特征。无论是机器人玛利亚，还是脑中被植入芯片的黑猫，抑或是接受潜意识训练的德高与松鼠，他们身上体现得最明显的是与恐怖分子那种正与邪、善与恶的较量，带有一种明显的社会伦理价值评判的情怀。这些影片，虽然带有美国影片中常见的个人英雄主义和救世情怀，但与美国影片不同的是，它们更注重一种复杂的伦理关系的铺陈。名为科幻，实则讲述一个个缠绵悱恻、爱恨交织的情感故事，只不过这些情感故事被编织在了特定的民族意象之中，体现出一种特殊的社会伦理价值。此外，也有部分影片，通过实验性的风格，表达了一种迥异于常的社会伦理观念。例如影片《错位》就做出了一个反向思考，阐述了科学幻想的产物——机器人不但不能解决主人公的现实问题，反而给他的生活带去了意想不到的混乱。《错位》将虚构想象与现实生活相结合，用一种寓言式的风格，讽刺了某些社会现象，引人深思。

在特定历史时期和文化背景中，社会伦理有时会带有明显的意识形态性质，与政治伦理纠缠在一起。“就政治伦理而言，它既有政治伦理的本质属性，同时又是一种社会道德，还具有社会道德的本质属性。”[3] 尤其在中国“政治意识形态”控制文艺领域的特殊时期，社会伦理同样要遵循“政治标准第一，艺术标准第二”的艺术评判。全国上下的文艺创作都要遵循这种模式，诸如《十三陵水库畅想曲》。在影片的后半部分，作者描绘了一个美好畅想的未来社会：公社里利用太阳能，研制出了一种新的果树培育法，可以使果树“万果长香，一年四季开花结果”，葡萄长得跟苹果一般大小，还可以治疗癌症；陈副院长驾驶太空船从天而降，和大家讨论了去火星的准备工作，因为月球上的问题早已掌握，所以要开发火星了；另外影片还展现了有声传真书信、可视电话等。这些作为科学幻想的产物，虽然是为了配合当时刚刚开始的“大跃进”运动，但总体上也有一定的积极意义。通过对美好未来的设想和描绘，展现了人们热爱祖国的社会伦理情怀，为他们建设美好的家园增加了更大的信心。而后来的《珊瑚岛上的死光》可以说跟前者有很大的相似性。影片围绕保卫和争夺“高效激光科技成果”这个具有科幻色彩的中心事件展开，描绘了科学领域内正义与邪恶的斗争。在歌颂华裔科学家热爱祖国、热爱科学事业的献身精神的同时，也揭露了一伙骗子窃取他人科学发明成果的卑劣行径。影片在人物塑造上的“脸谱化”特征，带有“文革”样板戏的明显印记。这无疑都说明了这些科幻题材的电影作品背后所负担的政治责任和社会使命。社会伦理在这里体现出的是一种社会责任感和国家使命感，对国家的热爱和忠诚成了这一时期社会伦理的最好诠释。

二、对“家庭伦理”的想象

在中国的传统文化中，家庭观念在中国人的心目中占有极其重要的地位，这固然由历史的和文化的因素所导致。一般说来，由家庭成员构成的各种伦理关系便成了家庭伦理的主要内容。德国古典哲学家黑格尔在《法哲学原理》一书中曾把人类家庭看作一个伦理的实体。在黑格尔看来，这个伦理实体所标示的是，家庭是人类文明和伦理关系的起点。马克思也曾经指出过，家庭作为社会关系的基本单位，从其产生时就包含了两种关系，即“夫妻之间的关系，父母与子女之间的关系”。而这些问题也常常是电影表达的内容之一。家庭伦理往往被视为调整家庭成员之间关系的行为规范或准则。无论是夫妻关系，还是父母与子女关系，甚至是相应的一些亲属关系，都是家庭伦理关照的对象。家庭伦理在不同的历史时期和社会形态里体现着不同的内容。在中国传统的家庭伦理叙事中，家规、家法更成了带有典型民族色彩的言语和词汇。五四运动以来，中国社会开始了现代意义上的转型，在文学和艺术领域，对家庭伦理的关注就从未中断过。无论是批判，还是破旧立新，家庭伦理题材的作品在艺术创作中总能找到一席之地。而且，在中国的电影作品中，涉及家庭伦理的内容随处可见，即使是科幻作品，也往往体现出家庭伦理的各种意象。

中国20世纪30年代末的影片《六十年后上海滩》，虽然讲述了一个带有科幻色彩的荒诞不经的故事，但究其本源其实还是对中国传统伦理中“家”的关注和维护。据资料记载，本片“讲述某大公司职员韩某、刘某，家庭经济拮据，却在外生活放纵。岁末除夕，两人寻欢舞场，被妻子们发觉，各被扭回禁于阁楼。二人枯坐无聊，皆萌改造家庭，变换世界之念”，直到最后，“两人怕死惊呼，忽而醒来，发觉正身着殓衣，家人围床哀哭，原来两人长卧数日不醒，家人以为已死，正在筹办后事”。[4]从这则剧情说明中可以看到，“被妻子们发觉，各被扭回禁于阁楼”“皆萌改造家庭之念”“发觉正身着殓衣，家人围床哀哭”这些画面，着实是一部家庭伦理片的剧情元素。影片中那些带有奇幻色彩的滑稽情节，只不过是为了插科打诨、增加笑料罢了。台湾电影《关公大战外星人》似乎更是一部在科幻外衣包裹下，探讨家庭伦理问题的典型作品。它融合中国神话、美国科幻和日本动漫为一体,通过混搭、拼贴的方式讲述了一个中国版的“皮格马利翁”的故事。故事围绕一家三口展开,父亲是雕刻家,儿子是科学家,女儿是“不务正业”的学生,艺术、科学和享乐主义在这里交汇了。虽然因为不同的人生观大家“矛盾重重”,但作品最终还是回归到了父慈子孝,家庭和睦的传统家庭伦理道德观念之中。而在香港科幻电影《星际钝胎》中也有类似涉及家庭伦理观念的情节。在富家子弟郭公子家族中,典型的家长制管理导致了儿子指责父亲的思想过于落后,他要冲破封建的枷锁,争取恋爱的自由,要争取自己的尊严和权利。虽然最后在选择爱人和金钱面前,他暴露了自己自私和贪欲的本性,但作品无意中还是触及了现实家庭中的一些实际问题。

与早期家庭伦理题材电影的批判态度不同,新时期以来的华语电影在展现家庭伦理时更多是倾向一种“中和之美”。这种审美理想“温情中有警示,谴责中有理解,秉承现实主义美学的同时向传统致敬,体现了时代精神与传统文化的有效融合”[5]。在家庭伦理的想象中,父母与子女的关系问题也是常常关注的重心。相当一部分华语科幻影片通过一种温情的叙事,体现出一种“中和之美”。往往从儿童视角出发,比较突出地思考家庭和社会问题。在诸如此类的作品中,《霹雳贝贝》和《长江一号》最具有代表性。《霹雳贝贝》作为一部儿童科幻片,它既有科幻片的元素,又有儿童片的基因。本片最大的卖点毋庸置疑是其新奇的想象力:一个被外星人选中,一生下来就全身带电的孩子。但实际上它的精神内核却指涉了儿童在成长过程中的种种“孤独”处境,对自由的向往和对融入集体的期待。从影片中可以看到小主人公贝贝与父母间的关系并不融洽,他常常被关到家里,只能抱着玩具熊猫自说自话。父母望子成龙,连吃饭的时候都不忘唠叨他的学习。尤其是贝贝全身带电的问题被父母刻意地掩盖,这更增加了贝贝对自由的向往,对当一个普通孩子的期待。这都体现了影片对一般家庭伦理问题的关注和思考。与《霹雳贝贝》相比,《长江七号》在处理父亲与儿子的关系时,增加了更多的温情画面。虽然本片也披上了科幻的外衣,还塑造了一个可爱的外星人“七仔”的形象,但其实讲述一个普通家庭的生存处境,一个实实在在的城市童话,凸显了父子之间的伟大亲情。这些影片都把关注的焦点投向了社会现实,通过对家庭伦理关系的描述,造成了指向社会现实的文化象征。虽然这些影片假科幻之名,讲述了一个个偏离传统家庭伦理的故事,但他们并非是传统家道的反叛者,相反的,“往往距离传统家道越远,反而越能显现出对传统伦理亲情和家庭秩序的维护”[6]。

三、对“医学伦理”的想象

长期以来，医学作为一种自然科学得到了社会的广泛认同。但事实上，这种观点把医学的研究范围狭隘化了。“由于医学的对象是具有伦理属性的‘人’，因而医学与其对象之间就不仅是一种研究与被研究的科学关系，同时还存在一种人类社会所特有关系——伦理关系。”[7]医学伦理一般从传统伦理学的角度出发，涉及了医疗实践和医学发展过程中的医学道德问题和医学道德现象，它是医学的一个重要组成部分，又是伦理学的一个分支。医学伦理常常探讨医学领域中人与人、人与社会间的道德问题，这种道德问题反映在电影作品中往往能引发人类对科学和对生命的终极思考。例如获得第77届奥斯卡最佳外语片奖的《深海长眠》，就曾因“安乐死”这个敏感的话题引发了医学界的广泛讨论。对于人类社会来讲，医学作为一种技术手段，它是一个矛盾的结合体，通过医学，既可以解决社会的各种问题，造福人类；亦可能被利己分子掌握，为满足一己之私而贻害无穷。尤其在探讨人类的终极命运——生与死的问题时，医学伦理便显得格外的引人注意。科幻电影因其天马行空的科学幻想，更容易涉及人类对科学和终极命运的思考。因此，在华语科幻影片中，探讨因医学成果而引发各种社会问题的作品，往往更容易引发人们对伦理学方面的思考。

随着医学的发展，新的技术在医学领域中被大量地应用，于是，越来越多的、前所未有的伦理问题便应运而生。医学在实现其自身社会价值的同时，也越来越多地触及了各种伦理问题。尤其是当某项医学成果取得变革性的突破时，它引发的社会问题可能超出了人类的想象。电影《隐身博士》就恰恰说明了这个问题。医学博士耗费了几年的心血，研制出了一种隐形药。不料这种隐形药的发明消息不胫而走，接着便引发了一系列出人意料的麻烦问题。最严重的是隐形药被犯罪分子偷去，他用来偷取银行的钱和博物馆的文物，结果给社会和公安部门带来了极大的麻烦。最后博士幡然悔悟，又亲手毁掉了自己发明的隐形药。这个带有科幻色彩的故事其实也在探讨一个医学伦理的问题，即医学成果能否造福人类，关键取决于掌握在谁的手里。在欢呼医学成果的同时，绝对不能忘了它可能带来的负面结果。因此，确保医学成果的安全性变成了社会医学领域要解决的重要问题。影片《再生勇士》便是围绕保护医学成果的问题展开的。影片包含了更多的科幻元素，诸如脑中植入芯片、机械手臂等，尤其是双方争夺的焦点，李明博士的重大医学成果——遗传基因，更是让人想入非非。导演凭借其丰富的想象力，设计了一场惊险刺激的警匪大战，其目的无非是强调这项医学成果的重要性，和保护这项医学成果任务的艰巨性。这些影片打着科幻题材的招牌，实在传达医学伦理这个饱含争议的社会话题。

此外，还有一些影片更加具体地描绘了某些人在追求医学成果时的丑恶面目，揭露了他们为满足一己之欲，不择手段，最终自食其果。这些影片掺杂了更多的医学伦理想象，如妄想追求个人生命永恒的香港影片《生死搏斗》和借助医学成果满足一己之私的实验电影《凶宅美人头》。《生死搏斗》故事虽然荒诞不经，却反映了人类对死亡的恐惧和千百年来希求长生的幻想。当发现救生员的血可以使自己返老还童时，富翁便露出了自己贪婪的本性，千方百计想绑架救生员，妄图使他成为自己的供血机器，来维持他的不老之身。《凶宅美人头》的叙事似乎更为残酷。为了个人的名誉和地位，医学教授柯克恩不择手段，杀人越货进行自己的实验项目。影片揭露了医学研究过程中，剽窃别人医学成果的丑恶行为，这无疑是对医学伦理的极大挑战和反讽。

综上所述，在探讨医学伦理问题时，华语科幻电影在创作上更多是采用一种批判的态度，揭露医学成果所带来的负面影响。这自然能从警世的层面引起观众的注意，但这种表达策略可能稍显稚嫩和肤浅。医学的伦理性不仅仅在于揭露和批判丑恶，更在于去思考那些医学伦理面对的永恒问题——医学与生命的伦理关系问题。医学与生命密切相连，作为人类价值体系最根本的基石，可以说生命价值是医学伦理的根本依据和最高原则。虽然医学为生命伦理学提供了真实具体的参考范本，但这种参考范本本身与生命伦理学之间也有着复杂的关系。因为“生命伦理学所探讨的医学事实并不是没有时间性的真理，而是通过我们的历史和文化的期望之作用而给定的材料。”[8]这就说明把生命伦理引入医学伦理之后，有着更大的话语拓展空间。但遗憾的是，华语科幻影片在这方面创作中，似乎还没有过多的关注。

四、对“生态伦理”的想象

20 世纪 60 年代末，随着人类工业化进程的加速，环境问题引起了越来越多的关注，渐渐发展成了一个全球性的焦点问题。环境问题已经超越了民族和国家的情感界线，人类越来越清楚地认识到，生态环境与他们的生存休戚相关。于是，探讨人与环境的关系及对人类终极命运的思考联系到了一起，一个新的研究领域——生态伦理学便应运而生了。“生态伦理是关于人与自然界关系的伦理，它确定的是人对自然界和对自然存在物的道德义务、道德关怀。”[9]它实际上是指人类处理自身与周围生态环境关系的一系列道德规范,表达了人与自然的特殊关系。人类是自然生态系统中的一部分,自然生态构成了人类自身存在的客观条件。因此,人类对自然生态的道德关怀,从根本上说也是对人类自身的伦理关怀。在中国的电影创作中,探讨人与自然的关系问题一直都是电影创作关注的焦点。像《养鸭人家》和《可可西里》等都是这方面的典范之作,无论是对台湾乡村生活的描摹,还是对青藏高原的“险恶化”展现,都折射出中国电影人对人与自然关系的道德伦理思考。而在华语科幻电影中,关注人与生态环境关系的作品也不乏少数,像香港电影《猩猩王》和内地作品《大气层消失》,都从不同角度探讨了人与自然的问题,注入了对生态伦理的不同思考。对于人与自然的问题,美国著名生态伦理学家霍尔姆斯—罗尔斯顿最早从哲学的高度探讨了自然环境中人的生存方式,“他以道德的本质和生态性的内涵为基础,开创了伦理道德的生态维度——以道德的视角关注大自然,然后在自然宇宙的视野中反观人类的伦理道德。”[10]在罗尔斯顿看来,只有当人类对动物、植物、大地和其他生态系统给予充分的尊重时,它才是完整的。因此,生态伦理学首先要面对的就是人与自然界其他物种的关系问题。香港邵氏公司20世纪70年代末拍摄的科幻影片《猩猩王》中,比较早地涉及这个问题。虽然本片改编自早期好莱坞电影《金刚》,但故事处理上却渗入了更多的中国传统理念,尤其在阿维和猩猩王关系的独特处理上,更能显现一种中国传统道德中的父女伦理关系。阿维在一次空难中被猩猩王所救,自此他们就相依为命。猩猩王带给阿维的不仅仅是一种安全感,更是一种家的意象。此外,本片不仅设计了人类与非人类(猩猩王)的超我想象,而且还设计了人类与自然的对抗。揭露和批判了那种唯利是图的商人,为了一己之欲,不惜破坏森林、破坏原始生态,毁坏了各种动物可以自由生活的美丽家园的恶行。从这个角度讲,《猩猩王》不单单是一部展现奇观的商业电影,而是一部探讨人与自然、人与其他生物和谐相处的生态伦理片。当然,本片在展现人与自然关系的同时,又蕴藏着人类之间的各种关系,像探险家陈正风和阿维的纯洁爱情,商人们的险恶用心和唯利是图,都表达出了特定的伦理价值理念与价值关系。人类进入近代社会以来,工业革命的高歌猛进掀开了人类文明的新篇章,技术的革新创造了前所未有的社会财富。但是,正如马克思所指出的,“技术的胜利,似乎是以道德的败坏为代价换来的。”[11]人类在欢呼社会物质文明迅猛发展的同时,不得不为他们所造成的生态恶化付出代价。像影片《大气层消失》中所展示的景象那样,由于人类的工业化进程,对生态资源过度开发导致了各处的河流、土地被污染，人类和动物的生命危在旦夕。最可笑的是，竟然到处都找不到一片干净的水域供一条可怜的鱼生存，最后只能眼睁睁看着它在满是污渍的臭水中奄奄一息。这景象的背后，投射出了创作者对人类破坏生态环境的批判性思考，揭露了人类在利益的驱使下所做出的种种非人道的事件：有的人为了金钱直接抢劫银行，还有人千方百计以身试法去偷汽油，结果却误把装有氯化烃的罐车打开，导致了氯化烃泄漏，引起大气臭氧层出现了空洞。影片的创意之处在于导演设计了小男孩能与动物交流的情节，这充分说明了面对人类的恶行，动物也不得不发声音来谴责人类。所有的这些，彰显了影片的伦理性批判，极大地批判了人类对自然生态为所欲为的做法。

而人类的这种“为所欲为”恰恰是“人类中心主义”的具体体现。正如黑格尔所批判的，如果“自由就是指可以为所欲为，我们只能把这种看法认为完全缺乏思想教养，它对于什么是绝对自由的意志、法、伦理等等，毫无所知”[12]。那种对自然生态绝对自由的无知破坏，只能使人类最终走向绝境。只有打破“人类中心主义”的霸道思维模式，消除人与自然对立的态度，用一种生态伦理的意象去构想与自然的关系，才能真正实现人与自然的相互融合和长远的共生共存。华语科幻电影中的生态伦理想象，体现了中国传统的和谐之美，“以‘天人合一’，人与自然和谐共生为核心精神的中国生态美学，蕴藏着丰富的文化传统文化资源，包含着应对和破解时代危机的东方智慧”[13]。

结语

近些年来，中国成了美国科幻电影的巨大票仓，一部《变形金刚4》仅在中国就斩获近20亿元人民币的票房收入，这不禁使中国电影人为之唏嘘感叹。受美国科幻电影的刺激和鼓舞，中国电影人在华语科幻电影的创作方面也在不懈地努力着。据悉，2015年有数部华语科幻电影正在紧张地制作中，这其中有张番番的《三体》、宁浩的《疯狂的外星人》和周星驰的《美人鱼》，很多观众对这些作品抱着极大期待。但是，在谈及中国电影时，又不得不承认，中国的科幻电影的确处于一种极其尴尬的位置，不仅作品数量稀少，而且内容表达与科幻的内涵也相距甚远。科幻电影作为电影创作中一个广受关注的题材类型，与西方相比，它在中国的确没有得到很好的发展，其原因是多方面的。

首先是中国长期受传统农耕文明的影响，创作观念相对保守，思维空间相对受限。而西方经历了三次工业革命的洗礼，尤其是第三次工业革命之后，伴着原子能技术、计算机技术、空间技术和生物工程技术的利用和影响，西方科幻电影日渐勃兴。其次是中国重“史”叙述的文化传统过于重视“传统性”和“传奇性”，致使历史神怪幻想替代了科学幻想，湮没了科幻叙事的光芒。中国对科学的理性思维和幻想比较薄弱，缺乏严谨的科学分析和充分的科学依据，所以作品大多是带有历史性幻想色彩的穿越片，如《古今大战秦俑情》和《冰封：重生之门》之类，而缺少像美国影片《星际穿越》那种通过物理学和空间学对未来想象的科幻作品。再次是科幻电影不仅仅在于展现炫目的技术手段，更在于作品本身思想内涵的提升和科学幻想的合理性表达。中国当下真正意义上的科幻电影少之又少，观众看到更多的是诸如《画壁》和《捉妖记》之类的神怪玄幻片。之所以出现这种现状，与华语科幻电影创作上受社会背景、文化传统和美学追求各方面的影响密不可分。

2014 年，一部《星际穿越》令全球观众为之震动，它天马行空的想象和光怪陆离的视觉表达实现了电影中科学和艺术的完美结合。这部影片之所以受人青睐，除了它用较大段落展现神秘的物理空间，满足人们的好奇心之外，更多的原因是它对人类终极命运的思考和对家庭个体亲情的关怀带有极其鲜明的伦理色彩。这充分说明，科幻电影中的想象与创作必须要有一种合法的约束，它的叙述才能被认可和接受，而对伦理性的关注正是这种约束的具体体现，这种伦理意象满足了人类共通的情感诉求。虽然华语科幻电影在创作和内容表达上常常为评论界所诟病，但也并非如有些评论所说的那样令人担忧。它虽然缺乏西方科幻电影对人类未来生存图景的科学展望，但也能剑走偏锋，更多地在创作中注入中华民族传统文化的伦理性想象。无论是社会伦理、家庭伦理，还是医学伦理、生态伦理，在华语科幻电影中都得到一定程度的关照。这些伦理性想象弥补了华语科幻电影在科学想象中的不足，带有浓重的民族色彩，恰恰体现了中国科幻电影强调“人文主义”的独特面向。

注：

[1]盘剑．国产科幻片阙如与中国电影发展之坎[J]．电影新作，2013(6)．

[2]于语和，耿良辰．近代中国文化交流史论[M]太原：山西教育出版社，1997：19．

[3]董治良．中国政治伦理研究[M]．昆明：云南民族出版社，2006：163－164．

[4]百度百科．六十年后上海滩．[EB/OL]http://baike.baidu.com/view/902786.htm．

[5]张宏．新时期家庭伦理叙事影片对“中和”之美的传承与突破[J]．艺术百家，2010(8)．

[6]石川.重审家庭伦理片:家的镜像与情感重建[J].电影艺术,2012(5).

[7]梁中天.医学伦理[M].太原:山西高校联合出版社,1994:1.

[8]恩格尔哈特.生命伦理学基础[M].北京:北京大学出版社,2006:90.

[9]曹孟勤.人性与自然:生态伦理哲学基础反思[M].南京:南京师范大学出版社,2006:7.

[10]周丰.人的行为选择与生态伦理[M].西安:陕西人民出版社,2007:2.

[11]中共中央马克思恩格斯列宁斯大林著作编译局.马克思恩格斯全集(第12卷)[M].北京:人民出版社,1996:2.

[12]黑格尔.法哲学原理[M].张企泰,范扬译.北京:商务印书馆,1961:26.

[13]李啸闻.生态危机下的中西方生态电影思考[J].当代电影,2011(2).

(本文原载于《电影新作》2016年第01期)

21 世纪藏地电影的救赎母题

赵 敏 袁智忠

据萨义德所言“地理学实际上是东方知识的物质基础，东方所有隐伏不变的特征都建立并且根植于其地理特征之上”[1]。文化地理学的兴起为地域电影的研究提供了有力支持，异质的地理空间借由艺术形式强化了情感接受与审美体验。我国西藏地区地广人稀，是少数民族的聚居地，遍布神山、圣湖的独特的高原地貌，被称为“第三极”的喜马拉雅山脉是人类脚踩大地最接近天空的地方，仿佛可以无限接近宇宙的初始和世界的本真。都市人对藏地的银幕体察、感受和想象与日常生活拉开了距离，人—自然、约束—自由、经验—超越、此岸—彼岸的二元对立关系凸显。距离的产生也使审美发生成为可能，20 世纪李俊的《农奴》(1963)、田壮壮的《盗马贼》(1986)、冯小宁的《红河谷》(1999)，将遥远的藏地拉近，“苦寒”意象初步确立，底层藏民的救赎(解放)意愿显现。进入新世纪后，随着我国民族团结局势的进一步巩固和藏区经济的飞速发展，藏地电影的救赎母题产生新变，救赎的主客体关系倒置：由“苦难农奴渴望被解救”转变为“现代人在对藏地的艺术感知下实现心灵救赎”。纯净、神圣、异托邦成为新世纪藏地的审美意象。

从文字层面看，“拯救”与“救赎”仅一字之差，意义却不尽相同。前者偏重于客观身体层面的救，通过切实行动助他者脱离险境，战争、自然灾害等威胁人类生存的外显因素构成障碍，施救的力量和待救的对象是分离的，如《拯救大兵瑞恩》(1998)、《被解救的姜戈》(2012)等。后者则是一种人类心灵在经历伤痛之后获得平复的理想状态，是超越经验和理性、克服人类自身局限性的超然状态，以实现更高的生命价值，如《肖申克的救赎》(1994)、《赎罪》(2007)等。从源动力来看，救赎可以来自信仰的召唤，也可以是自然界或艺术品所给予的美之震撼。新世纪藏地电影的救赎强调对个体的心灵层面产生作用，需要主观努力，看透苦难方能解脱，障碍往往是自己。救赎的过程也是不断克服“心魔”重拾希望的过程，“救人”与“被救”在主体一方得到统一。

一、从宗教救赎到文化救赎

最早的救赎指宗教救赎。基督教认为人生而有罪，宗教救赎可以将人从这种状态中以修行的方式解脱出来，重回上帝的庇护，即作为主体的人与被崇拜的超越客体——神之间具有一种救赎关系，正如此岸与彼岸的分割与联系[2]。在《福音》中，耶稣为其信徒提供了一条救赎之路：通过虔诚信仰，罪孽可被赦免以达解脱。救赎并不局限于基督教，其他宗教乃至整个人类文明的传统信仰都在极力指出能使信仰者的灵魂获得终极自由的途径，距离的产生也使审美发生成为可能。佛教认为"众生皆有佛性，皆可成佛"直接映照了其救赎观。"普度众生""大慈大悲"思想中体现的救赎更具普适性和无限灵活性。中国儒家的经典之作《礼记·大学》开篇即言"大学之道在明明德，在新民，在止于至善"，超越了世俗的普遍经验，是人类精神追求的高级境界，将有限的生命赋予无限的灵性价值，超脱于常规意义的生活苦难，从而也具有救赎的神圣气象。

自西方启蒙运动开始，宗教救赎甚至被认为是一种代表落后的幻象，应该被遗弃。然而随着科学技术的进步，宗教在现代社会生活中的影响力进一步减弱。当人类在工作生活中再次面对心理压力和生存困境，却又在社会规约和理性层面无法获得内心的平静之时，救赎之于人类文明和社会发展的价值又再一次受到关注。法兰克福学派的代表人物本雅明提出"文化救赎"思想，反对线性进步史观，认为历史的每一时刻都具有被救赎的希望，强调当下之于现代人重构历史的意义[3]。本雅明的思想为我们提供了一种积极探索蕴含在文化艺术中的革命性力量，以及集体意识中的感性意识，辨识出艺术提供救赎的可能性。[4]无论救赎的力量是显在的、隐藏的抑或微弱的，它们都应指向通往"拯救心灵"的终极目的。

现代社会中，人们所期盼的文化救赎常常是在遭受了"工具理性"对人的"单向度异化"[5]之后，渴望通过文化艺术的审美，以摆脱这种限制和钳制的急切心态。经济飞速发展带来物质的充足，同时也使生活被理性和欲望所绑缚，造成情感缺失、人际疏离、心灵失衡。职场上充斥着钩心斗角、尔虞我诈、唯利是图，人与人之间的感情变得寡淡，个体的孤独感、无助感增强，甚至导致精神空虚、情绪失控、人格分裂、伦理价值坍塌。没有了精神家园，人就成为"异化"的人，甚至不能成为人。虽然马尔库塞对"工具理性"的态度并不悲观消极，但现代社会的大规模工业化生产以及超越需要的社会系统高速运行，已然将个体长期置于疲惫的生活状态，丧失灵性的自由，而救赎的根本意义在于倡导用人的生命积极回应自然与超然，是一种对灾祸所带来的消极情绪的处理。

藏地的救赎意象由来已久。自封建社会开始，历代帝王追寻的"圣地"有两个：其一为无边而未知的大海，是王权鼎盛时帝王寻求长生不老灵药之所；其二为青藏高原，由于高海拔的客观属性，被看作是离天最近的地方，山势险峻、交通不便，外人难以涉足。在藏族人的观念中，“神山”“圣湖”是信仰之所，不容玷污，由此形成了至今保护较好的生态环境。再加上当地人大多信奉藏传佛教，佛教中的因果、轮回之说似乎能给伤心绝望之人以最后一分希望，无形中给藏地戴上了“心灵救赎地”的神圣光环。宗教救赎与文化救赎同时为藏地影像赋予了神秘的意象，借由电影媒介加以强化和延续。

宗教与文化艺术在行使救赎功能方面有相似之处，究其根本，二者都倡导对个体生命和个人情感的有限性和狭隘性进行超越，通过皈依一个永恒的终极实在达至升华。电影艺术的受众广泛，具有大众文化产品的属性，同时被赋予宣传、教化、娱乐等多重功能。青藏高原以壮美的自然生态景观、独特的藏族人文信仰为特征，是众多电影导演进行创作的灵感之源。特别在进入新世纪后，以《转山》《冈仁波齐》《塔洛》《七十七天》《阿拉姜色》等作品为代表的一批国产藏地电影在票房、口碑或国际影展方面都取得了不俗的成绩。藏地是一个充满了别样风情的文化空间，新世纪的藏地电影在不断探索中形成了延续文化吸引、寻求心灵救赎的美学表达。

二、雪域求生——亲历式救赎

在西方哲学史上，康德最早把艺术理解为人类的审美救赎，认为“在审美活动中，人们为了追求自由，以超越有限的自然形态达至无限的超然状态中生成审美的愉悦”[6]。在现代社会，电影已然成为最受大众欢迎的审美客体。优秀的电影作品能够借由精心设计的镜头语言，使观众的感官产生审美愉悦感，此为第一层救赎；通过探讨人性挣扎，在家国、责任、情爱之间找到平衡，在叙事层面打动观众，产生洗涤心灵的通透感，此为第二层救赎。藏地是一个“诗意的栖居地”，是可以安抚灵魂的“远方”，而电影这座梦工厂能以最经济、迅速的方式将西藏拉到眼前，使梦想得以暂时性圆满。

（一）自然对生命的无情剥夺

生命在自然面前平凡而渺小，救赎的前提是怀有希望，而非与“魔鬼”进行灵魂买卖。在严酷的自然环境中挣扎后，救赎的结果是重获价值信念。2002 年由上海电影制片厂拍摄的《极地营救》是新世纪藏地电影救赎类型的发端。年轻的飞行员格桑在藏北高原执行空投物资任务时不幸遇难，未婚妻项莉和战友范康悲痛欲绝，通过高强度的工作和攀岩运动来麻痹自己，暂时忘却伤痛。几年后，项莉在去往阿里救治病人的途中被困雪山，范康再次接到救援任务，对他来说，此次的行动不仅是救援已故战友的未婚妻，更是在心灵层面的一次自我救赎，因为那座雪山也曾是格桑坠机的地方。在藏地雪山下，项莉和范康经历了生与死的挣扎，慢慢尝试与自我和解，心灵的伤痛终将抚平。

《寻找罗麦》(2018)讲述的是赵捷不相信法国好友罗麦死于雪崩，亲自到藏区寻找罗麦的故事。西方救赎起源于"原罪"意识，承认自己"有罪"是救赎的内因，那些十恶不赦、不知悔改的大奸大恶之人则从未有过救赎的渴望。罗麦之所以去藏区，是他把发传单男孩的意外身亡归结为自己的过错，久久不能释怀，只有远赴青藏高原寻求内心的安定。导演王超在接受采访时也提到，"电影中的救赎是比较现实的，两个内心非常敏感的人遭遇车祸，才会将责任归咎于自己，从而陷入道德的困境"[7]。赵捷听闻罗麦的死讯之后，带着愧疚和不舍，也怀着希望一路追寻，到藏区的雪山去寻找好友，同时也是在寻求自我救赎。最终赵捷在亦梦亦幻中"见到"了罗麦，两人穿着藏戏的戏服，在天地之间相对起舞，为此次救赎画上了句号，寻找得以象征性圆满。

(二)生命对自然的积极回应

人的生命过程是一个整体性的存在，"审美需要"作为人的"审美本性"的体现，跟个体的日常生产活动与生命需求密不可分[8]。银幕上的藏地是带有"乌托邦"特质的镜像，但无法以此消解观众的审美愉悦，通过审美体验力求对抗现代性焦虑以达心灵的澄明之境。青藏高原壮丽的自然景观是无数背包客向往的天堂，也是都市人苟且面对生活逆境时对"远方"的集体幻想。《七十七天》以探险家杨柳松穿越藏北羌塘无人区这一真实事迹创作。雪域高原荒野求生，处处潜藏危险的同时也充满诱惑。正如人类面对自然界的山川河流时，崇高、优美、空灵等审美体验骤然而生，同时也会因为在严酷的自然中求生存，深感渺小和无助。男主角杨柳松在电影中并没有经历大的人生苦难，只是为了追求自我实现，回应自己内心对灵魂自由的渴望，开启了横穿羌塘之旅。在人迹罕至的无人区，他仍可以享受自由所带来的畅快和愉悦，哪怕陷入缺粮、丢装备、遇上狼群和落单的野牛等困境，也没有阻挡他继续前行的脚步。女主角蓝天则是在一次拍摄星空的过程中意外摔伤致残，但她仍然自立自强地继续生活，甚至还想去看一看珠穆朗玛峰。对人生自由和自然之美的追求是蓝天发生意外的诱因，也是她继续存活下去的唯一勇气。电影将藏北羌塘的景观之美、灵魂自由之美逐一呈现，男女主角面对自然的残酷或命运的不公仍然勇于抗争的执着，彰显了新时代的美学精神。个体生命对自然和美的不懈追求是人类本能驱力的直接体现。

三、拉萨朝圣——目标式救赎

从心理学的角度来看，机体失衡是需要产生的直接动因，而需要是行为的内驱力。当个体长时间处于焦躁、悔恨、忧伤等情绪状态时，寻求内心的安宁便是一种自然选择。藏民族一直相信到拉萨朝圣是一生中具有重要意义的道德信仰之旅，经历身体的苦楚得以祈福、感恩或赎罪。于是，在藏地电影（尤其是藏族题材电影）中，朝圣是被反复书写的段落。

（一）遥远又确实的心灵归属地

在世界几大宗教（甚至包括中国的儒教和道教）思想中，都包含有“广大无限的共同体”[9]概念。朝圣被看作具有特定宗教意义的灵性之旅，是藏民族信仰的直接体现。一路磕着等身长头到圣地，途中的艰苦难以想象，但一生中能去朝圣被藏民看作是幸运的，哪怕需要一两年的时间也不觉虚度光阴，体现出藏民族与众不同的时空观念和对生命意义的理解。中国古代文人面对时间的永恒和人生的短暂习惯于生出怅然和哀伤的情绪。屈原的“惟天地之无穷兮，哀人生之长勤”（《远游》）面对天地的无穷，表达了人生的艰辛。陈子昂的“念天地之悠悠，独怆然而涕下”（《登幽州台歌》）写出了人们在无限时间面前的无奈，苍茫意境引发共鸣，成为千古绝唱。张若虚的《春江花月夜》以反复诘问的方式写出了日月长存、江河永在而人生短暂的感慨。在这个层面，藏民族似乎不曾陷入时光流逝的伤感。他们生活劳动的节奏缓慢不骄不躁，可以用一上午的时间围着寺庙转经，用一年的时光去朝圣，人生的有限性和短暂感被弱化。除了宗教思想的影响外，长期在地广人稀的高原放牧，也促使当地人形成了人与天地和谐共存的生命伦理观。时间不再被看作是弥足珍贵、不可虚度的财富，或者说不紧不慢的“虚度”也是青藏高原生活的一部分。“审美之所以能给人以涤荡心灵的力量，就在于审美对象在感性观照过程中，产生了无利害的自由愉快。”[10]万事顺应自然规律，不悲不喜以静心，从普遍意义上加强了藏地电影对现代性的救赎可能。

朝圣之路的救赎借由身体层面的苦难得以实现，而苦难的意义正是当代都市文化力求消解的部分。2017 年张杨执导的纪实风格影片《冈仁波齐》生动刻画了一幅朝圣者群像。11 位藏民在藏历马年赴神山朝圣，一路上异常艰辛，意外频发。反观都市生活，崇尚快乐甚至不惜“娱乐致死”是越来越普遍的生活态度。物质条件不断改善的同时也导致物欲横流、“金钱至上”等庸俗歪曲的价值观横行。哲学与宗教的救赎都发轫于苦难，朝圣路上的身体痛苦和意志坚持使《冈仁波齐》成为迥异于现代都市生活的遥远存在。寒冷的天气、流淌的小溪、撞坏的车子、滚落的岩石，甚至突如其来的“生”与“死”都没有让他们停下脚步，也未见丝毫的自我怀疑和自我感动。导演大量使用远景、全景将朝圣藏民与天地山河融合在一起，以自然光照明更凸显了朝圣行为的“日常”性，用客观呈现代替猎奇表现，极力克制情绪。朝圣的对象不是虚空，而是希望、信仰与美的孕育之地——拉萨和神山。困扰都市人的欲望与死亡，在具有藏地气质的审美意象和藏民无尽的重复磕头动作中弱化，对宗教行为的间接体悟缓解了都市人源于欲望的焦虑与痛苦[11]。电影里的藏民从容而坚定，银幕前的观众紧张、惊奇和感慨，各种情绪交织混合，构成镜头内外一静一动的心理反差，也形成了朝圣者自我圆满和观众自我反思的双重救赎。

(二)朝圣路上的生死与释然

以救赎为母题的电影其叙述重点不是灾祸，而是灾祸所引发的个体心灵创伤以及心理挣扎。主角在不经意间犯下错误，但在法律和社会规则层面未受严厉的惩罚，因此陷入深深的自责和懊恼，在看似平常的生活中饱受煎熬，本能地渴望心灵能够重获自由，然而又找不到出路。对自我身体的惩罚成了最无碍他人、无害社会的选择，于是选择去往苦寒之地寻求解脱，在自然面前挑战自己的体能极限，用体肤之劳累麻痹心灵之伤痛，用身体的痛苦换取灵魂的自由。救赎之路也是成长之路，有人成功重拾生命的希望继续前进，也有人至死不得解脱。

藏族导演松太加的处女作《太阳总在左边》，讲述了藏族青年尼玛意外将母亲轧死，内心充满悲痛和自责，为了救赎自我踏上了去往拉萨的“苦行”之路的故事。每天太阳总在尼玛左边起起落落，将他左边的脸晒得黢黑皲裂，这次只身徒步旅行成了他探寻“生、死、亲情”等生命意义的精神之旅。拉萨被作为朝圣的目的地和心灵归属地，在众多藏地电影中成为对藏民族内心有强大吸引的圣地，促发人物行为，推动情节发展(见表 1)。松太加在执导了《太阳总在左边》和《河》两部作品之后，2018 年又上映了其新作《阿拉姜色》，该片依然延续了朝圣路上的个体救赎主题，在朝圣外壳的嵌套下探讨家庭伦理问题。身患重病的俄玛执意要去拉萨朝圣，只为完成对病故前夫的承诺，第二任丈夫罗尔基在俄玛死后继续带着继子诺尔吾上路。在情感层面，罗尔基内心也对俄玛的前夫产生过介意和挣扎，但在理智和责任层面，他又用大爱将透露真实人性的“私爱”包容，承担起父亲的责任继续上路。原本隔阂的继父子在去往拉萨的路上慢慢相互接纳和理解。最终到达目的地拉萨，罗尔基因替妻子完成心愿而释怀，诺尔吾也因一路艰辛而变得自立与自信，救赎之路也是属于男性的内心成长之路。

表2　新世纪藏地电影救赎关系一览表

序号	电影名称	上映时间	“原罪”/悲伤	赎罪/化解的途径和方式	目的地（救赎之地）
1	《极地营救》	2002	战友意外身亡（范康）/未婚夫意外身亡（项莉）	救回项莉/救助病人	格桑坠机的雪山
2	《转山》	2011	哥哥逝去	完成哥哥的心愿	拉萨
3	《太阳总在左边》	2011	意外轧死生母	无目的地行走	拉萨
4	《冈仁波齐》	2017	完成逝去亲人的心愿/祈福/屠杀过多的牲畜	朝圣	拉萨/冈仁波齐神山
5	《七十七天》	2017	为了拍摄星空以致身残（蓝天）/寻找自由（杨柳松）	对抗命运不公/寻找自由	走出羌塘，回拉萨（把相机还给蓝天）
6	《阿拉姜色》	2018	承诺未兑现	替爱人完成心愿	拉萨
7	《寻找罗麦》	2018	发传单男孩被撞死（罗麦）/罗麦死于雪崩（赵捷）	奔赴西藏寻找生命的意义	格涅雪山下的寺庙

在视听语言方面，松太加大量使用中近景以展示人物关系的微妙变化，再配合特写镜头揭示人物情绪起伏。在影片后半段，寒冷艰苦的朝圣之路随着父子关系的缓和而充满了暖暖的人情味，原本具有明显藏民族特征的宗教行为通过对亲情的描述而被转嫁。民族、信仰、意识形态等藏地电影中常见的话题被搁置，通过夫妻伦理、父子伦理引发观众对家庭关系乃至生命意义的思考，于更广义的层面实现救赎，在新时代更具普适性。“阿拉姜色”在藏语中意为“干了这杯美酒”，也是在藏区广为流传的一首祝酒歌。酒后微醺所带来的暂时性消解烦恼、解放心灵的内心愉悦体验与影片所表达的救赎主题相契合。

结语

自然条件的寒冷严酷所激起的神圣感是救赎母题的创作沃土。藏地的银幕形象是导演和编剧基于自己对藏地的认知而进行的主观意象表达，也投射出社会审美心理及其变迁对藏地审美特质的持续需要与价值重建。在上述电影中，藏地作为一个文化空间概念，既是客观存在的物质世界，又依赖于观众的主观审美体验，在银幕空间生成了一个情景交融的“藏地意象世界”，跨越民族和信仰在艺术美学的层面实现心灵共通。

“人类常常是在无希望的情况下才被施与了希望，这正体现着人类历史发展的悖论架构。”[12] 哲学中“否定之否定”的思想赋予灾难和悲剧以新的意义——救赎之后的重生喜悦。新世纪的藏地电影透过表层的景观之美展现深层的藏文化之美、藏民族质朴善良的人性之美，在审美与道德的层面为现代人提供心灵救赎。经历了艰难困苦后，仍然坚持用生命去积极回应自然与超然是救赎的终极指向。

注：

[1]爱德华·W.萨义德.东方学[M].王宇根译.北京：生活·读书·新知三联书店，2007：275.

[2]单纯.论实体论的宗教救赎思想——对希克多元论宗教哲学的思考[J].国外社会科学，2007(1).

[3]夏巍.从波德莱尔到布莱希特——本雅明的文化救赎之路[J].学术交流，2016(8).

[4]汉娜·阿伦特·启迪：本雅明文选[M].张旭东，王斑译.北京：生活·读书·新知三联书店，2012.

[5]赫伯特·马尔库塞.单向度的人——发达工业社会意识形态研究[M].刘继译.上海：上海译文出版社，1989：3－7.

[6]旷三平，仇授书.潜存与澄明“救赎意识”之历史钩沉[J].人文杂志，2015(3).

[7]王超，杨弋枢.对于救赎问题，我从未质疑过——《寻找罗麦》导演王超访谈[J].当代电影，2018(5).

[8]朱立元.新世纪美学热点探索[M].北京：商务印书馆，2013.

[9]本尼迪克特·安德森.想象的共同体：民族主义的起源与散布[M].吴叡人译.上海：上海人民出版社，2011：12.

[10]岳凤.融美于心灵——现代性危机中的自我救赎维度[J].思想战线，2017(6).

[11]陈舒盈.《冈仁波齐》中西藏文化空间的异托邦呈现[J].艺术评论，2017(9).

[12]李建群,姚明今.法兰克福学派文化救赎理论的现代意义[J].人文杂志,2010(4).

[本文系2018年云南省教育厅科学研究基金项目“新时代基于民族团结的藏族题材电影伦理性及传播价值研究”(编号:2018JS400)的阶段性研究成果]

[本文系西南大学2020年度中央高校基金“创新团队”项目“中国电影伦理思想研究”(SWU2009111)的中期成果]

(本文原载于《电影评介》2019年第14期)

中篇

电影伦理学的方法探索

本编结合人文社科研究的多种方法，探索电影伦理学的方法系统。在《论语·卫灵公》中，孔子提出"工欲善其事，必先利其器。"在任何科学和学术研究中，为了能够更好地达到研究目的，必须采用一定的手段、措施、程序和途径。近代以来，中国的科学研究和学术研究之所以滞后于西方发达国家，其重要原因之一就是传统的学术研究不太重视研究方法。因此，作为新兴学科的电影伦理学要得以完善，光大学派，必须探索适合于本学科的研究方法，而当下人文社科的一些成熟的、前沿的研究方法可为电影伦理学提供参照。

中国电影“叙事伦理批评”的电影观及研究方法

曲春景

近年来,国内电影理论批评界一直对“伦理批评”“叙事伦理批评”“叙事批评”三者存有困惑,意见不一:或者把前两种方法看成同一种方法,认为叙事伦理批评只是伦理批评的新说法;或者把后两种方法看成同一种方法,认为叙事伦理批评仅仅是一种从叙事学进入的形式批评。其实,这是三种各不相同的电影批评方法,并且,在对电影的基本看法上存在着根本性差别。电影的“伦理批评”往往和传统的社会道德批评毗连,其电影观也建立在反映论或模仿论基础上;而“叙事批评”则是在结构主义语言学基础上形成的文本批评方法,它认为影片是自足体,影像意义来自文本自身,由影片内部的叙事要素构成,故摒弃了导演和观众研究。本文论述的中国电影“叙事伦理批评”,是一种在20世纪叙事学、伦理学先后发生两大转向之后,结合中国本土思想资源,把电影文本研究、导演研究、观众研究与广阔社会生活研究打通的批评方法。

一、中国电影“叙事伦理批评”的电影观

中国电影叙事伦理的思想资源,综合了“后现代叙事理论”“天人合一”自然观以及“文以载道”“以文化人”等传统文脉的现代转换方式,其“电影观”与20世纪中晚期叙事学和伦理学两大美学思潮的交叠影响密不可分。

从学理层面上讲,自维特根斯坦证实了语言的意义在于“使用”之后,以文为“本”的“文本自足”幻象就被打破了,文本意义已不再可能囿于语言符号自身而指向了话语的历史实践。理论批评必须重新确立文本的社会历史维度,重拾话语的主体性,重新寻找语言在使用过程中的意义。这意味着认知上的重大变化,这一变化使人们普遍意识到,“叙事不仅仅是故事,而且也是行动,某人在某个场合出于某种目的对某人讲一个故事”[1]。由此,电影批评要重新考虑如何从纯形式研究的叙事批评中挣脱出来,而将注意力聚焦于电影叙述和接受活动的主体内涵及其伦理指向。

当代电影叙事伦理批评的电影观,既扬弃了艺术模仿论或反映论,又拒绝了形式主义和形式/内容二分法,并在叙事活动本身存在的多主体间性关系中强调叙事主体及其在影片构成中的主导作用。我们认为,无论结构主义叙事学或解构主义

叙事学怎样否定和降低叙事作品中的主体性存在,但是,只要导演及主创团队进行素材取舍和镜头选择,就已经处在给出影片秩序和意义的伦理活动中。导演与主创的主体性是无法从影片中抹去的。以此而言,"叙事伦理"亦可被视为主创或导演在组织镜头、选择景别、进行场面调度、安排时间空间等过程中所显示出来的情感取向,以及观众在接受过程中形成的情感认同。电影不是简单地对生活的模仿,也不是影像符号的自主延展,而是导演主体性对生活和影像予以重塑,并经由接受主体生产其意义的叙事作品。在此电影观之下形成的批评方法,其首要目的便是对影片叙事机制中的"主体性"进行伦理识别,并由此入手,辨析其在观众情感认同及身份认同中的作用。

基于我们自身的文化传统和美学思维习惯,中国电影叙事伦理对突破纯文本、纯形式研究的批评路径实际上具有更为内在的亲和力。如果从庄子的齐物论出发,影像与自我当然是一体的,意识与影像也必然同时在场。在《文心雕龙》中,刘勰的"神与物游"道出了艺术创作的现象学奥秘,所谓"寂然凝虑,思接千载;悄焉动容,视通万里",正说明意识、思虑、想象与相应的视觉形象总是处在共同涌现、不可剥离的状态。因而,中国叙事伦理批评的电影观,强调电影是导演及主创运用声画语言创建其心理意像的伦理活动;叙事伦理价值或意义的实现过程,则是由叙事机制营造的影像系列所展示出的人物与他者或人物与世界之间的存在关系,从而使观众在凝视、认同或拒斥中生成某种伦理感悟的过程。简言之,电影是叙事话语构成的"意像"与其接受者"意会"之后形成的精神产品。正如法国理论家巴迪欧所说:"电影提供一种可能性,让神性或理性以纯粹感性的方式呈现出来。"[2]一方面,电影是感性和理性的内在统一。在叙事过程中,导演把虚构的没有实存性的心理意像转换成由光影组成的具有可感性的物质表象。每一帧画格的绵延接续,其真实状态不管研究者争论的是"心动"还是"画动",均为观影者形成"感性真实"提供了内在途径,从而形成观众意识活动的真实性。另一方面,电影是寻找某种可能性的叙述活动,但其意义并不止于叙述自身,而是为达到某种叙事目的为观众建构的能"意会"到某种特殊境遇的具象世界。

人在本质上是一种道德存在,但"并不表明人在根本上是善的……我们在最初不可避免地与他者相遇时已经面对着善与恶的选择"[3]。叙事活动中导演对影像系列的选择,其潜在的伦理"可能性"同样具有在善与恶之间实施多种选择的可能性。叙述主体的价值取向也是多维度的:或在旧道德的断裂处呈现一种新道德的可能性,或在主流道德之外呈现特殊的两难境遇,或为了某种意识形态或教化目的而营造某种命运的必然性,等等。叙事伦理批评的电影观,跳出虚构/现实、实际存在的生活/影片模拟的生活等二元议题,重视电影叙事机制的伦理性在影片创作及观众接受过程中形成的影响。换句话说,叙事伦理批评不仅要对影片主创的“主体性”给予伦理识别,而且要探讨其叙事行为的伦理性质对观众主体身份的询唤与重构。

二、中国电影叙事伦理批评的研究方法

这里有一个问题需要说明,这就是影像与现实生活及主体意识的关系问题。阿兰·巴迪欧在《向德勒兹致意》一节中,虽然对德勒兹的电影观有所质疑,但也多次提到这位哲学家对电影学的贡献,即把“影像”与“意识”分开。“‘影像’是一个知觉心理学词汇,某物的影像就是它的精神复制品,影像是认知与现实之间的关联。在本质上,它指明了意识与外部世界的分离。如果我们用‘影像’这个概念,会在心理学术语中给电影提出这样的问题:意识与影像的关系是什么?或者说我们从影像中获得了什么影像?——我们谈论的是‘影像’之影像而这些‘影像之影像’不是电影本身。”[4]巴迪欧认为,德勒兹剔除影像的主观心理含义,试图从心理学之外定义“影像”,把“影像”解释成一个来自现实而不是来自意识的词。这样,在本质上,影像运动方式就成了世界运动的方式,“电影成为现实而不再是再现”[5]。即便我们接受德勒兹的某些合理性,承认有些纪实类影像的确来自现实而不是来自意识,但仍然无法认同德勒兹把影像与心理意识完全相剥离的观点。即使纪实类影像,也与机位、剪辑等导演因素存在着有意无意、直接间接的联系;更何况虚构类电影,其中的影像,如画框、色彩、服装、道具、表情等,往往是导演着意选择调度和安排的结果。其场景的建构和景别的取舍,在或隐或显的叙述目标或对目标趋向的不断调整、试探中集聚起来,镜头调度、演员调度、灯光照明、景别大小、色调构成等,都折射着导演或主创的主体性内涵,并打上了叙述者特殊的个人印记。作为一种叙事活动,在影像的生成和布局中,哪些镜头是让观众看到的、以谁的视角去看、看到的是局部还是整体,哪些镜头是略过的、不拍的,哪些影像信息是暧昧的或沉默的、采用什么调式、突出什么情态,均显示其导演主体意识的存在而不是不存在。哲学家试图在影像中去掉的意识成分,恰恰是叙事伦理批评关注的重点及追问之所在。因此,本文使用的“影像”概念,更接近传统意义上的“影像”,其中包含了主创心理“意象”的主观投射。影片中任何一个影像都是特殊的“这一个”,而不是能脱离主体意识可以独立存在的符号形式,不具有符号的一般意义。这也是电影符号学失

败的原因。我们知道，符号学中关于符号本体的研究有两种学说：或分为“能指”“所指”（索绪尔），或分为“能指”“指向”“所指”（皮尔士）[6]。但不管是在索绪尔那里还是在皮尔士那里，符号“能指”都有其相对固定的视觉、听觉形式，否则将无法辨识和运用。而影像不能被符号化的一个重要原因，即无论其在时间还是空间上都没有相对固定的视听形式，所有影像画面、声音都是特殊的“这一个”，都不能被看成一般的“能指”形式。电影中的每一帧画面既来自生活同时又是“制作”的结果，谁也无法把制作者的主体意识完全排除在影像之外。生活、叙事与影像之间的多重施动、受动关系，既是影像生成的叙述机制，同时也构成了影像的运动形式。叙述机制本身的伦理取向、影片建构的意义场域、观众在接收过程中的不同反应，以及这三者之间的相互纠缠和精神博弈及其在特定社会历史条件下的展开，都是叙事伦理批评特别关切的话题。

叙事伦理批评具体的切入点或研究路径当然是纷繁多样、难以规约的，但基本方法论大致可包含两大重心。第一，是对影像构制中导演或主创的主体性进行伦理识别。叙事伦理批评方法的优势在于经典叙事学已提供了文本研究的理论资源和术语，这为影片叙事机制的伦理考察打开了阐释空间。“当代叙事学的优势就在于它有着丰富的理论资源，这些资源主要是由形式主义批评家开发的，而后具有更强历史主义倾向的批评家才对其加以使用。”[7]电影叙事学研究经常使用的概念，诸如电影文本、叙述机制、叙述时间、叙述空间、叙述行为、视角、频率、节奏等，这些形式概念均来自经典叙事学。然而，叙事伦理批评方法的注意力并不留滞于此，而是通过这样的“挪用”去思考叙事形式本身携带的伦理取向，如正反打镜头建构的“同视角”，易使观众对人物产生同情，具有很强的带入感受，使用此技巧的叙述目的是发挥“特写镜头”的强引导作用、把观众注意力引向何处等等。由此带出的叙事伦理批评的概念一般有：叙述主体、叙述目的、叙事意图、修辞、面具、认同、规训、意识形态、伦理价值等。术语的增值和转换，意味着批评话语从叙事形式向社会历史内容的转换，也是电影批评对生存经验与影像关系的重新审视。从叙事形式入手分析导演的言说技巧，不仅可以帮助我们找到叙事主体的位向，也有助于我们了解这种“位向”形成的缘由及其真实的伦理含义。

辨析和识别导演主体性的方法，可以从以下多个层面入手。(1)从“叙事结构”入手，分析其“叙述时间”与“故事时间”所构成的时间倒错，指出为什么要在此处安排“时间倒错”，为什么这些桥段安排在另一些段落的前面或后面，造成这种时间断裂的叙述目的是什么，包含什么样的价值诉求。例如，《末代皇帝》的故事时间是从溥仪三岁入宫开始，一直到他六十多岁去世结束。但影片的“叙述时间”并不和溥仪“故事时间”相一致。影片叙事从溥仪四十五岁被作为战犯从苏联押回中国开始。第二个桥段，以敲门声切入到溥仪三岁入宫登基的早期生活。这种对时间的断开与重组方式，凸显溥仪被囚命运的“开始”，即一个是真正的囚犯，一个是曾拥有“最高权力”的囚犯。第三个桥段是对第二个桥段封闭的皇宫生活的断开，又接续到第一个桥段进入战犯营的故事时间中，即在囚室与弟弟溥杰相遇。这里，故事时间与叙述时间虽然是倒错的，但讲述的都是溥仪被囚禁过程中弟弟溥杰在其生活中的位置和意义。溥仪呆坐在囚室里，门被推开，他看到进入囚室的另一个囚徒，目光相视知是弟弟溥杰，嘴角露出一丝不易察觉的微笑。然后，叙事时间再次倒错，返回溥仪登基七年后弟弟第一次进宫的故事时间中。这里，“叙事时间”是“现在、过去、现在、过去——”的往返回复，与“故事时间”不断形成倒错。但在这种时间的断裂和连续中，呈现出导演如此精心安排时间的意图：兄弟相逢于皇宫和战犯营，看起来反差巨大，但不论过去是最高权力的代表，还是现在作为战犯，溥仪其实一直都生活在囚禁之中，弟弟溥杰则是他囚禁生活里的主要陪伴人。第一叙事层（现在）与第二叙事层（过去）的交错互转，传递出导演对人物“被囚”命运的反复长叹，意味无穷。（2）从“叙事视角”入手，分析影片中某一事件或某个场景，是从谁的眼睛看到的，聚焦在哪个人物上，为什么要采用此种视角，企图建立什么样的视觉认同，或者说建立与哪种人的身份认同，等等。例如，在《烈日灼心》的片段中，协警辛小丰与队长伊谷春一起出警，一个正反打镜头，以辛小丰视角聚焦在队长迅速拔枪、果断抓人上。镜头里队长动作敏捷、目光犀利，但从辛小丰的视角看过去，建构了观众与辛小丰的“同视角”，形成观众与辛小丰一样的心理感觉，产生对“就一眼就敢拔枪”的队长的佩服和畏惧，导演采取这一聚焦方式，利用“同视角”，暗示了辛小丰对队长产生警惕、防备心理的合理性。（3）从“叙述层次”入手，分析为什么要设置这个叙事层，要达到什么叙事目的。（4）从镜头的“组织方式”或者说从蒙太奇方式入手，分析此镜头与彼镜头的连接欲营造出什么氛围，呈现什么样的伦理境遇，其偶然性是什么，与主流价值观、伦理观有什么不同，彰显哪种伦理困境，呈现何种可能。（5）从“叙事频率”入手，分析影片用闪回的方式形成了对什么场景的重复，为什么要如此重复，希望加深观众哪些意识。（6）从“叙事节奏”入手，分析影片叙事速度的快慢缓急对观众在观影过程中的哪些情绪具有管控作用，以期营造什么样的情绪反应，符合哪些人的审美期待。（7）从“景别构成”上入手，分析该处为什么用全景，展示出什么样的人际关系，或为什么用中景，突出谁与谁的什么关系，又为什么用特写，想突出人物的哪些特征。(8)还可以从灯光、影调、声音、色彩搭配的组合方式上入手，寻找导演处理影调组合声音的用意，期待完成什么样的表达意图，追求什么样的叙事效果及感官反应，等等。不管从哪个方面入手，分析叙事活动中导演如此这般建构独特叙述机制的用意所在，辨析导演主体性在影像生成中或者影像运动中的存在方式，这是电影叙事伦理批评非常关键的一步。

加强对影片叙述机制的伦理取向与观众主体性生成之间存在关系的研究。如果说完成对叙述机制的主体性识别是必要的方法论前提，那么，影片建构所使用的技巧对观众形成什么样的心理影响、身份认同和价值渗透，便成了叙事伦理批评的核心关切。影片技巧构成的感性团块留在观众意识中的深度、强度和绵延度，镜头的切换方式、聚焦方式等与观众之间形成怎样的交流效果等，是承接前一部分而来的第二个要点。"'内在运动'实质上是从电影组织的多种艺术入手，探讨艺术内部之间的'分离运动'与'交流效果'。可以说，正是电影内部艺术元素间的运动使电影自身具备了多样性与复合性。其实，无论是外在的运动表现还是艺术要素间的内在运动，它们都为'真实'表现提供切口。而运动作为观看的唤醒者与调动者，也将观看与真实联系起来，观看随即成为真实的观看，而这种观看方式也恰为真实与意义提供联系。"[8]叙事伦理批评从对影片叙事机制的伦理关切转向对叙述行为、生活实践、接受反应之间相互关系的探究。所以，在对影片进行导演主体性识别之后，不能不深入分析影片对观众主体的召唤和形塑。一般而言，主体性的确立与自我对他者的选择性认同相关，自我往往是另一个他者。现代哲学虽然经历了"主体的黄昏"，但终究无法回避人是伦理的存在的先验性。对启蒙主体的批判，是为了主体的重新奠基而不是为了取消一切主体性。在社会生活中，自我无法不与他者发生关联，因此，人作为社会成员不可能也不应该是无任何主体面目的。任何叙事文本都有主体在场，凡话语总有言说者、应和者，不管这里的言说者、应和者是单数还是复数，是少部分人还是大部分人，其主体力量是弱势的还是强势的，其所处位置是中心的还是边缘的，其意向是冲突的、统一的还是差异的，都改变不了主体性存在这一事实。因此，强调电影叙事活动中的主体性，也是在强调电影话语中的意识形态面向和历史的、社会的博弈论内涵。

显然，"主体自身不能单独地构成意义之源，它只是经历和见证着世界，它自身实践活动的意义也需要得到历史的验证，所以，各种话语主体总是处在相互见证的时间过程中"。[9]这说明，任何主体都是生成性的，主体的存在方式总是伴随着对各种认同困境的克服，同时，主体的未完成性也为主体的变化留下了可能。一方面，导演的主体性价值只有通过观众接受才得以真正实现；另一方面，主体间的相互认同和自我认同是个动态过程，随着时代语境的变化，“理解”和“共识”也随时可能发生变化，这正是艺术探索和艺术进步的契机。

这里需要说明的是，本文虽然把电影叙事伦理批评方法分为两步，即第一步和第二步两部分，但在具体的批评实践中，前后两步又是贯通的、一致的，即均是对导演、影片、观众三者之间主体关系的研究。无须讳言，这是近年中国电影批评比较薄弱的环节，我们重视中国电影叙事伦理批评方法，是在期待当代电影在促进社会文化认同方面做出更多贡献的同时，更加重视电影批评理论在这方面取得实质性的理论突破。

三、中国电影叙事伦理批评方法是一种新的批评范式

电影叙事伦理批评与文本批评方法存在某种相似性，例如，它们都重视对影片形式技巧的分析。但区别也很明显，特别在“电影观”上，文本分析方法建基于形式/内容的二分法，更强调工具、器械的性能及各种摄制技术的指标、参数。其具体的批评路径一般不涉及文本的接受者，也不对影像与意识、意识形态的关系感兴趣，仅停留于影像构成的技术层面。其批评尺度是技术美学的尺度，以哪种技术更能达到清晰、优美、流畅的音效及画面质感为标准。

电影叙事伦理批评与叙事学批评也存在相应关联，但后者是另一种形式主义的批评方法，与中国文化传统亦存在明显的不适应性。电影叙事学的思想资源是“后语言观”及其“话语理论”，即强调符号系统的自足性，认为“真理”不是存在于话语之外的东西，而是关于真理的话语，文本的意义即在于文本自身。以热拉尔·热奈特为代表的经典叙事学对电影叙事学的影响较大。这种叙事学电影观认为，电影就是由一系列叙事话语构成的，一如麦茨所说：“电影如何表示连续、进展、时间的间断、因果性、对立关系、空间的远近等等。这些都是电影符号学所面临的中心问题。”[10]对电影叙事学影响较大的著作，是加拿大学者安德烈·戈德罗与法国学者朗索瓦·若斯特合著的《什么是电影叙事学》，但这本书基本上是对热拉尔·热奈特《叙事话语、新叙事话语》一书的套用。

问题不仅仅在于电影叙事学不应简单直接地沿袭文学叙事学的概念、逻辑，更现实的是，尽管理论层面的译介、引进、学习、借鉴为时不短，但电影叙事学在中国电影批评实践中的发展一直无法“成熟”。鉴于中华文化的内在影响，中国学者在思维方式上对纯形式主义的研究方法总是难以认可，在西方形而上学传统中形成

的二元对立的思维习惯，如客观/主观、自我/他者、能指/所指、共时/历时等等，虽然丰富和细化了本土电影批评的思维，但这种在结构主义语言学影响下形成的叙事学研究，只能在学院派的少数学者中打转，完全无法形成如西方学者形容过的盛况："它作为研究叙事形式和叙事结构的科学崭露头角，继而以研究叙事的方法独领风骚，曾压制历史研究方法达数十年之久。"[11] 中国美学强调的"通感""统观""互渗"，难以适应机械、烦琐的分类学，更无法接受内容/形式、自律/他律等二元区分对事物整体性的人为剥离。例如，完全不考虑主创意图和完全不顾及社会接受效果的批评方式，很可能在文化心理上引发中国学者的本能反弹。

事实上，电影叙事批评的局限非常明显。电影叙事伦理批评与电影叙事批评的主要区别，正在于前者借鉴了后者的合理发现，重新纳入了导演主体性的辨识和分析，并在叙事主体、主人公、接受主体之间开拓了对影像活动多维度、交互性存在状态的研究视野。叙事伦理批评创造了这样的可能：在不模糊立场、焦点、主体轮廓、影像价值的前提下，可以对主创精神活动的复杂性，对观众伦理取向的生成性，对在影院这个"情感反应场"中形成的主体交流情景，做出情感、政治、文化等多向度的伦理判断。

电影叙事伦理批评与伦理批评也存在一定关联，但两者的电影观是完全不同的：伦理批评一般是建立在反映论基础上的，把影片看成社会生活的再现；或者以为道德"应当"绝对化，从而忽略，甚至牺牲了电影艺术的特殊价值。

无论从"电影观"还是从"批评方法"上讲，正在兴起的电影叙事伦理批评，已构成了一种新的批评范式。任何批评范式的转换，均会在理论上达成相应的共识。当下，中国电影批评界对形式伦理研究的缺失现象已形成广泛认知。例如，在贾磊磊、袁志忠主编的《中国电影伦理学·2017》中，多篇论文指出了亟待伦理话语及形式伦理话语参与电影批评的紧迫性。尽管西方叙事学在中国遭遇了"水土不服"，但其对叙事形式研究的独特贡献仍得到了本土电影批评界的高度重视。正如该文集主编在序言中所讲，"我们要追溯电影的伦理问题，又不得不从电影的构成元素入手，从电影的叙事方式入手；所以，镜头的对错是我们进行电影伦理学研究以及电影的伦理批评的逻辑原点"[12]。序言强调电影伦理批评需要从叙事方式入手，显示出主编的理论视野和希望叙事理论介入电影批评的诉求。遗憾的是，该文集大部分文章并没有如序言所期待的，从叙事方式入手对影片给予分析。西方叙事学在形式研究上的丰硕成果及提供的研究方法，并没有成为伦理批评者分析影片的有效工具。这里显然存在着某种"隔膜"和"困境"。此处，并不是说没有使用叙事研究方法的文章就不好,而是说,伦理批评的“电影观”和“批评标准”与叙事理论并不兼容。一个通俗的说法就是,前者关心的是“讲什么”,后者关心的是“怎么讲”,所以大多数伦理批评的文章不怎么会使用形式主义叙事学所创建的“细读”法。从该书序言中还可以看到,作者认为“镜头”是伦理批评的逻辑“原点”,但我们知道,叙事学方法关注的不是“点”,而是“线”,不是单个镜头,而是镜头与镜头连接而成的讲述过程。因此,电影伦理批评很难如两位主编所愿,“从叙事方法入手”完成对影片的伦理分析。如果严格从叙事方法入手的话,很可能会直接颠覆掉伦理批评的目的,因为,叙事研究方法不关注影片的善恶美丑,也不评判人物的是非对错。

有鉴于此,电影叙事伦理批评才愈发彰显出特有的活力和意义。它对电影批评方法的贡献,正在于能够把善恶美丑、是非对错等价值关怀纳入对影片叙事形式的研究之中。如《中国电影伦理学·2017》的序言曾这样设问:“我们可以提出的问题是:色彩有善恶吗?机位有是非吗?表演有正邪吗?”叙事伦理批评则会将提问转换为:此色彩与彼色彩这样搭配的用意何在,镜头与镜头这样组接的目的是什么,表情为什么是这样而不是那样的。这些都不是对“逻辑原点”的关切,也不是对单个镜头或某种色彩的价值厘定,而是对叙事者如此这般地布局影片的主体性追问,并通过这样的追问,进而探讨影像叙事活动的价值建构方式和社会建构意义。

作为数千年文脉所在,“以文化人”是中国文化传统的精髓,也是叙事伦理批评的信念,这构成了中国电影批评向叙事伦理批评转型的动力和条件。电影叙事伦理批评将同时回应叙事批评和伦理批评两者分别关心的问题,但又不是两种方法的简单相加,而是穿越了叙事批评、伦理批评之后的叙事伦理研究,这将在间性哲学的基础上重构自己的电影观。

注:

[1]詹姆斯·费伦.作为修辞的叙事[M].陈永国译.北京:北京大学出版社,2002:14.

[2]阿兰·巴迪欧.宽忍的灰色黎明——法国哲学家论电影[M].李洋等译.郑州:河南大学出版社,2014:21,37.

[3]齐格蒙特·鲍曼.生活在碎片之中——论后现代道德[M].郁建兴译.上海:上海学林出版社2002:2.

[4]同[2].

[5]阿兰·巴迪欧.宽忍的灰色黎明——法国哲学家论电影[M].李洋等译.郑州:河南大学出版社,2014:38.

[6]请参阅美国符号学家皮尔士的符号研究.

[7]马克·柯里.后现代叙事理论[M].宁一中译.北京:北京大学出版社,2003:11.

[8]李洋.法国思想与电影[M].河南:河南大学出版社,2012:15.

[9]王鸿生.间性批评如何可能——关于批评主体的伦理性识别及其生成[J].探索与争鸣,2014(2).

[10]安德烈·戈德罗.什么是电影叙事学[M].刘云舟译.北京:商务印书馆,2007:2.

[11]马克·柯里.后现代叙事理论[M].宁一中译.北京:北京大学出版社,2003:3.

[12]贾磊磊,袁志忠.中国电影伦理学·2017[M].重庆:西南师范大学出版社,2017:2.

(本文原载于《同济大学学报(社会科学版)》2019 年第 06 期)

电影叙事伦理：理论、实践与意义

刘晓希

熟悉中国电影史的人都知道，1979年，以张暖忻、李陀的《谈电影语言的现代化》为标志，中国电影界掀起了关于电影本体性的大讨论。这场讨论从电影语言的发展入手，涉及电影与文学、电影与戏剧的关系以及电影理论与实践的方方面面。毫无疑问，“当时电影界的理论与创作人员，都在思考怎样推动中国电影理论的发展”[1]。从某种程度上讲，正是由于这一时期开始的对电影新观念和新理论的大探讨才顺理成章地促成了第四代、第五代导演开风气之先的电影创作。

作为一个“学院派”导演，张暖忻比其他电影人更加深刻地理解电影理论与电影实践的关系，并深知中国电影的发展离不开用以指导拍摄实践的电影理论的发展。所以，20世纪90年代，在中国电影面临巨大转型[2]且“电影理论比较沉闷”[3]的关键时刻，张暖忻适时却不乏焦虑地指出，“当今的中国电影，仍然需要从理论上提倡、支持、启发电影创作者去思考、去探索，给电影带来新的生机”[4]。

时间如白驹过隙，一晃几十年过去了，从张暖忻谈到的“新时期”到如今40年的时间里，中国电影正饱受更多重的压力，当然也迎来了更多的新机遇。在世界关系的风云变幻里，我们愈发意识到电影正在多个领域中扮演重要角色，也愈发意识到需要一种新视角的电影理论批评来实现中国电影与世界的交流和对话。事实上，与20世纪90年代中国电影的情境不无相似之处，当前的中国电影同样存在着国内与国际之间的诸多不对等；存在着娱乐、商业类型片和艺术电影之间的诸多不平衡；存在着各种“现象”和“本质”之间的诸多不合理，当然，也同样存在着电影创作界的红红火火和电影理论界的“相对沉闷”。这必然又回到张暖忻的思考与担忧，[5]它需要一种新的电影理论的出现，这样的电影理论批评显然应当符合当前社会的文化语境，又与以往电影理论的发生存在着继承和发展。这样的理论显然是为了解决中国电影的具体问题，而又能实现与国际电影理论之间的对话和交往。对此，学者饶曙光曾预言，“当下及今后一段时间，将是中国电影理论批评的又一个黄金年代，更是一个关键时期”[6]。

作为一种方法论的“电影叙事伦理”

可以说，新时期中国电影理论发展的主要贡献之一便是对电影叙事观念和技法的推进，而对电影叙事学的思考，尤其是对电影本体性和电影语言的思考，都与文学层面对西方叙事学研究方法论的借鉴不无关联[7]。但是，相较于涌现出来的一大批对西方叙事学理论的译介，一个在当时被忽略的叙事学研究著作[8]，或者说是一种不受用的叙事学研究视角，导致了当时文学领域的中国叙事研究以及在此影响下发展起来的中国电影叙事研究明显偏执于对语言"技法"层面的关注。这显然是由叙事学理论在中西方旅行途中的不同遭遇合力促成的。

周宪在《小说修辞学》的修订版序中分析道，20 世纪 80 年代的文化面临着一些特殊问题，而布斯的《小说修辞学》正是在此期间刊行，其中，布斯要确立的一个主要命题就是，小说家如何通过叙事技巧的运用来践履文学的道德责任。但是，"因为在'十七年'乃至'文化大革命'有过太多的道德说教和意识形态规训"[9]，也就是，"当时对文学的道德说教的反感和抵制，驱使这本书的读者生生地在布斯小说修辞学中劈开一个裂隙，只取其小说叙事技术一半，而摒弃了叙事伦理的另一半"[10]。此外，就整个西方学界来看，法国结构主义叙事学在当时占据着绝对优势的话语权，作为英美小说理论的代表，布斯的《小说修辞学》中译本在 80 年代后期面世，则显得有点颓势和过时。[11]同样的情形也发生在电影语言研究领域。例如，当彼时的电影理论家和创作者纷纷致力于对"长镜头""景深镜头"的"现实主义"讨论和实践时，却全然不理巴赞也曾说过的，"'新现实主义'首先不就是一种人道主义，其次才是一种导演的风格吗？""电影是名副其实的爱的艺术"，"对于电影来说，热爱人是至关重要的"[12]。

此外，回顾叙事学的发展，即便叙事学理论本身经历了研究对象也即学科领域的扩展和伦理学的转向，但无论是经典叙事学理论，还是后经典叙事学理论，抑或以布斯为代表的"芝加哥学派"叙事学研究，其讨论的文本鲜有"中国故事"的出现。正如傅修延所讲，"西方叙事学家创立的叙事学主要根植于西方的叙事实践，他们引以为据的具体材料很少越出西欧与北美的范围"[13]。因此，中国故事直到 20 世纪 90 年代末才正式、系统地出现于中国并不成熟的"叙事伦理"研究中[14]，至于中国电影中的中国故事，在"叙事伦理"研究中，就更是一位"缺席者"了。

在傅修延看来，"中国学者在探索普遍的叙事规律时，不能像西方学者那样只盯着西方的叙事作品"[15]其实，能够体现后经典叙事学兼容并蓄的精神气质的，又何尝不是叙事学理论与电影学科的结合。那么想必"电影叙事学"的本土化研究也将具有更加广泛的基础和"世界电影"的意味，况且，"伦理学"的研究对象以及研究目的和研究意义虽然有着明显的"中国特色"，但却在中西方社会的历史发展过程中体现为高度的相似与和谐，所以，作为一种理论批评的“电影叙事伦理”或能成为中国电影学者所期待的那样一种“融通中外的新概念、新体系”[16]，并“支撑我们建构电影理论批评的中国学派”。[17]

以上皆为本文将“电影叙事伦理”作为一种理论批评工具来重读中国电影的研究缘起。概括地讲，伦理感觉及其建构必然地产生于叙事行为的发生中；叙事学的研究对象不应该忽视中国故事的存在；新时期以来对电影叙事学的研究既然很大程度上借鉴了其他领域的叙事学理论，便显然也应该关注到其他领域叙事学研究的伦理转向问题。

正是基于上述讨论，本文将“电影叙事伦理”作为一种批评理论，其对象为中国电影的存在现象，虽然它也以电影理论的发生和发展、本土化和国际化为基础和指向，而其方法论指导则主要来自美国叙事学家布斯对“方法论的视角主义”的理解和阐释。布斯坚信自己的研究方法既不纯粹从属于一元论解释，也不泛泛属于无限多样论认识，他辩证地指出，他采取的是一种“方法论的视角主义”[18]，而这种“方法论的视角主义”又被周宪解释为一种“双重视角”的方法。这样的方法论在具体研究的实践过程中不仅避免了形式主义的极端化和片面性，又摆脱了道德主义者文以载道的教条作风[19]。以此方法论为指导，“电影叙事伦理”应该采取的也是“方法论的视角主义”视域下“双重视角”的研究方法，它一方面着意强调电影叙事的语言技巧，另一方面则看重电影叙事技巧所具有的语言伦理功能，同时又要求我们关注伦理学语言修辞的构成机制和影响因子。而这样的一种批评视角同样类似于另一种批评理——解释多元论[20]的要义。我们发现，解释多元论关注到以往解释中被忽略的意义，同样认识到语境对于某种特定解释的意义，而“电影叙事伦理”正是对新时期电影的一次重新解释，当然，这种解释的意义也与当前社会语境的特殊期待相关。

“电影叙事学”业已取得了一系列成果，而中国电影的创作、审美过程里又必然存在着具有中国气质的伦理行为的发生。因此，在中国电影理论的历史演进中实现对电影叙事伦理的建构，实属必然。虽然“电影叙事伦理”已在各个学者的研究中悄然展开，但该研究目前仍存在诸多问题，仍需要一种更加科学的研究方法，在具体的研究实践中检验其有效性。

电影叙事伦理的实践与意义

美国学者查尔斯·L.斯蒂文森在其著作《伦理学与语言》(1989)一书中强调，

伦理学的任务主要不是用来制定或论证规范，而是要分析伦理学语言的意义和功能，分析道德概念如“善”“应该”的字面意思和隐含意思，分析人们是以什么方式来运用这些概念以达到自己的目的的，而并非劝说人们必须接受某种理想。

在当前各种复杂形势和文化语境的倒逼下，如今的中国电影问题较之于20世纪90年代可谓有过之而无不及。如果说，面对如此情境，“作家有责任在促使社会向善转变的方面有所作为”，那么电影导演、电影人也理应如此，何况，同样是一门修辞学的电影叙事本身也是一门“发掘正当信仰并在共同话语中改善这些信仰的艺术”[21]。只是，就像布斯在论证小说修辞学的伦理特性时，会选择一些在当时称得上十足前卫的作品来分析，因为在他看来，只有足够前卫的文学，才具备叙事技巧上的创新性，同时也足够代表现实语境下伦理问题的迫切性。因此，电影叙事伦理理论需要我们对以往的一些电影文本进行重读，而我们予以重读的文本则一定是公认的典型文本——在当时引起过不小的轰动，之后也被反复言说讨论过，同时，无论在叙事技巧还是在伦理意识的显现方面，它们都能够突出地代表着特定语境中的“前卫”者，但仍存在很大的讨论空间。毫无疑问，这种重读，将是对中国电影研究的一次视野扩展，也将是对新时期以来中国电影理论批评的一次织补性建构。

这里要注意电影语言的特殊性和历时性发展以及电影语言的多样实践和伦理功能的不同体现。在此，我们可以借用斯蒂文森对语言的伦理意义和伦理功能的分析模式对电影叙事伦理加以讨论。在斯蒂文森看来，语言在日常使用中，有两种不同的用法：一种是描述的用法，另一种则是“能动”(表达情感)的用法，而伦理语言的使用就属于后者，但也同时与符号的描述用法相关。此外，斯蒂文森也指出，伦理判断不仅具有表达判断者情感的功能——描述功能，而且具有引起、改变接受判断者的情感、态度的功能——能动功能[22]事实上，斯蒂文森更看重的也是伦理判断的后一个功能，即能动地引导某人具有某种态度的功能，而伦理判断的这一功能主要是由两方面因素促成的：一是伦理语言的使用习惯，二是使用语言的人由于所受的语言训练而形成的心理习惯。由于能动用法是伦理术语的典型用法，因此，伦理语言标志特征的意义就是情感意义。

将斯蒂文森的伦理语言观念引渡到电影叙事当中，即电影叙事的伦理命题应当与英语句法当中的祈使句大致相似，其意义主要在于鼓励或改变人的情感判断或行动目标，而不是简单地对人们的理想和行为进行现象层面的描述，虽然电影语言中的伦理意义和其描述意义的显现并非表现为两个孤立增长的过程，而是彼此连续地、相互影响的同一个过程。此外，在斯蒂文森看来，伦理语言的功能又和伦理语言的实践与意义是紧密相关的。既然伦理语言的主要意义是情感上的能动，那么当我们将一定的电影语词和语言共同建构为某种能动情感的伦理实践时，我们便绝不仅是在用这些电影语词和语言进行事物现象层面的描述、记录或揭示，而是要通过它们来能动地表达我们的情感和态度。那么，电影叙事伦理，也即电影语言的伦理实践，其功能便主要不是用于指出事实，而是创造影响。事实上，伦理判断的表达功能不仅和伦理判断的“激发”功能相互联系，两者在根本上就是一体的，例如：“善”被认为是一个独特的、不可分析的概念，“善”同时也是伦理学的主题，当我们说“这是善的”这个短语，其功能不仅在于表达我们对“这”的态度，它也许还可以激起其他人相仿的态度，或者促使他们以某种“应当”的方式行动。

斯蒂文森对语言和伦理的生成机制做出了推导和证明，也即他提出了叙事行为和伦理态度同时发生这一命题。关于叙事与伦理的共生关系，维特根斯坦也曾做出类似的论述[23]，然而，斯蒂文森又具体地针对语言的灵活性、倾向性、劝导性等做出了关于语言的伦理实践及其意义的分析。

在斯蒂文森的演绎过程里，语言的灵活性，在某种层面上与语词意义的模糊性相关，而这样的分析在电影叙事文本中同样适用。比如，电影的语词符号本身的多义性，以及同样的电影语词在不同的建构方式下所呈现的多重涵指。斯蒂文森在著述中以对“红”的说明，解释了自己对语言灵活性的看法：光谱上有一个该术语必定指称的确定领域，而另一个较宽的领域则肯定不为该术语所指称。但在两个领域之间，存在着诸多接近而暧昧的颜色，它们应当属于日常用法中的名称而不是科学的技术概念。其实，如何完成这些中间地带意义的指认，以及在对其做出含义的汲取后做出适切地运用，是一件主观任意的事情，这就是斯蒂文森所说的，“对于未决定的领域，术语的日常用法允许我们随心所欲”，而“道德术语的含糊性与此是同类问题，只不过更极端而已”[24]。与文学文本当中对“红”通过加引号以起到特殊解释说明的做法不同，电影中对“红”的隐喻常常配合着光与影的共同作用。例如第五代电影《红高粱》，导演张艺谋对“红”的理解配合着摄影顾长卫对光的运用，最终成就了中国电影历史上的经典之作。

接下来，斯蒂文森以一段关于化学反应的陈述——“‘糖’是可以溶解的”，这个陈述中，涉及的就是这样一种因果研究”启发我们关于“究竟在什么意义上一个对象具有可以产生某种效果的稳定”倾向[25]的考虑，而在我们对好莱坞电影的无数分析里，这种稳定的“倾向”性早就被概括为“程式化的叙事逻辑”和“具有典型意义的形象背景"。同样的,在中国导演群体中,贾樟柯的"故乡"叙事也极具"程式化"意义。只是,正像斯蒂文森在书中指出的,语言的伦理表达经常受到语言的情感意义和描述意义的不断重组所产生的影响,贾樟柯电影中的程式符号也常常在其叙事重组的建构过程里传递出"思乡"以外的伦理渴望。贾樟柯擅长通过符号的设置和交替呈现、剪辑的并置和交织、音效的营造和混录等一系列处于不停变动中的叙事形式与风格形式,于参差的对照中展示出那些身处社会改革转型时期、身处爱与痛的边缘的普通人们的日常伦理关系。电影《小武》中,小勇接到往日朋友的电话,建议向小武发出结婚请柬,但出于不想被他人知道自己曾经和小武一样也是小偷的顾虑,小勇最终决定还是不通知小武自己要结婚的事情。小勇挂断大哥大(作为一种标志着特殊年代和身份阶层的物质符号)后,在自家院子的墙边驻足片刻。在他短暂地凝视着墙上留下的不同岁月里二者共同印刻的记忆痕迹之后,轻轻抚摸,径自离去。几个场景之后,小武从同样的那面墙边走过,几乎做着同样的动作:凝望、抚摸和离开。可以说,这面墙作为曾经共同的回忆,在此刻却成了二者之间关系的隔断,同时也是各自心中往日友爱和现实疏离之痛的临界点。而两人在不同时候分别经过这面墙的实存设置也极其类似地出现在了电影《站台》中,只不过,《站台》里的墙被具象为更富隐喻效果的"城墙"。在这座象征着威严的传统秩序的城墙上,尹瑞娟和崔明亮总是同时作为远景出现,于是贾樟柯便以执着的静止镜头对准在调度下频繁交换位置的二人,他在像是绘制历史年表与地形的同时,更赋予了两者之间关系的转变,以及他们和汾阳县城往昔之间关系的转变。

至于语言的劝导性,斯蒂文森认为,那主要是"依赖于语词纯粹的、直接的情感效果,即依赖于情感的意义、修辞的语调、恰当的隐喻、洪亮的声音刺激的作用,或者恳求的声调、戏剧性的姿势、小心谨慎地与听众建立的和谐关系等等"[26]。而在电影里,在画面的支撑下,以音响、音效或对白、独白、旁白等方式出现的语言形式在伦理情感的判断以及导向方面则有着更为明显的表现。以1979年的音乐片《生活的颤音》为例,音乐作为这部电影的形式,不只是像在其他电影中那样,仅仅构成了电影的一种风格元素,烘托、渲染或者反衬出故事的主题,而是作为一种叙事元素,身兼着风格定位以外的叙事职能,成就了这部电影在形式与内容上的高度统一。当《一月的哀思》奏响,画面上是1976年百万群众十里长街送总理的纪录影像和徐珊珊在天安门广场初遇郑长河的场景,当时的郑长河在花圈与泪水中拉着小提琴,倾泻哀思;当《抹去吧,眼角的泪》奏响,画面是家庭音乐会上,郑长河、徐珊珊和韦立之间的抗衡,当时的郑长河在动荡里全力完成了三部曲"前进"部分的演奏。

另外，在回忆段落，郑长河的父亲在病床上手握《祖国的春天》乐谱带着遗憾离去；郑长河和徐珊珊争吵过后，乐谱散落一地。这里，音乐成了可以通过实体的、可移动的道具表现出来并重复出现的象征符号，它的每一次出现都暗示着变化的发生，因此，参与了叙事和风格建构的音乐也在追踪事件时空发展的同时建构了事件内部的人物关系和价值伦理：对虚伪霸权的抵制和反抗。

限于篇幅，文章不再将斯蒂文森关于语言和伦理关系的归纳演绎一一对应到电影叙事当中，只是，斯蒂文森对其所有的分析存在的技术上的可操作性以及结果的有效性问题的思考，则明显地提醒我们讨论电影叙事伦理的可行性与意义。事实上，每一时期的影像实践中都必然存在着大量能够体现上述语言特性的文本，对它们做出叙事伦理层面的再读解，其意义在于在清楚电影语言与伦理表达之间相互促成的机制之后，引导我们有意识地进行电影实践，以实现电影叙事伦理的向往形式。

然而，需要注意的是，无论是布斯还是斯蒂文森，在他们的论述中常常对“伦理”和“道德”进行同义置换，但是在中国，通常是以如下的方式来理解“伦理”与“道德”的关系：“‘伦理’属于既包含了’人道’也包含了‘天道’的‘道’之一种，人们在日常‘伦理’实践中通过对’道’的明晓和遵循并经过复杂的情理结构演变而最终将之内化为人们美好的德性。”[27]此外，中国学者张岱年曾将中国伦理学说所讨论的问题归纳为八点[28]，其中，特别是“作为本体论的万物一体思想、仁爱论的生生之德思想以及关系论的己欲立而立人之忠恕之道”，都与如今所广为提倡的“人类命运共同体”思想中的“地球村理念、共生主义伦理及推己及人的相处之道”相契合[29]，那么，想必这些中西方共通的伦理话语也一定能够促进电影叙事在彼此间的交流。

结语

正像解释多元论做出的说明，任何一种批评都不会是空穴来风，它一定有自己漂浮的落脚点和理想的逐流方向。周宪在《小说修辞学》修订版的序言中指出，叙事伦理已成为任何严肃的理论研究不可忽视的问题[30]。而事实上，在电影似乎已经逐步取代小说成为大众消遣最主要方式的今天，各种无底线的电影叙事早已超出了批评者的想象，特别是在我们仍然怀有“由电影大国到电影强国”“中国电影走出去”的强烈愿景下，“电影叙事伦理”生发于“电影叙事”的既有理论成果，在以新的视角对中国电影进行重新解释的同时，令我们欣喜地发现：电影叙事具有引起、改变观众的情感、态度的功能，电影叙事伦理的意义主要不是用于指出事实，而是创造影响，因而，当前的电影人有责任在促进社会向主流价值观靠近方面思考自己的创作。综上，“电影叙事伦理”不仅可以令我们看到中国电影在叙事技巧上与电影强国之间的差距，更让我们从伦理层面认识到自身与他者的主体间性，在承认彼此差异的同时寻找相互沟通的可能。

注：

[1][3][5]张暖忻.寄希望于理论研究[J].电影艺术，1994(6).

[2]当中国电影第一次集体亮相国际舞台并引起瞩目，这些代表着当时中国电影新力量的年轻导演却未能同样赢得国内的市场和口碑。与此同时，娱乐片、商业片的粗制滥造和媚俗化倾向愈发严重。因此，张暖忻再一次首先认识到，“电影业所面临的问题很多，很多领域还是空白，没有人在做这些(分析与研究)工作。”参见张暖忻.寄希望于理论研究[J].电影艺术，1994(6):25.

[4]张暖忻.寄希望于理论研究[J].电影艺术，1994(6).

[6]饶曙光.建构电影理论批评的中国学派[J].电影新作，2015(5).

[7]基于传统的叙事学将文学文本视为研究对象所建立起来的相关理论，针对电影叙事学研究的著作已有不少：例如《小说与电影中的叙事》《故事与话语——小说和电影的叙事结构》《术语评论——小说与电影的叙事修辞学》《书面叙事·电影叙事》《从文学到影片》《什么是电影叙事学》《电影化叙事》和《电影叙事学研究》等。此外，在《电影中的视点》《故事片中的叙述》《注视的注视：影片与其观众》《从文学到影片：叙事体系》和《眼睛一摄影机：影片与小说的比较》等著作中，也早就印证了电影叙事学的存在.

[8]作者为美国“芝加哥学派”第二代人物韦恩·布斯。该书英文版面世于1961年，作者在其中非常严肃地讨论了小说叙事技巧与伦理的关系。因此，此书曾被誉为20世纪小说研究的“里程碑式的”著述，而布斯也被誉为20世纪最重要和最有影响的批评家之一，其理论贡献——“把技巧和伦理分析相结合，从而改变了文学研究的形貌”业已成为文学研究中伦理批评的“试金石”.

[9][10][11]韦恩·布斯.小说修辞学[M].华明等译.北京：联合出版公司，2017:33.

[12]安德烈·巴赞.电影是什么？[M].崔君衍译.北京：商务印书馆，2017:66.

[13]傅修延.中国叙事学[M].北京：北京大学出版社，2015:15.

[14]在国内，“叙事伦理”一词首先出现在学者刘小枫于1999年出版的著作《沉重的肉身——现代性伦理的叙事纬语》当中，此后，“叙事伦理”一词便频频亮相于中国文学批评领域.

[15]在傅修延看来，中国的叙事学研究“应同时‘兼顾’或者说更着重于自己身边的本土资源。这种融会中西的理论归纳与后经典叙事学兼容并蓄的精神一脉相承，有利于西方诞生的叙事学接上东方的‘地气’，成长为更具广泛基础、更有‘世界文学’意味的学科”.

[16][17]饶曙光.建构电影理论批评的中国学派[J].电影新作，2015(5).

[18][19][21]韦恩·布斯.小说修辞学[M].华明等译.北京：联合出版公司，2017：33.

[20]芝加哥学派哲学家麦克基恩认为，解释多元论力图区别于相对主义、虚无主义和怀疑论。它主张在文本解释的漫长历史中必然有许多不同的解读，一种解释的重要性在于它提出了其他解读所忽略的意义，因为特定的解释存在于其他解释很少提示的语境之中。因此，解释的要旨不是区别不同解释的高低优劣，而是关心更丰富的意义、思想、见解、感悟、体会和满足。

[22]查尔斯·L.斯蒂文森.伦理学与语言[M].北京：中国社会科学出版社，1991：11.

[23]查尔斯·L.斯蒂文森.伦理学与语言[M].北京：中国社会科学出版社，1991：42－43.

[24]事实上，在维特根斯坦并不多见的著作或论述中，将语言叙事与伦理学内在地联系在一起进行思考的例子有很多.参见刘晓希.论“电影叙事伦理学”建构的逻辑必然性[J].当代文坛，2016(3).

[25]查尔斯·L.斯蒂文森.伦理学与语言[M].姚新中，泰志华译.北京：中国社会科学出版社，1991：56.

[26]查尔斯·L.斯蒂文森.伦理学与语言[M].姚新中，泰志华译.北京：中国社会科学出版社，1991：157.

[27]刘晓希.电影叙事与电影评论的伦理分析——兼谈2016年中国电影现象[J].东北师大学报(哲学社会科学版)，2017(4).

[28]张岱年.中国伦理思想发展规律的初步研究——中国伦理思想研究[M].北京：中华书局，2018：74.

[29]刘海鸥.人类命运共同体建构的儒家伦理底蕴[J].广州大学学报(社会科学版)，2019(1).

[30]韦恩·布斯.小说修辞学[M].华明等译.北京：联合出版公司，2017：33.

(本文原载于《电影艺术》2019年第03期)

中国电影叙事伦理研究现状与进路

赵文国

一、"叙事伦理"内涵

"叙事伦理"一词滥觞于刘小枫1999年的哲学随笔集《沉重的肉身——现代性伦理的叙事纬语》。刘小枫认为伦理学分两类：理性伦理学与叙事伦理学，"理性伦理学是探究生命感觉的一般法则和人的生活应该遵循的基本道德观念，进而制造出一些理则，让个人随缘而来的性情通过教育培育符合这些理则……叙事伦理学不探究生命感觉的一般法则和人的生活应该遵循的基本道德观念，也不制造关于生命感觉的理则，而是讲述个人经历的生命故事，通过个人经历的叙事提出关于生命感觉的问题，营造具体的道德意识和伦理诉求"[1]4。刘小枫又进一步将现代的叙事伦理分为两种：人民伦理的大叙事和自由伦理的个体叙事。"人民伦理的大叙事中，历史的沉重脚步夹带个人命运，叙事呢喃看起来围绕个人命运，实际让民族、国家、历史目的变得比个人命运更重要。自由伦理的个体叙事只是个人生命的叹息或想象，是某一个人活过的生命痕印或经历的人生变故……人民伦理的大叙事的教化是动员、规范个人的生命感觉，自由伦理的个体叙事的教化是抱慰、是伸展个人的生命感觉。"[1]5 尽管刘小枫并没有给叙事伦理学一个严格的定义，《沉重的肉身》也不能算是严格意义上的学术著作，但作者通过对毕希纳、米兰·昆德拉、卡夫卡、基斯洛夫斯基等艺术家的叙事伦理分析，给彼时的文艺批评，特别是叙事学研究注入了一股清泉，开辟了文艺学研究的新路径。2003年中山大学的谢有顺承接刘小枫的叙事伦理思想，发表了长文《铁凝小说的叙事伦理》，这是最早对中国小说进行的叙事伦理研究。2010年谢的博士论文《中国小说叙事伦理的现代转向》，也是在刘的叙事伦理思想下对中国小说进行的叙事伦理研究。此后，叙事伦理作为一种文艺批评的方式与方法，在文学领域经王鸿生、伍茂国、祝亚峰等人大力推进，取得了相当瞩目的成果。此为叙事伦理研究之一端。

叙事伦理的另一端是由布斯经詹姆斯·费伦，至亚当·桑查瑞·纽顿而定型的。布斯认为所有的叙事作品都是道德教诲的，应该把伦理与叙事有机结合起来，"给予人类活动以形式来创作一部艺术作品时，创作的形式绝不可能与人类意义相互分离，包括道德判断"[2]。所以对布斯来说，小说最重要的修辞问题便是"作者应该为谁而写”。詹姆斯·费伦则认为叙事的伦理转向呈现六个特征：重塑作者的主体地位，刺激读者的批评创造性；提倡形式结构的伦理，区分伦理与道德，建构多重伦理系统，同时关注内容的伦理和讲述的伦理。[3] 1995 年美国学者纽顿出版了《叙事伦理》，他根据热内特叙事学的故事、叙事、叙述三方面，将叙事伦理分为叙述伦理、表达伦理、阐释伦理。叙述伦理指叙述行为引发的讲述者、倾听者、目击者、读者之间的伦理关系，强调叙述行为自身的重要性。表达伦理指实际中的个人在被呈现为作品中的人物时，两者的差异所招致的伦理关系。阐释伦理指读者和批评家应担负伦理批评的责任，这种责任包括个人阅读的私人责任和讨论教授小说中的公共责任。纽顿的叙事伦理强调的是叙述行为引起的讲述者、倾听者、读者和文本间的伦理对话，是一种主体间性关系，这种关系由文本内部的结构和形式决定而并非道德主张。这是叙事伦理的另一内涵。

综上所述，叙事伦理研究包括不可分割的两方面：一是刘小枫开创的故事（内容）伦理，任何一个叙事作品虚构的伦理困境、虚构人物在伦理困境中的艰难选择、选择的伦理意蕴、个体遭遇的生命感受等都是故事伦理研究的内容；二是纽顿所倡导的叙述（形式）伦理，叙事结构、形式、语言的伦理意蕴以及讲述者、倾听者、读者和文本间的伦理关系是叙述伦理研究的重点。

二、电影叙事伦理研究现状

截至目前，笔者以“叙事伦理”“伦理叙事”两个词语分别作为关键词，在中国知网上共搜索到关于电影叙事伦理研究的期刊文章 60 余篇，硕士论文 15 篇，博士论文 1 篇，这与文学（主要是小说和戏剧）叙事伦理研究比较，相去甚远。

以下笔者就现有的电影叙事伦理研究成果，从故事（内容）伦理研究与叙述（形式）伦理研究两方面分别阐述。当然，这两方面并不是截然分开的，分开论述只是为了研究的方便。

（一）故事（内容）伦理研究

从涉及的题材来看，包括青春题材类电影、农民工电影、革命历史电影、体育电影、灾难电影、动画电影等众多题材。2016 年山东师范大学苏月奂提交的博士论文《中国当代电影的叙事伦理研究》，更是将电影叙事伦理研究范围扩大到中国内地自 1949 年以来的所有电影。从研究涉及的电影导演来看，主要集中在谢晋、张艺谋、杨德昌、李安、许鞍华、贾樟柯、娄烨等著名导演的作品分析上。

较早对电影进行叙事伦理研究的是叶志良教授于2008年发表在《当代电影》上的《从意识形态承载到生命叙事的转换——体育影片的叙事伦理》一文,文章通过对世界各国体育电影的分析,总结了体育电影叙事伦理的三个阶段。第一阶段作为可贵的“视觉史料”的体育电影是“认识论之维的前意识形态表征”。第二阶段体育电影的叙事伦理更多地承载着政治意识形态和国家意识形态的使命,包括两方面内容:首先是在特定的时代自觉地传达人民和国家的声音,如1954年中国新影厂拍摄的体育片《永远年青》;其次是有意进行宏大的人民叙事和传达国家意志的行为,如著名电影导演谢晋的《女篮五号》;最后是体育电影的生命叙事阶段,包括两个层面:一是体现体育的励志功能,如1980年以来的美国体育电影,二是对人性的尽情抒唱,探索人性尊严和人性解放的途径和价值,如克林特·伊斯特伍德的《百万美元宝贝》[4]。该文是较早对电影叙事伦理进行研究的,对体育电影的叙事伦理分类沿用刘小枫的思想框架,此后的研究延伸到各种题材的电影中,如张权生对农民工电影叙事伦理的研究、史静对革命历史题材电影的叙事伦理研究、张霁月对中国灾难电影叙事伦理的探索、魏秋华对动画电影的叙事伦理研究等,还有其他研究者对谢晋、张艺谋、贾樟柯、李安等著名导演的作品叙事伦理分析。

山东师范大学苏月奂2016年6月提交的博士论文《中国当代电影的叙事伦理研究》是目前对电影叙事伦理最系统的研究。文章通过对大量影片的分析,将中国电影叙事伦理分为集体伦理、个体伦理和生态伦理三类;将影片中的人物分为伦理升华人物、伦理悬置人物、伦理自由人物三类;文章还探讨了影响中国电影叙事伦理的原因,作者认为,中国传统文化、政治以及经济发展是影响电影叙事伦理的主要原因。这样的研究依然是在刘小枫关于叙事伦理的分类下进行的。值得一提的是文章用了一章的篇幅讨论了电影特殊的时空意象、情节结构、画面色彩等电影语言的伦理意蕴(下文论述),具有一定的学术原创性。

结合其他研究者的相关成果,笔者认为目前关于电影故事(内容)伦理研究具有以下特点:首先,尽管在语言表述上略有不同,但多数研究都是基于刘小枫关于叙事伦理的两分法,即人民伦理大叙事与自由伦理个体叙事。其次,很多研究流于形式,“叙事伦理”仅仅成为一个时髦的学术词汇,名为叙事伦理批评,实为电影主题探讨。最后,几乎所有的研究都在探讨电影所叙之事的伦理分类,很少有研究者关注电影所叙之事的伦理诉求,刘小枫念兹在兹的“叙事伦理学从个体的独特命运的例外倾向去探问生活感觉的意义,紧紧搂抱着个人的命运,关注个人生活的深渊”[1]的思想初衷，在电影叙事伦理研究中也付诸阙如。

（二）叙述（形式）伦理研究

截至目前，对电影叙述（形式）伦理进行研究的成果屈指可数。就笔者所见，仅有陈瑜2010年发表的《电影悬念的伦理取向》、曲春景2015年发表的《导演的叙事行为是否具有道德豁免权》、苏月奂的博士论文《中国当代电影的叙事伦理研究》里的部分章节。

《电影悬念的伦理取向》一文讨论了悬念和伦理的关系，作者从三个方面展开论证：(1)悬念具有伦理维度；(2)悬念的强度取决于善恶力量的对比；(3)非对立冲突型悬念也具有伦理向度[5]。因作者在论述过程中并没有凸显独特电影语言（区别于小说语言）设置的悬念与伦理的关系，导致这种探讨成了“放之四海皆准”的大道理。

《导演的叙事行为是否具有道德豁免权》一文探讨了编导的叙述目的与叙述行为之间的关系以及影片的主要场景在观众心理层面唤起的伦理反应，作者认为，“无论虚构类叙事还是纪实类叙事的叙事行为，都不具有道德豁免权。虚构类叙事者所讲的故事虽然是虚构的，但它对人心的戕害却是真实的。因此，不受伦理规约的叙事不是为了惩恶而是在诱恶、扬恶和彰显恶行”[6]。正如刘晓希所言，尽管作者“有意识地将电影叙事伦理从以往涡旋于故事伦理的周遭摆渡到叙事行为上来，但是，由于作者明显地将‘伦理’等同于‘道德’，因而使得其论述更似一种文化批评，而非典型的电影批评”[7]。

山东师范大学的苏月奂在其博士论文《中国当代电影的叙事伦理研究》中，用了一章的篇幅讨论了电影特殊的时空意象、情节结构、画面色彩等电影语言的伦理意蕴。作者认为，古代宫廷、民国时期的大宅院、当下奢华的消费场所，单行式、并行式、迂回式、轮回式情节结构，红、绿、白、黑的色彩都分别具有不同的伦理指向，例如，“民国时期大宅院代表了以家庭伦理特别是性伦理为主要内容的封建伦理道德，它‘言说’着旧伦理的吃人和压抑。它散发着森森鬼气，因为它是镇压生命性本能的囚笼，是打着礼教的名号摧残鲜活生命的刑场，是人性的坟墓、魔鬼的宫殿”；“单行式情节结构都呈现出‘伦理的前进’的意味，而并行式情节结构不适合承载波澜壮阔的故事。它用多个人的经历去证明同一个命题，具有伦理强化的意味”[8]等，应该说这样的探讨具有一定的学术创新性。

纵观上述成果，我们发现，对于电影叙述（形式）伦理的研究依然处于较低水平。数量上，有价值的学术成果屈指可数；质量上，该方面研究难以找到适切的理论资源作为支撑，也没有合适的方法探索电影语言与伦理的共生关系，加上研究者缺乏对电影语言独特性的敏感，导致此类研究“电影性”不足。

三、电影叙事伦理研究存在的问题及原因

电影叙事伦理研究存在的问题主要表现在以下三方面：首先，大多数研究都是在刘小枫叙事伦理的分类框架下进行的，并不是这样的分类不能借用，只是因为用先入为主的“人民伦理的大叙事”和“自由伦理的个体叙事”分类来规范丰富多样的电影文本，既有削足适履之嫌，同时也极有可能让电影叙事伦理研究变成电影主题探讨；其次，几乎所有的研究都在探讨电影所叙之事的伦理分类，很少有研究者关注电影所叙之事的伦理诉求；再次，很多研究尽管冠以“叙事伦理研究”之名，但实际仍不脱传统道德批评窠臼，以说教的、权威的、一元性给定的方式对待电影文本，这样就取消了“叙事伦理研究”的意义，真正的叙事伦理研究应该是以开放的、对话的、反省的方式对虚构“境遇伦理”的具体考量；最后，从现有的研究成果看，电影叙事伦理研究重故事（内容）伦理研究，轻叙述（形式）伦理研究。

造成以上问题的原因有三：(1)研究者伦理学知识相对缺乏，叙事伦理研究是叙事学与伦理学的交叉研究，大多数研究者对叙事学的内容较为熟悉，能够使用文学叙事学、电影叙事学已有的研究成果，从容使用叙事学理论分析电影文本，但对于伦理学的相关知识却知之甚少，有的研究者将伦理等同于道德，将电影叙事伦理批评变成了传统道德批评；(2)研究者对电影这种以视听语言为主要手段的艺术样式，缺乏必要的敏感，导致叙述（形式）伦理研究显得“电影性”不足，这是目前电影叙（形式）伦理研究极不发达的主要原因；(3)当然不得不说的是，因为特殊的政治、文化原因，中国电影艺术家没有创造出更多更好的作品也是导致电影叙事伦理研究滞后的一个重要原因。

四、电影叙事伦理研究未来进路

电影叙事学研究已经积累了丰富的经验，出版的著作就有加拿大学者安德烈·戈德罗和法国学者弗朗索瓦·若斯特合著的《什么是电影叙事学》、中国学者李显杰的《电影叙事学：理论和实例》、美国学者西摩·查特曼的《故事与话语——小说和电影的叙事结构》、法国学者弗朗西斯·瓦努瓦的《书面叙事·电影叙事》、

挪威学者雅各布·卢特的《小说与电影中的叙事》、加拿大学者戈德罗的《从文学到影片：叙事体系》等，已有的学术积累使电影研究从经典叙事学转向叙事伦理研究成为可能。如何利用已有的学术积累，寻找叙事研究新的学术空间，是所有有志于电影叙事伦理研究的学者面临的共同挑战。未来电影叙事伦理研究可以在以下四方面寻找学术生长点，需要说明的是，分开论述只是为了行文和研究的方便，实际上各研究之间是相互缠绕、相辅相成的。

（一）电影叙事伦理理论研究

现有电影叙事伦理研究的基本理论、概念、范畴、路径、模式都是借用文学（以小说为主）叙事伦理的；但电影和文学毕竟是不同的艺术种类，在创作思路、语言表达、受众定位、传播效果等方面都有很大的不同。电影叙事伦理理论研究就是针对电影叙事伦理研究方法本身的研究，包括建构电影叙事伦理研究必要的思想理论资源研究、方法适切性研究、基本概念的转换与界定等。

（二）叙事伦理比较研究

相同的故事可以通过不同的媒介展示，不同的展示方式有不同的伦理诉求，这使叙事伦理比较研究成为可能而且必要。比如《红高粱》就有小说、电影、电视剧三种展示方式，各种展示方式都有不同的叙述机制和伦理诉求。叙事伦理比较研究重在揭示不同的媒介需要怎样不同的叙述机制以表达怎样不同的伦理诉求、不同媒介表达伦理诉求的特点等，这需要借助文学、艺术学、叙事学、传播学等学科的研究成果。

（三）叙述（形式）伦理研究

叙述（形式）伦理研究注重电影语言与伦理关系的探讨，包括叙事人称、叙事时间空间、叙事结构、蒙太奇、色彩、构图等包含的伦理意蕴，导演、文本与受众之间的伦理对话研究等。叙述（形式）伦理研究需要借助认知科学、传播符号学相关学科的研究成果。

（四）故事（内容）伦理研究

故事（内容）伦理研究应该重申刘小枫先生的初衷，“叙事伦理学从个体的独特命运的例外倾向去探问生活感觉的意义，紧紧搂抱着个人的命运，关注个人生活的深渊”[9]，因此，并非所有的电影文本都具有叙事伦理研究的意义，正如谢有顺所言：“一旦叙事作品仅仅局限于呈现理性伦理，叙事本身的价值、作用就被取消了。”[10]电影故事（内容）伦理研究应重在对电影所叙之事伦理诉求的探讨，通过“复叙事”（刘小枫语）的方式具体考量人在“境遇伦理”中面临的悖论困境、选择焦虑与责任担当，揭示出存在的深渊与无奈，发掘出人性的复杂与美好。这需要借助现代伦理学、社会学研究的相关成果，需要学者、电影艺术创作者的共同努力。

注：

[1]刘小枫．沉重的肉身．引子[M]．北京：华夏出版社，2015：5．

[2]韦恩·布斯．小说修辞学[M]．华明译．北京：北京大学出版社，1987：441．

[3]詹姆斯·费伦．伦理转向与修辞叙事伦理[J]．叙事（中国版），2010(2)．

[4]叶志良．从意识形态承载到生命叙事的转换——体育影片的叙事伦理[J]．当代电影，2008(3)．

[5]陈瑜．电影悬念的伦理取向[J]．探索与争鸣，2010(6)．

[6]曲春景．导演的叙事行为是否具有道德豁免权[J]．探索与争鸣，2015(4)．

[7]刘晓希．论电影叙事伦理学建构的逻辑必然性[J]．当代文坛，2016(3)．

[8]苏月奂．中国当代电影的叙事伦理研究[D]．济南：山东师范大学，2016：103．

[9]刘晓希．论电影叙事伦理学建构的逻辑必然性[J]．当代文坛，2016(3)．

[10]谢有顺．中国当代小说叙事伦理的基本类型及其历史演变[J]．文艺争鸣，2014(4)．

（本文原载于《电影文学》2017年第23期）

家庭伦理作为一种方法:历史、类型及其生产

万传法

在杨北辰对汪晖的访谈文章《"亚洲"作为新的世界历史问题——汪晖再谈"亚洲作为方法"》中,汪晖引述了竹内好在《作为方法的亚洲》一文中对于"方法"的定义即"方法"就是主体形成的过程,并认为应将其放置于历史的语境中进行考察,才能更好地理解其本义[1]。汪晖对此的有关表述,给了本文很大的启发。在追寻中国电影主体性的过程中,一个基本的前提就是重新回到历史并在各种"抗争"之中,追踪辨识其主体性的诸般存在。不过,本文并无意于政治、战争、民族、意识形态以及文化等方面的分析,而是在此之外,发现另外一种建构中国电影主体性的"抗争"或曰"寻觅"之路,这便是郑正秋所开创的"家庭伦理的方法"。在某种程度上,正是郑正秋的这一方法论的发现,才使得中国电影真正"站"了起来。而坚定本文想法的,是近年来两部电影的出现,一部是《地久天长》,另一部是《摘金奇缘》。这两部影片,都是所谓的"家庭伦理片"(《摘金奇缘》是爱情片,但也是家庭伦理片),但这两部影片,走的却并非是"类型"的道路,而是"方法"的道路。正是在此意义上,我们看到了"家庭伦理作为方法"的巨大魅力。

一、回顾历史:家庭伦理作为方法论出场

纵观中国电影史的发展,我们可以发现,中国电影在历经艰辛与失败的探索之后,终于找到了一条以《孤儿救祖记》为起点的将家庭伦理作为电影创作方法的道路。在对各种社会/伦理问题的影像展呈过程中,中国早期社会/伦理片充分描摹出世纪初中国社会的风情万象与物欲潮流里的世道人心,并逐步形成了中国早期电影的社会/伦理关注传统。[2]在此之后,中国电影也曾出现对于这种方法论的迷失阶段,使得影片类型与内容在这个时期陷入程式化的僵局。同时,中国电影一定程度上受中华民族伦理取向和价值判断的影响,与西方电影发展呈现出不同的路径和特色[3]。将"家庭伦理"作为一种法,也使得中国影片具有了西方电影难以具备的内涵与魅力。

中国早期电影的初次勃兴,标志性影片就是《孤儿救祖记》的诞生。在此之前,早期电影人做了一系列的尝试与探索。20 世纪 20 年代,欧美连集侦探长片、爱情剧情片和喜剧短片等都对中国早期电影的试制产生直接影响。最早拍摄的《阎瑞

生》《车中盗》《海誓》《红粉骷髅》尝试了侦探片和爱情片,在此期间及稍后一段时间,商务印书馆活动影戏部和明星影片公司借鉴欧美喜剧影片拍摄了喜剧短片《饭桶》《呆大捉贼》《滑稽大王游华记》《劳工之爱情》等,而杜宇则率先尝试了爱情剧情片的拍摄。[4]这些电影虽有影响,但其成效却并不明显,或者说,他们一直还没找到真正适合中国电影创作的方法。究其原因,一是这些影片大多建立在"自我他者"的基础上,遵从的是一种"盲从""照搬"和"模仿"的路子,二是此时的中国电影还并未真正建立起"抗争"和"斗争"的意识,按照竹内好及汪晖等人的观点,无抗争、无对立,主体意识也便无从立。虽然此时只有郑正秋有这种意识,并率先推行他的"教化社会"功能剧,拍摄了《黑籍冤魂》等影片,但此时的郑正秋,并非是处于一种完全的"抗争"姿态,《滑稽大王记》《大闹怪剧场》等短片,也都是郑正秋编剧。而这种意识的形成,则是以张石川回归郑正秋路线并建立起一种集体性的与西方的对立姿态为标志的,由此,中国电影才进入了由郑正秋所设立的方法论之中。在《中国电影发史》一书中,有这样一段话,虽不是准确表述,但也曲折表达出了这层意思:"明星公司设置的这批'处处唯兴趣是尚'的滑稽故事短片,都是从迎合小市民口味、投机牟利的目的出发的,充满了低级趣味……由于这批短片营业上的失败,'明星'经济基础岌岌可危。张石川等人'处处唯兴趣是尚,以冀博人一粲'的主张既行不通,需要另找出路,他们就又回头来考虑郑正秋拍摄正剧长片的主张。于是郑正秋开始了所谓'社会片'的《孤儿救祖记》的创作。"[5]

《孤儿救祖记》是中国电影初创时期(1905—1923)的一部里程碑之作。从《阎瑞生》到《莲花落》,这批影片或走商业路线或追求艺术表达或注重伦理教化,在叙事、镜头语言等方面进行了初步的探索,但在中西文化取向、传统与现代转型、商业定位与艺术追求等方面未能达到成熟的融合,但《孤儿救祖记》却很好地解决了上述矛盾,成为中国民族电影确立的标志[6]。《孤儿救祖记》的成功离不开郑正秋在电影叙事中将"家庭伦理"作为方法论的设计。其一,影片在"家长里短"中揭示与反映社会问题,不再仅是简单的惩恶扬善,而是更关注时事与民生,批判了"遗产制度"等问题,具有明显的社会改良色彩。其二,在此之前,中国电影进行了一系列对好莱坞电影类型的模仿,然而这些对于影片类型的探索并没有使其在票房上取得优异的成绩。《孤儿救祖记》立足于本土,具有极强的中国特色,传递了强烈的民族情感,宣扬了符合国人心理的惩恶、扬善、重孝等主题,影片因此反响不断。中国社会长期受儒家思想的影响,伦理精神几乎可以构成中国文化的主要精神。随着新文化运动的开展,反对"复古尊孔"、提倡民主的思潮开始兴起,对中国传统文化思想形成了一定的冲击。伦理作为中国文化的基本精神,在思想革命和文学革命中不是被摒弃而是得到了重新的阐释;而在以吸引一般观众为目的的戏曲界、新剧界和电影界,伦理更是因其多重功能的凸显反而获得特别的眷顾。[7]其三,家庭伦理渐渐成为一种结构方式、结构方法,在中国电影中被普遍采用,这就是以"善恶"等"二元对立"为叙事矛盾冲突、以"新旧"等道德"二元对立"为伦理矛盾冲突的特有结构方法。其四,也是最重要的,是"家庭伦理"成为一种破解所有题材的"万能钥匙",它不仅适用于社会片,当然更适用于家庭伦理片,它不仅适用于爱情片,也适用于后来的古装片、武侠片等等。由此可见,家庭伦理作为一种方法在这一时期电影中的实践,是电影人呼吁伦理秩序进行"重建"与"修补"的社会责任感的一种体现,也是一种对社会问题产生反思与探索解决道路的"问题意识"的体现,更是一种探索中国电影主体性的体现。它"可适用性"强,使得中国早期电影在十年不到的时间里,达到了它的第一次创作高潮,而1931年之后,它非但没有消失,反而愈益得到了深化。

1932至1949年间,中华民族历经社会的动荡、物质的贫困与战争的创伤,中国民众的日常生活和精神体验也经历了巨大的阵痛和转型[8]。中国电影文化运动的展开,使得中国电影在其"身份"上经历了重大转折——电影由此负载起国家和民族命运的历史使命。在这样一场轰轰烈烈的转变中,"家庭伦理作为一种方法"获得了深具意味的发展,一大批杰作由此而生。《马路天使》《万家灯火》《乌鸦与麻雀》《一江春水向东流》等等,都可被视为"家庭伦理作为一种方法"的胜利。如袁牧之导演的《马路天使》,其中的主角们互为邻居,但我们也可将这样的人物关系设定视为一种"家庭伦理"层面的延伸与深化,即"家庭伦理"开始跳脱狭义的"家"之概念,而更具一种社会学意义及革命性意义。"家庭伦理作为一种方法"在此不仅获得了主题性的开拓,也获得了一种结构性的沉淀,因此可视之为郑正秋意义上的"升级版"。实际上,它不仅再次验证了"家庭伦理作为一种方法"的通用性,而且也揭示了此方法在与西方以及自我的抗争中,一种愈来愈自信的主体性的建立。《一江春水向东流》将个体人物的故事放置于一种国族命运变迁的时代背景中,具备强烈的时代感与史诗气质,正是一次将家庭伦理作为一种方法的成功实践。影片以上海一个普通家庭为载体,以这个家庭的浮沉变幻和悲惨命运为主线,以主要人物张忠良、素芬的悲欢离合的爱情故事为枢纽,概括地反映了抗战前后社会巨大的戏剧性变迁,体现了时代所遭遇的激烈的民族矛盾和阶级矛盾[9]。在这一时期的电影实践里,家庭伦理作为方法论的运用进行了"家"与"国"的置换,对于道德危机的探讨更为深入化,个人命运与民族命运在历史发展中被紧密地联系起来,中国电影由此完成了“家一族一国一大家”的系列性转化,“家庭伦理作为一种方法”获得了空前性突破。

二、重审类型:家庭伦理的方法论迷失

家庭伦理作为一种方法虽具有极强的适用性,但一旦被锁定为一种类型,则渐渐走向一种僵化,面临方法论上的迷失。1949年后,很多以家庭伦理为叙事内容的影片,常常局限于一种“长一辈”与“子一辈”的关系书写,包括所附带的宗族、阶级、革命属性、所展开的离家斗争等等,渐渐出现一种程式化趋势。其模式大致可归类为一种“父”与“子”/“夫”与“妻”之间的二元对立,并以一方从家庭关系中的脱离、出走或完成一种和解,即“大团圆为结束”。

新中国成立后,影坛涌现一大批革命题材影片,其内容大多是直接表现人民的革命政治斗争生活,把敌我之间你死我活的尖锐对立推向前景,而把从前影片中比较突出的人情、伦理、道德等传统观念的文化内涵降到次要地位,把革命与“善”相互指代,往往通过革命的政治来完成伦理道德人格的塑造。[10]可以说,这些电影的情节展开几乎都依附于家庭伦理这一框架模式,但很大程度上为政治意识形态服务,其影片目的是宣扬革命,强调阶级斗争,关于传统伦理的呈现与探讨并没有得到创新,甚至较前一个时期显得更为简单、浅显,仅变为一场家庭关系的“逃离”的呈现。因此,影片在情节内容的呈现上难逃同质化、程式化趋向。如《青春之歌》将视角聚焦于女学生林道静,她先后经历两次“出走”,一次与自己的原生家庭(逃离家庭),一次与自己的丈夫(离婚),并最终走上革命的道路。这个时期的革命题材影片以家庭伦理为底色,其中展现传统伦理的片段多被局限于从家庭人际关系的对立、分歧中构建,人物在参与革命的过程中摒弃逃离“旧”的家庭关系,情节较为雷同,程式化严重。需要强调的是,除却《青春之歌》外,较典型的还有《我们夫妇之间》《革命家庭》《家》等影片。

到了改革开放之初,“真”“善”“美”的命题被中国的艺术家们所普遍关注,其原因自然是多年的政治斗争之后的结果。这一命题本身既具有非政治化色彩,又保留着对社会的积极入世精神,而没有到宗教中去寻找灵魂抚慰的栖息之所,显然又暗含着中国儒家文化的影响特征。[11]谢晋导演在自己的“反思三部曲”中着力于勾勒人性美,试图以一种诗意的姿态化解现实的苦痛与创伤。在其《牧马人》中,“父”与“子”的二元对立、童年时期父亲形象的“缺席”等情节元素使影片具备了家庭伦

理题材影片的特点。但家庭伦理题材影片一旦被视作为一种类型,故事发展便显得单薄与千篇一律,《牧马人》同样没有走出这种局限。影片仅将矛盾冲突设定为父子间思想意识上的分歧,最终以许灵均拒绝同父亲回美国,决心继续留在牧区作为影片结局。许灵均作为一个从小被父亲抛弃的人,成年后又因父亲的阶级身份遭遇了“文革”的打击,他对于父亲的复杂感情并没有在影片中得到详细直接的呈现。导演运用极大比重的笔墨描绘牧区人民的温暖与善良,强调牧民与妻子对于许灵均心灵上的慰藉与治愈以及在牧区所形成的“归属感”,因此使得父子间矛盾对立的呈现与化解显得仓促、简略与单薄。《牧马人》虽意将父与子间的矛盾延伸为一种传统伦理与现代意识的碰撞,但仍只是隔靴搔痒,挖掘得不够深入,中西两种价值观的碰撞不够激烈,浅尝辄止后便以父与子之间“对立”的消解——父亲独自回国,儿子重回牧场作为故事的结尾,未能给人留下更深刻长远的思考。《天云山传奇》《芙蓉镇》等影片也都努力在家庭伦理框架下的故事中展现人性中“真”“善”“美”的部分,试图以人性的“善”唤醒对阶级斗争的批判与反思,在“道德”与“政治”间建立一种使其平衡的置换关系。但这种反思的力度似乎并不够深刻。当然,对于电影创作的评价不可凌驾于其所处的时代背景,我们仅从家庭伦理这一创作方法的运用层面讨论,这一时期的许多影片都陷入了情节发展模式单一的困境。

三、异军再起:家庭伦理作为方法论的回归

家庭伦理若只被视为一种类型或是电影的题材内容,其影片创作很容易陷入僵局,这也是新世纪之后家庭伦理剧在电影领域衰落的一大原因(此后,家庭伦理剧转入电视领域,获得较大发展,其根本性原因,则是充分发挥了家庭伦理的方法论作用),而当“家庭伦理作为一种方法”开始回归电影创作之后,也给我们带来了一种惊喜。这种惊喜,主要来源于近年的两部影片:一部是王小帅的《地久天长》,另一部是朱浩伟的《摘金奇缘》。前者在国内很“闪耀”,后者则在美国很“火爆”,而两部影片所取得的成功其实都是不再将家庭伦理视为一种类型或是一种题材,而是将之当作一种方法,是一种方法论的胜利。

王小帅导演的影片《地久天长》荣获第69届柏林国际电影节金熊奖提名,两位主演又分获第69届柏林国际电影节银熊奖最佳男演员与银熊奖最佳女演员,可谓载誉而归。而上映之后,虽然票房并不理想,但却被视为“新家庭伦理片”的代表。在影片中,导演娓娓讲述了一段两个家庭之间的伤痛史,在长达三个小时的故事里,影片讲述了多个人物在三十年的岁月变迁中面对刘星童年意外溺水而亡的忏

悔和原谅。“最初的想法是希望通过时间去感受人和人之间以及人类自身的命运的无常，有些不是自己能掌控的，可能一点点的变化，就可以改变一个人的人生，这一点是时间的积累才能看出来的，也和我构思的这个故事的剧情很贴切。”[12] 导演王小帅抱着这样的初衷着手创作了《地久天长》。影片中刘星在好朋友沈浩的劝说下下河游泳，不料意外溺水而亡，而他们双方的父母也是关系甚好的朋友与同事，孩子的生命戛然而止，悔意与沉痛却萦绕着还活着的人的一生。

《地久天长》虽讲述的是两个家庭的变迁，但更多关注的是个体心灵史的发展变化，这与传统意义上的作为类型的家庭伦理片已经大相径庭。家庭与伦理的构建和探讨在其中并不旨在定义这场意外的是与非，而是更全面地展现每个人物“接受”与“处理”这场丧子之痛的过程。镜头不止记录人物的行为，而向一种更具“纵深”力量的观察人物内心的方向发展。《地久天长》正是将家庭伦理作为一种方法，以大跨度的时间淡化戏剧冲突的激烈性，延宕人物的情绪表达，聚焦于人物内心的变化，将家庭伦理融于历史的长河中，观众以此见证时代变迁中人们的自身境遇和其对于无法掌控的命运的叹息。这也是《地久天长》最令人动容和突破于传统类型题材影片的部分。现实主义影片赢得海外奖项的肯定，离不开创作者将充满东方伦理色彩的“家”作为叙事纽带，随之串联起每个人物内心的心灵变迁的方式。一句话，王小帅在一个东方故事里运用了西方式结构，在某种意义上，它已无关乎类型，核心的则是他实践了一种方法。

而在大洋彼岸，由美国华纳兄弟影片公司出品、美国华裔导演朱浩伟执导、改编自新加坡作家关凯文畅销全球的小说《疯狂的亚洲富豪》的影片《摘金奇缘》，在全球市场获得了超 2 亿美元的优异票房成绩。有意思的是，它同样离不开家庭伦理这一方法论在影片创作中的运用。《摘金奇缘》讲述了一个类似“灰姑娘”的爱情故事。年轻女孩意外发现与自己相恋的男友是一个超级“富二代”，悬殊的家庭条件使得两人的感情历经波折。影片最终以“大团圆”式结局收尾。《摘金奇缘》是一部纯粹的好莱坞商业电影，但影片中出现了大量的“中国元素”，如麻将、饺子、旗袍等。它们以艳丽、琳琅的姿态冲击着全球观众的眼球。这些元素成为一种奇观，成功吸引了海外市场。《摘金奇缘》从电影类型上来说是一部爱情片，但其中却贯穿着“家庭伦理”的运用。影片中，当男女主角想要共同步入婚姻时，他们首先需要经得家中长辈的同意，这符合东方特有的家庭伦理观念。女主角朱瑞秋是一位自信阳光、富有学识的女孩，而她的“准婆婆”则一直反对着两人交往，认为这样一位普通女孩绝对不是她心目中理想的儿媳。从剧情的构建上看，影片中男主角所身处的家庭是由他的母亲与奶奶为主导的,朱瑞秋的出现使得这三个女人分别构成两对彼此之间并不友好的"婆媳关系",这种冲突的设置颇具东方伦理色彩。最终,朱瑞秋以自身的真诚与坚持打动了男友的母亲,影片结尾也延续了爱情片惯有的浪漫风格。《摘金奇缘》将东方的家庭伦理观念作为一种方法运用于爱情片这种类型电影中,使之成为一种叙事策略与文化消费策略,再加上选择全亚裔演员出演好莱坞电影,自然对海外观众产生了巨大的吸引力。当然,这其中也有陌生化效果的力量。而与之相对的,《摘金奇缘》在中国的票房成绩却并不理想,这不仅是因为电影中对于华裔形象的塑造延续了"刻板印象",也因为它很"反常"地运用了对于中国而言分外熟悉的、传统式的"长一辈"与"子一辈"的结构冲突模式。但笔者必须指出的是,《摘金奇缘》不是旨在一种类型的回归,而是努力将"家庭伦理作为一种方法"运用于一种新型的商业与文化包装之中,意在建构一种不同于"白人"也不同于以往华人而有着自我主体意识的新人物。所以,这部影片虽然无法在中国市场和观众中获得共鸣,但就家庭伦理方法论的运用而言,却是意义重大。

结语

"家庭伦理"于中国人而言是一种根深蒂固也极易引发认同的存在,是中国社会潜在的文化基因。这种以儒家文化作为思想根基的观念也对电影产生着深远的影响。处于全球化形势下经历着现代化演进的中国社会,正实践着建设和谐社会、探求和平发展的道路。电影作品在表现当代社会的人伦情感、家庭关系和婚姻爱情的探索中,也会面临新的课题和新的发现,探索新的观念和新的艺术手法。[13]"家庭伦理"在电影中的应用极为广泛,若能把"家庭伦理"作为一种方法,必将成为中国电影发展的一个契机,为中国电影在创作与生产环节中寻找到更多的可能性。

回顾电影史,我们可以发现,只有将家庭伦理作为一种电影创作方法,影片方可在形式与类型上有所突破,避免陷入僵化、老套的困境。中国作为"对象",意味着被研究和剖析,却缺乏主体性和自觉性的意识,处于等待"被看"的地位;中国成为"方法",则表明中国拥有自觉的研究思想,在"看"与"被看"之间蕴含有平等的互动和交流关系,作为方法的中国思想文化能够为其他文明提供启迪和借鉴,换言之,研究中国可供经世。[14]同理,我们也应展开对"家庭伦理作为一种方法"的批评理论的思考,使"家庭伦理"成为一种更成体系的电影生产的"中国方法"。

注：

[1]汪晖，杨北辰."亚洲"作为新的世界历史问题——汪晖再谈"亚洲作为方法"[J].电影艺术，2019(4).

[2]李少白.中国电影史[M].北京：高等教育出版社，2006：48.

[3]潘源.中西比较视域下的电影伦理溯源——兼谈关于中国电影学派理论建构的思考[J].艺术评论，2019(7).

[4]秦喜清.电影与文化：电影史论·女性电影·后现代美学[M].北京：北京时代华文书局，2015：79.

[5]程季华.中国电影发展史(第一卷)[M].北京：中国电影出版社，1981：59.

[6]李少白.中国电影史[M].北京：高等教育出版社，2006：21.

[7]李道新.中国电影文化史(1905—2004)[M].北京：北京大学出版社，2005：74.

[8]李道新.中国电影文化史(1905—2004)[M].北京：北京大学出版社，20051：115.

[9]何春耕.中国伦理情节剧电影传统——从郑正秋、蔡楚生到谢晋[M].长沙：湖南大学出版社，2002：54.

[10]何春耕.中国伦理情节剧电影传统——从郑正秋、蔡楚生到谢晋[M].长沙：湖南大学出版社，2002：10.

[11]陈阳.谢晋：电影史该如何讲述[J].人文杂志，2009(5).

[12]王小帅.《地久天长》——关于电影，关于我们[EB/OL].https://movie.douban.com/review/10057727/，2019—03—21.

[13]倪震.中国电影伦理片的世纪传承[J].当代电影，2006(1).

[14]吴攸.中国作为"方法"——论弗朗索瓦·于连的对话主义汉学研究路径[J].上海交通大学学报(哲学社会科学版)，2019(4).

(本文原载于《当代电影》2019年第12期)

新旧电影中女主人公的道德站位

——兼析1934年的国粹电影《归来》

袁庆丰

一、引言

2010年12月10日，由(北京)中国电影资料馆提供馆藏影片并在北京的一家商业艺术中心举办了“阮玲玉影片回顾展”。公映的影片中，包括由朱石麟编导、联华影业公司1934年出品的无声片《归来》。这部影片的修复版字幕介绍说，1994年在南美的乌拉圭发现了原始拷贝并运回中国台湾，1995年由台湾“中央图书馆”馆藏、台湾“国家电影资料馆”修复保存。笔者现场记录的片长时间是93分钟，片头片尾的演职员表则不克记录。[1]

根据查到的《申报》广告，《归来》在1934年1月的卖点是：

“主角为阮玲玉与高占非及外国女性妮姬娣娜，国片之聘用异国女性为重要角色，恐尚未之前见，而上海电影院之以国片开幕者，更属破天荒第一次。”[2]

影片上映前(2月7日、8日)的宣传词是：

“中西艺人会串，创国片未有之先例。中外明星合作，是影界空前之成功。四个第一：阮玲玉、高占非第一次合作；朱石麟第一次导演；国产片第一次用国外演员；联华三厂第一次出品。异族恋的苦闷，掀起情海波澜；母性爱的真挚，造成绝世悲剧”[3]；“人间两种灵性异族两个女性。她们的隔膜，正面冲突。她们的了解，自我牺牲。剧力之强强于生命力。剧情之柔柔似春水情。中外明星合作，是影界空前之成功”[4]。

1934年2月17日影片公映时，金城大戏院的广告极尽溢美之词：

“阮玲玉、高占非初度合作。热情流露的异国明星妮姬娣娜。童星魁首黎铿。值得大书特书的空前奇迹。哀感顽艳，非常细腻结构。《归来》带回了千种悲哀。《归来》带回了万端愁绪。痛苦葬在心坎的深处！珠泪淌在夜阑人静时！”[5]

三天后，金城大戏院的广告(20日、21日、22日)依次是：

“天天客满。场场满座。映期无多。欲观从速。”[6]“截至昨日至，观众已超过四万余。卖座盛况创空前新纪录。”[7]“各界热烈要求情意难却，明日续映，良好机会请弗错过。昨天仍告满座盛矣哉。本片售出票数之巨，连日观众之多，已造成全上海电影院绝无之最高标准!”[8]

光华大戏院的接力广告(24日、25日)曰:

“中西艺人会串,创国片未有之先例。中外明星合作。是影界空前之成功。此片在金城大戏院连演十一日场场满座。”[9]“花一般的艳丽。梦一般的渺茫。云一般的轻飘。秋一般的凄恻。”[10]

明星大戏院(27日)广告云:

“中国影坛增添了无限光荣。中国影坛突起了生力异军。异族恋的苦闷,母性爱的真挚。掀起情海风波,造成绝大悲剧。人生之路的狂风暴雨,情欲理智的冲突争斗。灵性流露,情绪充溢。”[11]

1934年3月,影片移师东南大戏院,(4日)广告曰:“是血泪所凝成,有浩然之正气。是艺术之极峰,情绪痛彻心脾。”[12]山西大戏院(7日)则谓:“悲哀刺激。甜蜜安慰。”[13]——到底不是头轮影院口吻。

《归来》应该是持续放映到6月15日,所以卡德大戏院当天的广告以力借力,曰:“上次开映《人生》,每日每场满座。人生那比《归来》,观众势必更挤。”[14]这文笔,端的是文采与哲理并举。

1949年以后的中国电影史研究,尤其是1960年代对《归来》的评价基本是集体否定意见。譬如这段话:“朱石麟在创作《良宵》前后,还编导了《归来》和《青春》,杨小仲也编导了《蛇蝎美人》和《四姊妹》,这四部影片都不脱离家庭恋爱纠葛的老套,就思想内容而言,比起《良宵》来要逊色得多”。[15]

20世纪90年代后期,研究者开始挣脱意识形态的僵硬约束,譬如把朱石麟的创作归到“伦理片”类别。这个归类的渊源,其实来自1930年代初,联华影业公司创始人之一罗明佑“复兴国片”的主张:“对于东方忠孝任侠,可歌可泣之往事”,应该“以我国固有之懿风美德,发扬光大,贡献社会”,“以期达到提倡艺术劝善惩恶之目的”[16]。

研究者就此认为,1934年和1935年,“罗明佑的这个主张得到切实的贯彻,伦理片制作也成为联华公司的创作特色之一,而且相当一部分也是在罗明佑的亲自参与下制作的”[17]。所谓罗明佑亲自参与创作,除了1934年的剧本《除夕》(姜起凤导演)、《古寺鹃声》(与梁少坡合作编剧,梁少坡导演)[18],主要指的是1935年他主导了两部电影《国风》和《天伦》[19]。

2000年以降的中国电影史研究,注意到了编导对中国“古典美学的执着探索”,其“主要以家庭伦理题材……为20世纪上半叶的中国社会寻找精神与文化之根”[20]，其“伦理诉求与国族想象”“在对西方思潮的适度接纳和中国文化的深情回望中建立起一种不无理想主义色彩的国族认同”[21]。有人进一步提醒说，朱石麟从一开始“就在着力塑造具有传统文化观念和价值取向的人物形象……例如《故都春梦》中的王惠兰……《归来》中的琬和《国风》中的张兰”[22]。具体到《归来》，“看似讲述一个纯粹的家庭伦理冲突与危机，但冲突与危机的根源并非男主人公顾彬的喜新厌旧，而是因为改变国运的战争”[23]，而这场战争，“应是刚刚过去不久的‘九一八’或‘一·二八’”。

提取一下公因式就会发现，从1949年后到1990年，电影史研究都承认《归来》属于家庭伦理的文化范畴，只不过1960年不无褒贬。2000年以后，影片具备的“伦理诉求”被更宏大的家国传统和“国族想象”概念所替代。但是，在笔者看来，《归来》无疑是1930年代初期新兴的、与旧电影即旧市民电影有别的新电影形态；同时，《归来》显然既不属于同是新电影的左翼电影，也不是新市民电影，而应归入笔者先前称之为新民族主义电影的国粹电影序列，因为《归来》具备对传统文化价值判断与时代选择的新思潮和新人物形象。

二、旧市民电影、左翼电影、新市民电影以及国粹电影中女主人公的道德站位

《归来》说的是丈夫在外经商，租住在一对外国母女那里，那美貌的女儿黛娜因为既想念自己的中国生父又怀念祖国，所以对这位叫顾彬的男房客多有好感。“九一八”或“一·二八”事变时，顾彬的妻子琬在逃难中被炸伤，大家都以为她死了并通知了顾彬。顾彬在回故乡的前一天与黛娜结婚并双双返家，这才知道妻子后来养好了伤一直在等他。面对此情此景，琬不仅没有责备丈夫，还主动将卧室让出来并对黛娜自称是丈夫的妹妹。由于琬认为“妻子可以牺牲丈夫”，但“母亲不能牺牲孩子”，所以晚上经常偷着回来看望幼子；黛娜虽然忠诚于爱情，但知道真相后既被这母子之情感动，又思念依旧独居异地的寡母，所以决定离去，留下的字条说：我要回到我母亲那里，不要去找我了，一切都还给你[24]——原配完胜，故曰《归来》。

片名有两重含义。从表面看，是外出经商的男主人公回归故乡，夫妻重聚，但文本的深层含义，是指本土伦理道德和传统文化的回归：纵然外人再怎么美艳忠贞，还是不如原配贤良温婉来得可靠。从影片文本足够长度的影像信息上看，黛娜母女显然是俄罗斯血统，很可能是1917年沙皇俄国“十月革命”后，逃亡到东北或上海的白俄贵族或上流知识分子家属。因此，黛娜母女成为异质文化的代表，与阮

玲玉饰演的、典型的江南女子原配琬形成中外妻子的共时对比——这既是《归来》在女性形象上的新贡献,又是影片思想主题的新资源:传统文化的价值判断与道德站位。

(一)旧市民电影中的女主人公

在以左翼电影为代表的新电影出现之前的中国电影,(现存的)影片都是旧市民电影,即主题和题材局限于家庭伦理、婚姻恋爱以及武侠神怪,其女性人物形象多有道德瑕疵甚至性别原罪。譬如,《一串珍珠》(1925)将"败家"根源归结于"女人爱慕虚荣",太太悔过自新后,家庭才得以再次兴旺。[25]

《情海重吻》(1928)中的少妇红杏出墙最终被情人抛弃,准备跳海赴死时被痴情依旧的丈夫救下,破镜得以重圆[26]。《怕老婆》(《儿子英雄》,1929)中的后妈不仅虐待丈夫和继子,还包养情夫、窝赃且陷害亲夫[27]。《恋爱与义务》(1931)中的女主人公丢下一双儿女与初恋情人私奔,最后情人劳累致死,自己临终前还得把私生女托付给前夫抚养[28]。《桃花泣血记》(1931)里的村姑不听双方家长规劝与富家少爷私自同居,生了孩子后悲惨死去[29]。

其他旧市民电影中的女主人公也大都身处道德低位。譬如,《西厢记》(1927)的女主人公婚前突破礼法约束,对男方以身相许,然后期待对方功名加身[30]。《海角诗人》(1927)中的女主人公为捍卫贞洁而投海,但男主人公也为她哭瞎了双眼[31]。《雪中孤雏》(1929)中,逃婚的女主人公被富家子搭救,虽然二人两情相悦,但已婚妇人的身份,使她甘愿"终身侍候"对方[32]。《银汉双星》(1931)中,画家的女儿和电影导演一见钟情,两人海誓山盟,后来发现男方家里已有婚约,男人离去后,女的也不知所踪[33]。

《一剪梅》(1931)中的两对青年男女的恋情故事倒是符合常规,只不过加上了投身革命队伍的时代色彩[34]。比这部影片更有时代性的是《南国之春》(1932),虽然女主人公依然是典型的怨妇形象,但影片中的左翼色彩已经显现[35]。至于两部武侠片《红侠》(1929)和《女侠白玫瑰》(1929),女主人公的形象和道德定位都不能用人间常态来衡量:前者学成武艺、为祖母报仇之后,竟然将一直爱着自己的恋人当面转送他人[36];后者则女扮男装,行走江湖、快意恩仇[37]。

(二)左翼电影中的女主人公

如果说,以旧文艺、旧文学即旧文化为取用资源的旧市民电影以维护传统的伦理道德为己任，与当时正跻身主流的新文化和新文学产生对立，并在一定程度上与新的理念对立和抗衡，对新文化和由此产生的新道德理念（譬如说爱情高于婚姻伦理）给予否定和排斥的话；那么，以新文化和新文学为新资源的新电影，譬如左翼电影和新市民电影，以女主人公为代表的女性形象及其道德站位则是另一番景象。

1930 年代初，中国电影有了新、旧之别，新电影被称为“新兴电影”[38]。新电影中最先出现的是左翼电影，标志是 1932 年孙瑜编导的《野玫瑰》：女主人公是贫穷的农家女，之所以获得富有、帅气的男主人公的热爱，是因为她主张爱国、宣传救亡[39]。《火山情血》(1932)的女主人公虽然是一个卖艺为生的舞女，但却拥有不畏强暴、同情被压迫者的高贵品质[40]。同样是进城谋生的农民工，《天明》(1933)的女主人公即使成为性工作者，也依然热爱劳苦大众并最终为革命事业献出生命[41]。《母性之光》(1933)中的母女俩曾经被有钱人蒙蔽一时，但最后还是毅然回到穷困的男主人公身边同甘共苦、无私奉献[42]。《小玩意》(1933)的女主人公不过是小商贩，但她忠实于自己的丈夫，更心系国家民族，所以规劝追求自己的大学生出国深造、以实业救国[43]。

同样是女侠，同样是暴力反抗，但《恶邻》(1933)中的抗日救国思想和行为，完全建立在女主人公深明大义、家国一体的博大情怀基础上[44]。还有乡下进城的农村少女，《体育皇后》(1934)中的女主人公（以及与之相恋的男主人公）既唾弃金钱又鄙弃锦标[45]。同样是来自乡下的女农民工，《大路》(1934)中的女主人公与男同胞们一起与汉奸斗智斗勇，最后又共同为国捐躯[46]。作为一个贫穷的单亲母亲，《新女性》(1934)中的女主人公因为不肯卖身流俗，不得不挣扎在死亡边缘[47]。即使身为性工作者，《神女》(1934)的女主人公也是一个好妻子，更是一个好母亲——为了儿子的前途，不得已打死了霸占她的流氓[48]。《桃李劫》(1934)的女主人公宁可失去工作并因此贫病而死，也不接受被经理潜规则[49]。

(三)新市民电影中的女主人公

如果说，对家庭、婚姻伦理题材的处理，尤其是女性人物形象的道德站位上，左翼电影的特征首先是无不带有鲜明的阶级性指向或曰革命性的道德色彩，所谓传统的品质并不在其优先考量范围之内的话，那么，1933 年出现的新市民电影，就表现出与左翼电影有一定联系，但又截然不同的本质特征。所谓新市民电影，就是有条件地抽取借助左翼电影的思想元素[50]，以获取更大的市场份额[51]。

与旧市民电影相比，新市民电影的新，体现在对现实人生和当下社会面貌的即时反映上；与左翼电影相比，新市民电影缺乏或不具备左翼电影激进的社会批判立场，相对保守、温和。新市民电影出现的标志，是明星影片公司 1933 年出品的有声片《姊妹花》。作为有声片时代的第一部国产高票房电影纪录的创造者，《姊妹花》借用正处于高潮期的左翼电影的阶级性来塑造人物、推进情节，但其冲突、矛盾的解决不是以阶级性来决定错对、高下，而是以超阶级性的人性含混收场。如果说，女主人公"饥寒起盗心"的行为源自阶级性，那么，她对亲情的认同，则是人性本能的体现[52]。

再譬如《脂粉市场》(1933)，女主人公对公司上层潜规则的反感和抗拒，看似源于像左翼电影那样出于对有钱阶级的仇恨和女性独立的新观念，其实更多的是得益于传统道德的塑造之力——所以笔者说影片是"新技术、新路线、新思想，旧观念"的混合产物[53]。而《女儿经》(1934)之所以是依托旧电影即旧市民电影的新电影，是因为它的"新卖点"：八个女性形象，无论新潮女性还是旧式妇女，在经历了一系列的道德检索之后，最终统一于女主人公充满时代感的宏大说教名下[54]。有声片时代的第二部高票房电影《渔光曲》(1934)，与其说是用超阶级的人性观照铺设情节、化解矛盾，不如说，女主人公的道德品质更多地源自传统而不是新的阶级理念——姨太太糜烂的私生活反衬出村姑的纯洁情操[55]。

（四）《归来》中的女主人公

《归来》中女主人公品貌兼优（德艺双馨）。何以证明？丈夫听从公公的指派出远门她绝不反对，而是安心在家侍奉老人，是为孝顺。一般来说，旧式大家庭的姑嫂关系很难处理得好，但影片刻意表明小姑和她的关系特别好，好到自己的哥哥带了洋嫂子回来后，小姑子坚定地站在嫂嫂这一方。无论逃难还是在家，孩子和公公永远是比她自己生命还最重要的东西。当丈夫带了新太太回来之后，她先是声明当人家的"妹妹"，随后又主动让出妻子的名分和位置。

然而，有一点女主人公绝不退让，那就是孩子母亲的位置。为了不打扰丈夫和新太太的婚姻生活，她可以搬到一个连下人都认为不宜居住的地方；她之所以一再冒着风险晚上偷偷跑回去看望儿子，是因为不想让后妈取代亲妈——这与其说是女主人公的行为意识，不如说是编导思想的灌注。因此，在《归来》所展示的家庭矛盾和伦理冲突当中，你会发现中国妻子始终占据道德高位。

更重要的是，女主人公的孝顺、"让贤"以及对幼子的关爱，与以往的以及同时期电影中女性形象美好的道德品质有较大的不同。因为，无论是旧市民电影中的忍让、左翼电影中的斗争，还是新市民电影中的机心，都不同于《归来》：丈夫的再婚，固然是不知道原配尚且健在，固然是出于从同病相怜生发而来的爱情而不是胡搞或苟且，问题是，这个新娶的太太是外国女人。这就是为什么同样是家庭婚姻伦理的题材和主题，但《归来》却绝不属于旧市民电影、左翼电影和新市民电影的范畴的根本原因。

在编导看来，和原配的婚姻自然值得肯定，原配好品德自然值得歌颂，因为这属于传统伦理认可和彰显的范畴，但若是中外婚姻，性质就变得绝然不同。影片中男女主人公的取舍，其实与具体男、女人事及其好、坏无关（虽然丈夫与原配，尤其是外国太太都是好人做好事），而是编导用来指涉、代表中外文化的冲突和价值取舍：外来文化固然有不错的地方，尤其是甘愿依附本土文化的时候，但是，中国传统文化才是值得保留和发扬的，盖其伦理道德具有天然的优越性和不可分割的血肉相依属性。因此，《归来》的震撼之力不在煽情，而在道德形象及其背后的文化内驱力。

三、结语

如果把考察范围扩展到除了《归来》之外的其他文本，我们就会发现，从 1930 年联华影业公司成立，到 1937 年被新"联华"正式取代，《归来》的主题思想、价值判断与道德选择，始终体现于编导朱石麟的创作历程当中——同时，在 1936 年被新股东逐出公司之前，[56]"联华"灵魂人物和主脑之一的罗明佑，始终在电影指导思想和文化价值选择上与朱石麟多有一致[57]——而从 1930 年，直到 1960 年，即便跨越了 1949 年的关口，南下香港的朱石麟，其绝大部分作品，都没有脱离从家庭伦理范畴出发维系中国传统文化和道德站位的努力。

在笔者对 1938 年之前中国电影历史形态的表述体系中，旧市民电影和新市民电影的共同特征，是在主题思想上尊重、维护社会主流价值观念和文化理念，证据之一就是喜剧化的艺术处理尤其是大团圆结局模式。二者的不同之处在于，新市民电影对社会现实虽然持保守立场但不无针砭——这源自对左翼电影思想元素有条件的抽取借用，而旧市民电影对社会现实尤其是当下几乎全无批判：几乎是旧有传统、理念的影像再现，所以基本不触及任何社会体制的底线或"红线"。因此，旧市民电影与现实可以是脱节的，譬如很多故事放在什么时代、背景下都能成立，无论古今、无论乡村或城市。

如果说，左翼电影的批判否定既针对现实也针对传统，无论故事背景是乡村还是城市，其阶级性、暴力性、宣传性始终鲜明并用以指导人物、情节、结局，进而为其激进的社会批判立场服务的话，那么，1934 年出现的国粹电影（笔者前些年称之为新民族主义电影），则是既反对左翼电影激进的社会革命立场和阶级斗争、暴力革命理念，也反对新市民电影鲜明的都市娱乐和文化消费制片路线。如果说，新、旧市民电影基本是喜剧呈现，那么，左翼电影和国粹电影，则几乎都以悲剧或正剧收束全片——这是其主题思想的沉重性所决定的。

就《归来》而言，顾家的家庭悲剧造成，既不是男女两性的原因，也不单纯是社会原因，而是民族性的、文化性的。譬如，导致顾家逃难、妻儿失散的那场战争，影片中非常明确地出现了“九一八”的字样——直面当时中国社会最为严重的民族危亡问题，即日本侵华战争。这是顾家一中一西两位太太一室难安悲剧的根源，由此才有传统和文化的劫难及其解决方案。影片之所以名曰《归来》，看上去讲的是原配回归其作为妻子、慈母原有的道德高位，其实是编导在传统文化背景下，面对严酷现实，对家庭宗法伦理的道德强调，进而给出价值理念层面的文化指南。所以，《归来》既不属于旧市民电影或新市民电影形态，也不能归于左翼电影序列，只能是国粹电影——但是，这一文本的得来殊为不易。[58]

注：

[1]《归来》（故事片，黑白，无声），联华影业公司第三厂 1934 年出品。原片拷贝（10 本）修复公映版，时长约 93 分钟。编导：朱石麟；摄影：庄国钧；布景：吴永刚；主演：高占非（饰丈夫顾彬）、阮玲玉（饰原配妻子琬）、妮姬娣娜（饰外国妻子黛娜）、黎铿（饰儿子鉴儿）、尚冠武（饰父亲顾啸）、洪莺（饰女儿）、魏巍（饰顾家仆人）.

[2]《申报》，1934 年 1 月 16 日，第 11 版（广告），第 21824 期。

[3]《申报》，1934 年 2 月 7 日，第 23 版（广告），第 21846 期。

[4]《申报》，1934 年 2 月 8 日，第 23 版（广告），第 21847 期。

[5]《申报》，1934 年 2 月 17 日，第 32 版（广告），第 21850 期。

[6]《申报》，1934 年 2 月 20 日，第 29 版（广告），第 21853 期。

[7]《申报》，1934 年 2 月 21 日，第 24 版（广告），第 21854 期。

[8]《申报》，1934 年 2 月 22 日，第 24 版（广告），第 21855 期。

[9]《申报》，1934 年 2 月 24 日，第 25 版（广告），第 21857 期。

[10]《申报》,1934 年 2 月 25 日,第 26 版(广告),第 21858 期。

[11]《申报》,1934 年 2 月 27 日,第 23 版(广告),第 21860 期。

[12]《申报》,1934 年 3 月 4 日,第 25 版(广告),第 21865 期。

[13]《申报》,1934 年 3 月 7 日,第 24 版(广告),第 21868 期。

[14]《申报》,1934 年 6 月 5 日,第 29 版(广告),第 2196 期。

[15][56][57]程季华.中国电影发展史(第 1 卷)[M].北京:中国电影出版社,1963:346,457,458.

[16]罗明佑.编制《故都春梦》宣言[J].影戏杂志,1930(7).

[17][18]郦苏元,胡菊彬.中国无声电影史[M].北京:中国电影出版社,1996:355,357.

[19]《国风》(故事片,黑白,无声),联华影业公司 1935 年出品。DVD,时长 94 分钟。监制、编剧:罗明佑。联合导演:罗明佑、朱石麟。《天伦》(故事片,黑白,配音),联华影业公司 1935 年出品。VCD(单碟),时长 45 分 16 秒。编剧:钟石根。监制与导演:罗明佑。副导演:费穆。笔者对这两部影片的专题讨论意见以及对新民族主义电影即国粹电影的最初分类和界定,参见袁庆丰《黑白胶片的文化时态——1922～1936 年中国早期电影现存文本读解》(上海三联书店,2009 年)第二十七章:《主流政治话语对 1930 年代电影制作的介入及其艺术转达——〈国风〉(1935 年):中国电影历史中的"反动"标本读解》、第二十八章:《政治话语情结与传统伦理文化读解的双重错位——〈天伦〉(1935 年):中国电影历史中"消极落后"的样本读解》。

[20]李道新.中国电影文化史(1905—2004)[M].北京:北京大学出版社,2005:204,205.

[21]李道新.伦理诉求与国族想象——朱石麟早期电影的精神走向及其文化含义[J].当代电影,2005(5).

[22]盘剑.传统文化立场与现代经营意识——论朱石麟"联华时期"的电影创作[J].当代电影.,2005(5).

[23]陈墨.早期朱石麟电影中的家、国、时代与人[J].当代电影,2008(5).

[24]郑培为,刘桂清.中国无声电影剧本(下卷)[M].北京:中国电影出版社,1996:2801.

[25]《一串珍珠》(根据法国作家莫泊桑的小说《项链》改编,故事片,黑白,无声),上海长城画片公司 1925 年出品。VCD(双碟),时长:101 分钟。编剧:侯曜。导演:李泽源。摄影:程沛霖。笔者对这部影片的具体意见,参见袁庆丰:《外来文化资源被本土思想格式化的体现——〈一串珍珠〉(1925 年):旧市民电影及其个案剖析之一》(《上海文化》2007 年第 5 期),其完全版和未删节版(配图)先后收入《黑白胶片的文化时态——1922～1936 年中国早期电影现存文本读解》和《黑棉袄:民国文化中的旧市民电影——1922～1931 年现存中国电影文本读解》(上下册,"民国文化与文学研究"文丛第三编第十一、十二册,新北:花木兰文化出版社,2014 年)。

[26]《情海重吻》(故事片,黑白,无声),上海大中华百合影片公司 1928 年出品。VCD(单碟),时长:59 分 48 秒。编剧、导演:谢云卿。摄影:周诗穆、严秉衡。布景:胡旭光;剪接:丁伯嵩。笔者

对这部影片的具体意见，参见袁庆丰：《对1920年代末期中国旧市民电影低俗性的样本读解——以1928年大中华百合影片公司的〈情海重吻〉为例》(《浙江传媒学院学报》2009年第4期)，其完全版和未删节版(配图)先后收入《黑白胶片的文化时态——1922～1936年中国早期电影现存文本读解》和《黑棉袄：民国文化中的旧市民电影——1922～1931年现存中国电影文本读解》。

[27]《怕老婆》(又名《儿子英雄》，故事片，黑白，无声)，上海长城画片公司1929年出品。VCD(单碟)，时长：71分11秒。编剧：陈趾青。导演：杨小仲。摄影：李文光。笔者对这部影片的具体意见参见袁庆丰《上世纪20年代旧文化生态背景下的旧市民电影——以1929年出品的〈儿子英雄〉为例》(《汕头大学学报》2009年第5期)，其完全版和未删节版(配图)先后收入《黑白胶片的文化时态——1922～1936年中国早期电影现存文本读解》和《黑棉袄：民国文化中的旧市民电影——1922～1931年现存中国电影文本读解》。

[28]《恋爱与义务》(故事片，黑白，无声)，联华影业公司1931年出品。现存DVD视频时长：101分54秒。原作：华罗琛夫人。编剧：朱石麟。导演：卜万苍。摄影：黄绍芬。笔者对这部影片的具体意见，祈参见袁庆丰：《中国早期电影的道德图解与新电影的生长点——以联华影业公司1931年出品的无声片〈恋爱与义务〉为例》(《浙江传媒学院学报》2014年第2期，中国人民大学《复印报刊资料·影视艺术》2014年第7期全文转载)，其未删节版(配图)收入《黑棉袄：民国文化中的旧市民电影——1922～1931年现存中国电影文本读解》，敬请参阅.

[29]《桃花泣血记》(故事片，黑白，无声)，联华影业公司1931年出品。VCD(双碟)，时长：88分15秒。编剧、导演：卜万苍。摄影：黄绍芬。笔者对这部影片的具体意见，祈参见袁庆丰：《〈桃花泣血记〉：模式的遗存和新信息的些许植入——1930年代初期的中国旧市民电影样本读解之一》(《浙江传媒学院学报》2009年第3期)，其完全版和未删节版(配图)先后收入《黑白胶片的文化时态——1922～1936年中国早期电影现存文本读解》和《黑棉袄：民国文化中的旧市民电影——1922～1931年现存中国电影文本读解》，敬请参阅.

[30]《西厢记》(残篇，故事片，黑白，无声)，民新影片公司1927年出品。现存VCD视频(单碟，残篇)时长：43分钟。编导：侯曜。说明：濮舜卿。摄影：梁林光。笔者对这部影片的具体意见，祈参见袁庆丰：《传统性资源的影像开发和知识分子对旧市民电影情趣的分享——以民新影片公司1927年出品的影片〈西厢记〉为例》(《长江师范学院学报》2009年第2期)，其完全版和未删节版(配图)先后收入《黑白胶片的文化时态——1922～1936年中国早期电影现存文本读解》和《黑棉袄：民国文化中的旧市民电影——1922～1931年现存中国电影文本读解》，敬请参阅.

[31]好在女主人公落水后获救，男主人公与之重逢后，眼睛又得以复明。《海角诗人》(残篇，故事片，黑白，无声)，民新影片公司1927年出品。现存DVD视频时长：19分31秒。编剧、导演：侯曜；摄影：梁林光。笔者对这部影片的具体意见，祈参见袁庆丰：《新知识分子的旧市民电影创作——新发现的侯曜〈海角诗人〉残片读解》(《浙江传媒学院学报》2012年第5期)，其未删节版(配图)收入《黑棉袄：民国文化中的旧市民电影——1922～1931年现存中国电影文本读解》，敬请

参阅.

[32]《雪中孤雏》(故事片,黑白,无声),华剧影片公司1929年出品。VCD(双碟),时长:76分22秒。编剧及说明:周鹃红。导演:张惠民。副导演:吴素馨。摄影:汤剑廷。笔者对这部影片的具体意见,祈参见袁庆丰:《〈雪中孤雏〉:新时代中的旧道德,老做派中的新景象——1920年代末期中国旧市民电影个案分析之一》(《淮南师范学院学报》2009年第1期),其完全版和未删节版(配图)先后收入《黑白胶片的文化时态——1922~1936年中国早期电影现存文本读解》和《黑棉袄:民国文化中的旧市民电影——1922~1931年现存中国电影文本读解》,敬请参阅.

[33]《银汉双星》(故事片,黑白,无声),联华影业公司1931年出品。VCD(双碟),时长:86分24秒。原著:张恨水。编剧:朱石麟。导演:史东山。摄影:周克。笔者对这部影片的具体意见,祈参见袁庆丰:《20世纪30年代初期中国旧市民电影的传统症候与新鲜景观——以联华影业公司出品的〈银汉双星〉为例》(《浙江传媒学院学报》2014年第5期),其完全版和未删节版(配图)先后收入《黑白胶片的文化时态——1922~1936年中国早期电影现存文本读解》和《黑棉袄:民国文化中的旧市民电影——1922~1931年现存中国电影文本读解》,敬请参阅.

[34]《一剪梅》(故事片,黑白,无声),联华影业公司1931年出品。DVD,时长:111分58秒。编剧:黄漪磋。导演:卜万苍。摄影:黄绍芬。笔者对这部影片的具体意见,祈参见袁庆丰:《〈一剪梅〉:趣味大于思想,形式强于内容——1930年代初期的中国旧市民电影样本读解之一》(《新疆艺术学院学报》2008年第4期),其完全版和未删节版(配图)先后收入《黑白胶片的文化时态——1922~1936年中国早期电影现存文本读解》和《黑棉袄:民国文化中的旧市民电影——1922~1931年现存中国电影文本读解》,敬请参阅.

[35]《南国之春》(故事片,黑白,无声),联华影业公司1932年出品。VCD(双碟),时长:78分34秒。编剧、导演:蔡楚生。摄影:周克。笔者对这部影片的具体意见,祈参见袁庆丰:《论旧市民电影〈啼笑因缘〉的老和〈南国之春〉的新》(《扬子江评论》2007年第2期),其完全版和未删节版(配图)先后收入《黑白胶片的文化时态——1922~1936年中国早期电影现存文本读解》和《黑棉袄:民国文化中的旧市民电影——1922~1931年现存中国电影文本读解》,敬请参阅.

[36]《红侠》(故事片,黑白,无声),友联影片公司1929年出品。DVD视频时长:92分03秒。导演:文逸民。副导演:尚冠武。摄影:姚士泉。笔者对这部影片的具体意见,祈参见袁庆丰:《旧市民电影的总体特征——1922~1931年中国早期电影概论》(《浙江传媒学院学报》2013年第3期)和《旧市民电影的又一新例证——以1929年友联影片公司出品的武侠片〈红侠〉为例》(《浙江传媒学院学报》2013年第4期),其未删节版(配图)收入《黑棉袄:民国文化中的旧市民电影——1922~1931年现存中国电影文本读解》,敬请参阅.

[37]《女侠白玫瑰》(残篇,又名《白玫瑰》,故事片,黑白,无声),华剧影片公司1929年出品。现存(北京)中国电影资料馆(VCD视频)残片时长:26分56秒。编剧:谷剑尘。导演:张惠民。摄影:汤剑廷。笔者对这部影片的具体意见,祈参见袁庆丰:《中国早期电影中武侠片的情色、打斗与噱

头、滑稽——以1929年华剧影片公司出品的〈女侠白玫瑰〉为例》(《文化艺术研究》2013年第4期),其未删节版(配图)收入《黑棉袄:民国文化中的旧市民电影——1922～1931年现存中国电影文本读解》,敬请参阅.

[38]罗艺军.三十年代中国电影评论文选[M].北京:中国电影出版社,1993:586.

[39]《野玫瑰》(故事片,黑白,无声),联华影业公司1932年出品。VCD(双碟),时长:80分钟。编剧、导演:孙瑜。摄影:张伟涛。笔者对这部影片的具体意见,祈参见袁庆丰:《〈野玫瑰〉:从旧市民电影向左翼电影的过渡——现存中国早期左翼电影样本读解之一》(《文学评论丛刊》第11卷第1期,2008年11月,南京,季刊),其完全版和未删节版(配图)先后收入《黑白胶片的文化时态——1922～1936年中国早期电影现存文本读解》和《黑马甲:民国时代的左翼电影——1932～1937年现存中国电影文本读解》(上下册,新北:花木兰文化出版社,2015年),敬请参阅.

[40]《火山情血》(故事片,黑白,无声),联华影业公司1932年出品。VCD(双碟),时长:95分41秒。编剧、导演:孙瑜。摄影:周克。笔者对这部影片的具体意见,祈参见袁庆丰:《中国早期左翼电影暴力基因的植入及其历史传递——以孙瑜1932年编导的〈火山情血〉为例》(《河北师范大学学报》2009年第5期)和《再谈左翼电影的几个特点及其知识分子审美特征——二读〈火山情血〉(1932)》(《浙江传媒学院学报》2015年第4期)。前一篇的完全版和未删节版(配图)先后收入《黑白胶片的文化时态——1922～1936年中国早期电影现存文本读解》和《黑马甲:民国时代的左翼电影——1932～1937年现存中国电影文本读解》,敬请参阅.

[41]《天明》(故事片,黑白,无声),联华影业公司1933年出品。VCD(双碟),时长:97分22秒。编剧、导演:孙瑜。摄影:周克。笔者对这部影片的具体意见,祈参见袁庆丰:《左翼电影的道德激情、暴力意识和阶级意识的体现与宣传——以联华影业公司1933年出品的左翼电影〈天明〉为例》(《杭州师范大学学报》2008年第2期),其完全版和未删节版(配图)先后收入《黑白胶片的文化时态——1922～1936年中国早期电影现存文本读解》和《黑马甲:民国时代的左翼电影——1932～1937年现存中国电影文本读解》,敬请参阅.

[42]《母性之光》(故事片,黑白,无声),联华影业公司第一制片厂1933年出品。VCD(双碟),时长:93分钟。原作:田汉。编剧、导演:卜万苍。摄影:黄绍芬。笔者对这部影片的具体意见,祈参见袁庆丰:《20世纪30年代中国电影市场和商业制作模式制约下的左翼电影——以〈母性之光〉为例》(《杭州师范大学学报》2008年第4期),其完全版和未删节版(配图)先后收入《黑白胶片的文化时态——1922～1936年中国早期电影现存文本读解》和《黑马甲:民国时代的左翼电影——1932～1937年现存中国电影文本读解》,敬请参阅.

[43]《小玩意》(故事片,黑白,无声),联华影业公司1933年出品。VCD(双碟),时长:103分钟。编剧、导演:孙瑜。摄影:周克。笔者对这部影片的具体意见,祈参见袁庆丰:《民族主义立场的激进表达和艺术的超常发挥——对联华影业公司1933年出品的〈小玩意〉的当下读解》(《汕头大学学报》2008年第5期),其完全版和未删节版(配图)先后收入《黑白胶片的文化时态——1922～

1936 年中国早期电影现存文本读解》和《黑马甲：民国时代的左翼电影——1932～1937 年现存中国电影文本读解》，敬请参阅.

[44]《恶邻》（故事片，黑白，无声），月明影片公司 1933 年出品。VCD（单碟），时长：41 分 15 秒。编剧、说明：李法西。导演：任彭年。摄影：任彭寿。笔者对这部影片具体意见的完全版和未删节版（配图），先后收入《黑白胶片的文化时态——1922～1936 年中国早期电影现存文本读解》（第十九章）和《黑马甲：民国时代的左翼电影——1932～1937 年现存中国电影文本读解》（第八章），敬请参阅.

[45]《体育皇后》（故事片，黑白，无声），联华影业公司 1934 年出品，"联华"上海第二制片厂摄制。VCD（双碟），时长：86 分 24 秒。编剧、导演：孙瑜。摄影：裘逸苇。笔者对这部影片的具体意见，祈参见袁庆丰：《对市民电影传统模式的借用和新知识分子审美情趣的体现——从〈体育皇后〉读解中国左翼电影在 1934 年的变化》（《浙江传媒学院学报》2008 年第 5 期），其完全版和未删节版（配图）先后收入《黑白胶片的文化时态——1922～1936 年中国早期电影现存文本读解》和《黑马甲：民国时代的左翼电影——1932～1937 年现存中国电影文本读解》，敬请参阅.

[46]《大路》（故事片，黑白，配音），联华影业公司 1934 年出品。VCD（双碟），时长：104 分钟。编剧、导演：孙瑜。摄影：裘逸苇。笔者对这部影片的具体意见，祈参见袁庆丰：《左翼电影制作模式的硬化与知识分子视角的变更——从联华影业公司出品的〈大路〉看 1934 年左翼电影的变化》（《苏州科技学院学报》2008 年第 2 期），其完全版和未删节版（配图）先后收入《黑白胶片的文化时态——1922～1936 年中国早期电影现存文本读解》和《黑马甲：民国时代的左翼电影——1932～1937 年现存中国电影文本读解》，敬请参阅.

[47]《新女性》（故事片，黑白，配音），联华影业公司 1934 年出品。VCD（双碟），时长：105 分钟。编剧、导演：蔡楚生。摄影：周达明。笔者对这部影片的具体意见，祈参见袁庆丰：《变化中的左翼电影：左翼理念与旧市民电影结构性元素的新旧组合——以联华影业公司 1934 年出品的〈新女性〉为例》（《中文自学指导》2008 年第 3 期），其完全版和未删节版（配图）先后收入《黑白胶片的文化时态——1922～1936 年中国早期电影现存文本读解》和《黑马甲：民国时代的左翼电影——1932～1937 年现存中国电影文本读解》，敬请参阅.

[48]《神女》（故事片，黑白，无声），联华影业公司 1934 年出品。VCD（双碟），时长：73 分 28 秒。编剧、导演：孙瑜。摄影：张伟涛。笔者对这部影片的具体意见，祈参见袁庆丰：《城市意识与左翼电影视角中的性工作者形象——1934 年无声影片〈神女〉的当下读解》（《上海文化》2008 年第 5 期），其完全版和未删节版（配图）先后收入《黑白胶片的文化时态——1922～1936 年中国早期电影现存文本读解》和《黑马甲：民国时代的左翼电影——1932～1937 年现存中国电影文本读解》，敬请参阅.

[49]《桃李劫》（故事片，黑白，有声），电通影片公司 1934 年出品。VCD（双碟），时长：102 分 46 秒。编剧：袁牧之。导演：应云卫。摄影：吴蔚云、李熊湘。笔者对这部影片的具体意见，祈参见

袁庆丰:《电影〈桃李劫〉散论——批判性、阶级性、暴力性与艺术朴素性之共存》(《宁波大学学报》2008年第2期),其完全版和未删节版(配图)先后收入《黑白胶片的文化时态——1922～1936年中国早期电影现存文本读解》和《黑马甲:民国时代的左翼电影——1932～1937年现存中国电影文本读解》,敬请参阅.

[50]袁庆丰.1922—1936年中国国产电影之流变——以现存的、公众可以看到的文本作为实证支撑[J].学术界,2009(05).

[51]袁庆丰.读解文本:中国早期电影的实证研究与影史重建[J].影视文化,2013(08).

[52]《姊妹花》(故事片,黑白,有声),明星影片公司1933年出品,1934年2月15日公映。VCD(双碟),时长:81分09秒。编剧、导演:郑正秋。摄影:董克毅。笔者对这部影片的具体意见,祈参见袁庆丰:《雅、俗文化互渗背景下的〈姊妹花〉》(《当代电影》2008年第5期),其完全版和未删节版(配图)先后收入《黑白胶片的文化时态——1922～1936年中国早期电影现存文本读解》和《黑皮鞋:抗战爆发前的新市民电影——1933～1937年现存中国电影文本读解》(上下册,"民国文化与文学研究"文丛六编,第八、九册,新北:花木兰文化出版社,2016年),敬请参阅.

[53]《脂粉市场》(故事片,黑白,有声),明星影片公司1933年出品。VCD(双碟),时长:82分48秒。编剧:丁谦平(夏衍)。导演:张石川。摄影:董克毅。笔者对这部影片的具体意见,祈参见袁庆丰:《〈脂粉市场〉(1933年):谢绝深度,保持平面——1930年代中国新市民电影读解之一》(《长江师范学院学报》2008年第5期),其完全版和未删节版(配图)先后收入《黑白胶片的文化时态——1922～1936年中国早期电影现存文本读解》和《黑皮鞋:抗战爆发前的新市民电影——1933～1937年现存中国电影文本读解》,敬请参阅.

[54]《女儿经》(故事片,黑白,有声),明星影片公司1934年出品,1934年10月10日完成上映。VCD(三碟),时长:157分54秒。编剧:编剧委员会。导演:李萍倩、程步高、姚苏凤、吴村、陈铿然、沈西苓、徐欣夫、郑正秋、张石川。摄影:董克毅、王士珍、严秉衡、周诗穆、陈晨。笔者对这部影片的具体意见,祈参见袁庆丰《黑白胶片的文化时态——1922～1936年中国早期电影现存文本读解》之第二十五章:《以旧市民电影为依托、以左翼元素为卖点的有声大片——〈女儿经〉(1933年):新市民电影样本读解之三》,其未删节版(配图)作为第四章,收入《黑皮鞋:抗战爆发前的新市民电影——1933～1937年现存中国电影文本读解》,敬请参阅.

[55]《渔光曲》(故事片,黑白,配音,残片),联华影业公司上海第二制片厂摄制,1934年出品,1934年6月14日首映。VCD(单碟),时长:56分06秒。编剧、导演:蔡楚生。摄影:周克。笔者对这部影片的最新具体意见,祈参见袁庆丰:《新市民电影:超阶级的人性观照和新电影视听模式的构建——配音片〈渔光曲〉(1934年)再读解》(《电影评介》2016年第18期)。

[58]中国早期电影拷贝,除了剧本或剧照,大多都沦落在历史深处无从得见,幸存的一小部分被封存在大陆官方的电影资料馆中,包括专业研究者在内的民众无从得见。譬如,中国电影艺术研究中心专业人士公开表示:"现在我们能够看到的1949年以前的中国电影只有二百多部。……

中国电影资料馆现存的1949年前的中国电影应该在380～390部左右。”也就是说，加上残缺不全的和不能放映的，至少还有100部以上的电影可以挖掘。（饶曙光：《关于深化中国电影史研究的断想》，《当代电影》2009年第4期，第72页）所以，有研究者一再呼吁：“资料开放，资源共享！”（郦苏元：《走近电影，走近历史》，《当代电影》2009年第4期，第63页）

（本文原载于《学术界》2019年第03期）

中国电影中婚恋伦理的代际嬗变

贾冀川　王春晓

元好问《摸鱼儿·雁丘词》云“问世间情是何物，直教生死相许”，本说的是一对殉情大雁生死不渝之情，却常被用来描述人世间一见钟情的痴情男女。然而，人世间恋爱婚姻之复杂岂是殉情大雁可比？亦非痴情男女一见钟情那么简单。理想的爱情婚姻是什么？中国每一代描写了婚恋的电影导演和他们每一部描写了婚恋的电影，都在试图回答这个问题。而不同的回答，既与导演个人的思想境界和艺术主张息息相关，和时代环境的风云变幻、社会氛围的瞬息万状、政治语境的波谲云诡相呼应，又折射出中国婚恋伦理乃至中国社会由传统走向现代的艰辛脚步，亦由此呈现出鲜明的代际风格与时代特征。

一、对封建婚恋伦理制度的批判

辛亥革命后，除了皇帝没了，一切照旧，如鲁迅先生说的，“知县大老爷还是原官……带兵的也还是先前的老把总”[1]。在这种社会氛围里，三纲五常、男尊女卑等封建伦理道德仍大行其道，“父母之命，媒妁之言”“夫为妻纲”之类婚恋伦理与婚姻制度仍是青年人的枷锁和桎梏。取材于郑正秋家乡潮州封建买卖婚姻习俗，由中国第一代电影导演郑正秋和张石川 1913 年合作拍摄的我国第一部故事短片《难夫难妻》，可以说是电影界发出的批判封建婚恋伦理和制度的第一声呐喊。郑正秋认为戏剧必须是改革社会、教化群众的工具，这个观点自然也体现在由他编剧的影片《难夫难妻》之中。影片中的故事从媒人撮合说起，经过种种繁文缛节，直到把互不相识的一对男女送入洞房为止。婚姻中本该是主角的青年男女却成了被父母、媒婆和金钱所支配，根本无法掌握自己命运的木偶。这部故事片上映引起了空前轰动，人们竞相观看。柯灵曾高度评价这部影片，他说：“(《难夫难妻》)把批判的锋芒指向不合理的封建婚姻制度，比胡适 1919 年在《新青年》发表著名的独幕剧《终身大事》还早六年，内容也比后者有深度。”[2]然而，《难夫难妻》止于对封建婚姻制度罪恶的展示和批判，至于理想的婚恋应当是什么样，影片并没有能够触及。

进入二十世纪二十年代，不少导演涉足婚恋题材，有但杜宇的《海誓》、张石川的《劳工之爱情》、管海峰的《红粉骷髅》、邵醉翁的《女侠李飞飞》、洪深的《爱情与黄金》等，其中的婚恋观念既有欧化的浪漫爱情，也有传统的才子佳人。也就在此时，离开电影十年的郑正秋重新回到电影领域，拍摄了大量引起广泛关注的社会片，试图为封建婚姻桎梏中的青年男女指出出路。受五四新文化运动影响，郑正秋提出："戏剧之最高者，必须含有创造人生之能力，其次亦须含有改正社会之意义，其最小限度亦当含有批评社会之性质。"[3]然而，郑正秋接着提出："取材在营业主义上加一点良心的主张，这是我们向来的老例。"[4]1925年，郑正秋编剧的《最后之良心》颇有代表性。暴发户秦仁伯逼迫一个债户把女儿王秀贞给自己的傻儿子做童养媳，逼迫另一个债户将儿子刘家麟做自己骄奢淫逸女儿的上门女婿。后来经历种种家庭变故，家破人亡的秦仁伯突然良心发现，在病逝时遗嘱家麟、秀贞结为夫妇，遗产悉赠二人。对封建婚姻深刻批判意识与调和矛盾的改良主义构成这部影片的基本内核，二者的缝合也是郑正秋这一时期社会片的基调。此外，朱瘦菊与徐琥导演的《采茶女》，洪深编导的《卫女士的职业》，欧阳予倩编剧、卜万苍导演的《玉洁冰清》等描写婚恋的作品，也表现出了调和矛盾的改良倾向。这种改良主义恰是和五四新文化运动所主张的个性解放、爱情自由精神的最大分野。

与郑正秋不同，第一代导演中的侯曜在大学时代就曾参加过文学研究会，且深受易卜生戏剧的影响，"为人生而艺术"的主张贯穿了他早期的问题剧创作。进入电影领域后，他编导了一些问题电影，其中就涉及恋爱问题、婚姻问题。《摘星之女》被称为"恋爱问题剧"，剧中白秋霞与画家冯月影自由恋爱，但横遭军阀之子强婚的干扰，历经磨难后二人终于走到一起。《爱神的玩偶》则是"婚姻问题剧"。少女明国英不满父亲和继母包办婚姻而离家出走，到杭州一所小学任教，与校长之弟罗人俊相爱，历经艰辛，两人终于冲破包办婚姻的牢笼走上新的生活道路。在这两部电影中，青年男女不再被动无助地听候家长、命运的摆弄，而是主动地追求自己的幸福，将恋爱婚姻这样关乎一生命运的"终身大事"掌握自己手中。显然，与郑正秋相比，侯曜的婚恋观更站在了时代精神的前沿。

第一代导演所处的是现代中国民智初开的年代，落后的婚恋伦理与婚姻制度迟滞着中国走向现代化的步伐。郑正秋描写中国妇女悲惨命运的社会片，揭露并批判了诸如寡妇守节、包办婚姻、买卖婚姻、蓄婢制度、童养媳等封建落后的婚姻伦理现象，这些影片的广泛传播，对当时的中国社会产生了巨大影响。而侯曜在自己电影里倡导的自由恋爱、婚姻自主等，更多的是表达了青年一代对理想婚恋的美好愿望。尽管如鲁迅先生说的，没有经济的自主，出走的娜拉们"免不掉堕落或回来”[5]，但是，不管怎么说，以郑正秋和侯曜为代表的中国第一代电影导演，毕竟推动中国电影在婚恋伦理方面迈出了走向现代化的第一步。

二、“革命＋恋爱”的婚恋模式

“革命＋恋爱”本是二十世纪二十年代后期大革命失败后出现的以蒋光慈创作为代表的一种小说创作模式，前后持续了约四五年时间。但是，由于创作的日益公式化、概念化、脸谱化，这种模式遭到左翼批评家的批判后被摈弃。进入30年代后，在阶级矛盾没有缓解的情况下，民族矛盾又日益加深，两者叠加一起涌入到电影领域。于是，个性解放的“恋爱”加上群体解放的“革命”这种二元结构，成为中国第二代电影导演关注现实人生、追寻理想婚恋的重要选择。当然，这种特殊年代出现的特别婚恋模式，也是中国电影婚恋伦理在现代化曲折进程中的重要界碑。

由程步高导演、夏衍编剧的第一部左翼电影《狂流》公映后，其强烈的现实针对性曾得到广大观众和社会的热烈欢迎。在电影《狂流》中，为战胜水患，小学教师刘铁生领导农民阶级与地主阶级代表傅柏仁的革命斗争是主线，而刘铁生与傅柏仁女儿秀娟的爱情是辅线。这种革命为主、爱情为辅的模式在早期左翼电影中风行一时。《狂流》之后，由洪深导演、阳翰笙编剧的《铁板红泪录》，由徐欣夫导演、郑伯奇和阿英合作改编的《盐潮》等影片也采用了这种模式。在这些影片中，封建势力、反动当局和地方恶霸沆瀣一气，残酷压榨和盘剥农民、盐民，农民和盐民团结起来奋起反抗，最终取得了斗争的胜利。在两大阶级尖锐冲突中，影片中的年轻人为了实现自己的幸福爱情可以超越甚至背叛自己所属的阶级。然而，在阶级对立的社会大潮中，个人的爱情追求只是涓涓小溪，只有且必须汇入阶级斗争的大潮中才有意义，而这也恰恰是这些影片剧尾青年人通过生与死的革命斗争悟到的人生道理。在二十世纪二十年代末三十年代初大革命失败后阶级矛盾异常尖锐的时代，这些“革命＋恋爱”结构的左翼影片深受欢迎，鼓舞着青年一代投身于社会革命的历史洪流中。

随着日本帝国主义的步步入侵，民族危机日益加深，“革命＋恋爱”模式中“革命”的部分越来越多地加入了抗日救亡的内容，“恋爱”的成分日益减少，重要性不断下降，在功能上甚至成为“革命”的障碍。在卜万苍导演、田汉编剧的《三个摩登女性》里，有关“革命”的内容就包括以周淑贞为代表的青年知识女性走进工厂、工人小学、贫民窟、建筑工地，也包括她积极参加“一·二八”战争抗日救护工作，阶级革命和民族解放构成“革命”的主体。而大学生张榆的逃婚,与虞玉的热恋,与陈若英的爱情纠葛,以及对周淑贞的追求等“恋爱”内容成为时代最摩登女性周淑贞心无旁骛、矢志革命的有力衬托。这一时期其他经典左翼电影作品如《风云儿女》(许幸之导演、田汉和夏衍编剧,1935)、《十字街头》(沈西苓编导,1937)、《马路天使》(袁牧之编导,1937),乃至抗战胜利后的史诗电影《八千里路云和月》(史东山编导,1947)也基本延续了这一结构模式。需要指出的是,在抗战期间,抗日救亡成了“革命”的唯一内容,无关抗战的“恋爱”几乎成为被制裁的对象,如有人提出:“我们要制裁一切胡闹的醉生梦死与抗战无关的电影作品。”[6] 在《中华儿女》(沈西苓编导,1939)的第三个故事《抗战中的恋爱》里,青年B听不见炮声、看不见血迹,他沉醉于个人的“恋爱”,这在当时救亡图存的整体社会氛围里是那样不合时宜,甚至几乎就成了犯罪。

当然,在三四十年代,亦不乏只有“恋爱”没有“革命”的电影作品,被左翼电影界严厉批判的部分软性电影就是代表。但是,大部分有良知的第二代导演都深刻地体认到:在恋爱婚姻方面的个体解放,必须以包括经济自主在内的群体解放、阶级解放、社会解放乃至民族解放为基础和前提。因此,在国家和社会动荡的年月,尽管每个人的婚恋各有不同,但青年人自觉地把个人的恋爱婚姻与阶级、国家、民族的命运结合起来,为建立一个现代国家而不惜抛头颅洒热血,在民族解放和阶级解放的史册上书写自己精彩的人生画卷。这种爱情和婚姻令人神往,自然也就成为三四十年代青年人理想的婚恋模式。更为难能可贵的是,这一时期不少影片通过“革命+恋爱”模式的内核,为我们展现了广阔复杂的社会风貌,工人生活的艰辛、青年知识分子失业的痛苦、达官显贵的纸醉金迷,在鲜明的对比中呈现出强烈的批判现实主义色彩。当然,我们也必须看到,“革命”与“恋爱”从一开始就是失衡的,随着阶级、民族矛盾斗争的白热化,这种失衡也就愈发明显。这使得与“恋爱”紧密相连的自由、个性解放等内核,受到了与“革命”相关的纪律、集体观念等越来越多的约束乃至压制。但不管怎样,“革命+恋爱”模式是中国电影婚恋伦理现代化进程中一道美丽的风景。

三、政治意识裹挟下的爱情与婚姻

新中国成立后,我国政府于1950年4月颁布了第一部婚姻法,几代人为之奋斗的目标:一夫一妻、婚姻自由、男女平等内容成为国家法律。在新的时代,电影导演们镜头中的婚恋必须面对新的时代语境。而随着第一代和第二代导演逐渐淡出历史舞台，历经各种政治运动不断淬炼的中国第三代电影导演在新的政治文化语境下迅速成长起来，并逐渐成为电影界的主力军。爱情和婚姻在第三代导演的电影里呈现出新的风格特点，即爱情与婚姻不断政治化，这自然与“十七年”“文革”时期国家和社会日益政治化的社会文化氛围相呼应。

1950 年，由歌剧改编的电影《白毛女》(王滨、水华导演)上映后很快红遍大江南北，超过当时任何一部中外电影的观众纪录。在喜儿和大春之间的感情上，电影对歌剧原作进行了较大改编。影片开始阶段，增加了两人互帮互助、情投意合及准备成亲的情景；在情片结尾，获救的喜儿头发变黑，与大春幸福地生活在一起。这种极富人情味儿的有情人终成眷属式的改编，十分符合中国老百姓朴素、善良的观影愿望，也在某种程度上淡化了歌剧原作的政治意识。当然，与左翼电影中还算独立于革命的婚恋相比，电影《白毛女》告诉我们：在地主阶级压迫下，以喜儿为代表的年轻人靠自己不可能获得爱情和婚姻的幸福，只有共产党、八路军才能给喜儿们带来幸福。《柳堡的故事》(王苹导演，1957)中新四军战士李进和农村姑娘二妹子的爱情，《上海姑娘》(成荫导演，1957)里青年知识分子陆野和白玫的爱情，都始终被置于民族解放的革命利益、社会主义建设工作的集体利益之下；其他如《芦笙恋歌》(于彦夫导演，1957)、《寻爱记》(武兆堤导演，1957)、《青春的脚步》(苏里导演，1957)、《花好月圆》(郭维导演，1958)、《青春之歌》(崔嵬、陈怀皑导演，1959)、《今天我休息》(鲁韧导演，1959)等影片对爱情也是类似的处理。

然而，随着左倾思潮的日益泛滥，爱情逐渐成了禁忌，“英雄人物都必须是奉行禁欲主义的样板，爱情是不成文的道德禁区”[7]。《红霞》(冯一夫、华纯、李育五导演，1958)里的红霞与赤卫队长赵志刚是一对未婚夫妻，但他们只有为革命牺牲自己的革命豪情，极少儿女私情；《红色娘子军》(谢晋导演，1961)里的洪常青和吴琼花之间只是领路人和追求翻身解放的女奴的关系，两人之间竟然没有发生爱情。不只是英雄人物，普通人的爱情也成了禁忌。前文提到的《上海姑娘》于 1959 年公映时的广告还注明“该片有严重缺点错误，希广大观众批判”，开创了中国电影史上“批判公映”的先声。由谢铁骊执导改编自柔石小说《二月》的《早春二月》(1963)，表现了小资产阶级知识分子肖涧秋和陶岚的爱情，但这部电影在“文革”一开始就被批为毒草。“文革”期间，在“三突出”原则下，正面人物、英雄人物更加单纯、洁净，尽管他们外貌仍堪称俊美，但却没有任何个人的私欲，成了革命的符号。《白毛女》在“文革”期间被改编成芭蕾舞剧样板戏，后被摄制成样板戏电影，其中大春和喜儿之间的感情戏被全部删去，大量增加有关喜儿反抗性、斗争性的内容。影片结尾喜儿也不再是和大春走到一起，而是在党的引领下参加了八路军。爱情在“文革”期间完全离开了电影，样板戏电影中青年男女主人公只谈革命不谈爱情。

任何人都无法逃离政治，政治是每个人生命的一部分；但是，由于婚恋的过度政治化，电影里婚恋中的人也就失去了作为个体的丰富性、复杂性而不断被符号化，中国电影婚恋伦理的现代化进程遭受到严重的挫折。对于“文革”时期文艺的凋零状况，毛泽东在 1975 年也表达了不满。他在两次谈话中指出，“样板戏太少了，而且稍微有点差错就挨批。百花齐放都没有了”“党的文艺政策应该调整一下，一年、两年、三年，逐步扩大文艺节目。”[8]

四、从传统婚恋走向现代婚恋的沉重脚步

“文革”结束后，党中央在十一届三中全会后调整文艺政策，提出文艺“为人民服务、为社会主义服务”的“二为”方向，重新提出“百花齐放、百家争鸣”的“双百”方针。在电影领域，中国第四代导演开始了自己短暂的辉煌时代。与前几代导演不同，在改革开放的时代语境下，第四代导演镜头下的爱情与婚姻更加丰富饱满，也更加多姿多彩，从总体上展现了中国社会从传统婚恋走向现代婚恋的沉重脚步。

在胡炳榴的《乡音》(1983)里，妻子陶春对丈夫余木生总是一句“我随你”，道出了传统婚姻中夫唱妇随、男尊女卑的婚姻内核，陶春即便最后得了癌症也无怨无悔；而与此相对应，陶春的妹妹杏枝独立、自主、前卫，常常批判木生家没有“民主”。通过杏枝，电影含蓄地表达出被禁锢已久的新一代青年追求自主婚恋的强烈愿望，当然这也是导演的希望寄托所在。黄健中的《良家妇女》(1985)中，十八岁的杏仙嫁给了六岁的小丈夫，这种大媳妇、小丈夫的畸形婚俗给当地女性带来了巨大痛苦。杏仙以巨大的勇气冲破这种畸形婚配枷锁的束缚，追求自由幸福婚姻。不过需要指出的是，冲破束缚、有情人终成眷属只是现代婚恋内涵的基本要素。真正走入婚姻，在强大传统压力的惯性下，难保杏枝和杏仙又会缩回传统，甚至成为传统的卫道者。《人·鬼·情》(黄蜀芹导演，1987)以女性立场描述一个女人的成长史。尽管女主人公秋芸通过饰演钟馗在事业上获得成功，但她的爱情和婚姻却在若隐若现的男权秩序里不断遭到挫败。与前两部电影相比，从婚恋伦理的角度看，《人·鬼·情》从另一个层次上在追问，独立女性或准确地说取得事业成功的独立女性

难道只能嫁给"舞台"？她们的美好婚恋在哪里？除此之外，王好为的《潜网》(1981)、滕文骥的《都市里的村庄》(1982)、张暖忻的《青春祭》(1985)、谢飞的《湘女萧萧》(1986)、陆小雅的《热恋》(1989)等影片，也从多个侧面探索了理想婚恋问题。

在第四代导演中，吴天明执导的《人生》(1984)和《老井》(1986)是在当时产生了巨大影响的两部电影，这两部电影把中国社会的婚恋观从传统走向现代脚步的沉重表现的更细腻、也更真实。《人生》里的高加林和刘巧珍本是令人艳羡的一对，但进城后地位提高的高加林却另攀高枝。高加林错了吗？追求个人的爱情和幸福不是现代婚恋观的真谛吗？然而造化弄人，高加林又被退回到了农村，社会地位重回原点。此时农村的巧珍已结婚，而城里的黄玉萍和他分了手，他一下子变得一无所有。当全社会都在谴责高加林的负心时，或许《人生》已经叩击到了现代婚恋观的真谛，即婚恋的双方不仅要相爱，且在精神和文化的追求上也要平等。与传统婚恋观相比，在社会变动愈来愈剧烈的时代，现代婚恋里双方的关系也应该是一个动态的相互促进、提高的过程。如果一方迟滞不前，婚恋必然会出现问题。《老井》中的旺泉和巧英也未能走到一起，万水爷的阻挠只是显性的、外在的原因，更深层的原因在于旺泉和巧英二人所受不同文化影响导致的性格、心态的差异：孙旺泉更多地受到了传统宗法制度和历史文化的影响，他身上背负着沉重的家族、部落责任的使命感；而赵巧英则更多地接受了现代文化新潮，她忍受不了家乡的贫穷，向往外面的世界。因此，即便没有万水爷的阻挠，两人也很难走到一起。

新中国成立到改革开放之际，尽管新中国的第一部婚姻法已经颁布了近三十年，但是由于根深蒂固的传统文化造成的思想行为惯性，现代婚恋观为全社会普遍接受需要一个漫长的过程。纵观第四代导演的电影，其中的婚恋或多或少都受到传统文化的沉重压力，甚至有意无意地认同、赞美传统。正如笔者在另一篇论文中指出的，"对传统文化，第四代导演既有批判和反思，但又似乎饱含温情，恋恋不舍"[9]。其实这也并不令人惊讶，陶春、杏仙、秋芸、高加林、刘巧珍、巧英、旺泉等人的命运，恰是改革开放不久的中国在传统文化和现代文明之间踯躅徘徊但又坚定前行的真实身影。

五、敢恨敢爱的悲剧人生

横空出世的中国第五代电影导演改变了中国电影的发展进程。就对婚恋的表达而言，第五代导演用自己独特的镜头语言表现了青年男女们敢爱敢恨，但又往往以悲剧结局的婚恋人生，既让人耳目一新，又令人唏嘘不已。

在第五代导演的电影中，《红高粱》（张艺谋导演，1987）以对生命的礼赞、以对强烈风格化的影像追求、以内在精神和形式的完美结合成为第五代成熟的标志。张艺谋在谈到这部电影时说："影片《红高粱》是表现大胆，表露敢爱、敢恨这样一种热烈的生命态度。"[10] 在影片中，那欢天喜地而又恶作剧式的颠轿、那惊心动魄的野合、那慷慨激昂的酒颂、那悲壮而惨烈的牺牲，无不表现出一种酣畅淋漓、豪放旷达的婚恋观念和生命意识。而那红色的太阳、红色的高粱酒、红绣鞋、红绣球、红盖头、红花轿等等，都张扬着一种生命的色彩，表现了对于自由婚恋的热烈追求。因此，在"我爷爷"和"我奶奶"身上，那强悍的野性的生命冲动、那敢恨敢爱的豪情，完全颠覆了传统文化中人格萎缩、死气沉沉的消极面，也远离了怨而不怒、哀而不伤、冲淡平和的传统人格，使敢爱敢恨的人性观、爱情观在"我爷爷"和"我奶奶"身上表现得空前丰富和饱满。张艺谋此后的两部电影《菊豆》（1990）和《大红灯笼高高挂》（1991）在某种程度上延续这种婚恋观。菊豆被禁锢在无性的婚姻"秩序"中，寻爱的本能使她和杨金山的侄子杨天青相恋、偷情，生下了天白，并在囚禁了杨金山后半公开地生活在了一起。有着叛逆与反抗性格的十九岁大学生颂莲，因家庭变故嫁给财主陈佐千做第四房姨太太，为在钩心斗角的几房太太中争得专宠而费尽心思。然而，"一夫多妻制"封建家庭内部互相倾轧的人生景象及相应的生存法则最终导致颂莲发疯。两部电影都以悲剧结局，但菊豆和颂莲敢于挑战封建婚恋禁锢、追求个人幸福的勇气和行动令人肃然起敬。

陈凯歌的《黄土地》（1984）、《霸王别姬》（1993）和《风月》（1996）也表现了对自由和真爱的坚定追寻和坚持。《黄土地》里的翠巧受八路军顾青的影响，决心挣脱封建买卖式婚姻追寻八路军顾青，追寻自由。她逃离夫家，冒险夜渡黄河。《霸王别姬》中的菊仙尽管是一个妓女，但她比大多数人都更忠贞，对自己的爱情更坚持。在爱上段小楼后，菊仙可以为了他而付出一切。在《风月》里，苏州显赫家族庞府的主事——大小姐如意明知对方是骗子，但是禁不住深宅大院外的诱惑，竟与专门敲诈女人钱财的"拆白党"郁忠良发生了一场不羁之恋。在陈凯歌的这几部电影中，追寻自由和真爱的代价都是十分沉重的——翠巧消失在滚滚黄河水中，菊仙上吊自杀为爱而死，如意被郁忠良用鸦片毒害成神志不清的废人。此外，胡玫的《女儿楼》（1985）、田壮壮的《特别手术室》（1988）和《摇滚青年》（1988）、黄建新的《轮回》（1988）、李少红的《红粉》（1994）等电影，也从不同角度展现了青年人在追求真爱中的困惑、伤痛与执着。

第五代导演更多地把镜头对准了不同时代、不同阶层和不同身份的女性，不论她们是农村妇女、大学生、富家小姐抑或是妓女，尽管等待她们的往往是一场场婚恋悲剧，但是，面对世俗的冷眼、婚恋传统的枷锁，“她们不屈从命运的摆布，勇敢甚至激烈地反抗命运，哪怕仅仅得到片刻的欢乐”[11]。这种拒绝平庸、拒绝妥协、拒绝浑浑噩噩，努力甚至决绝地追寻自由、追寻真爱、敢恨敢爱、要活出精彩的生命态度感染了那个时代，影响了一代人。第五代导演的这种婚恋表达拓宽了婚恋伦理的内涵，有力地推进了中国电影婚恋伦理的现代化进程。记得《红高粱》中的插曲《妹妹你大胆地往前走》在当年曾风靡一时，歌词云：“妹妹你大胆地往前走啊！往前走，莫回呀头。从此后，你，搭起那红绣楼呀，抛洒着红绣球啊！正打中我的头呀！与你喝一壶呀！红红的高粱酒呀！”其中所蕴含的敢作敢为、敢恨敢爱、粗犷豪放的情感让当年的观影者至今想来仍血脉偾张、心潮澎湃！

六、新世纪婚恋的多元化

如果说第五代导演侧重于表现传统文化给青年人的爱情和婚姻带来的悲剧命运，且其中还包含有不少对社会人生的传奇书写的话；那么，新世纪的中国第六代电影导演则聚焦于生活中的普通人。通过弱化人物形象，平静而冷峻地讲述平凡个体生活化的爱情婚姻，从而凸显生活中客观存在的现实问题。

贾樟柯的电影《站台》(2000)结尾处，崔明亮倚靠在自家沙发上睡着了，尹瑞娟抱着他们的孩子看着眼前的炉灶。经过十年的艺术流浪之后，崔明亮回到家乡与尹瑞娟结婚生子。这是一个时代的缩影：普通的人，平凡的归宿。在《三峡好人》(贾樟柯导演，2006)中，这种平淡却艰难的情感生活被表现得更加显著。韩三明和麻幺妹的结合是非法的，分开十六年后韩三明看到幺妹过得并不幸福，毅然要与幺妹复婚，并承诺以当初买妻十倍价格赎回她。这就是底层人们呈现出斑驳而本色状态的婚恋故事：似有若无的爱情，却合乎民间情义的逻辑。贾樟柯曾经抒发自己的感想：“我想用电影去关心普通人，首先要尊重世俗生活。在缓慢的时光流程中，感受每个平淡生命的喜悦或沉重。”[12]平凡人家的婚恋状态即在第六代导演群体的这种创作理念下得以呈现。

当然，随着国家社会经济的快速发展，普通人的婚恋生活也出现了不同以往各个时期的新现象、新问题。张扬的《无人驾驶》(2010)、娄烨的《浮城迷事》(2012)、王小帅的《左右》(2007)和《闯入者》(2014)、贾樟柯的《山河故人》(2015)均表现了平凡人家婚姻的不稳定性:中年人受到越来越多的诱惑、第三者的介入导致婚姻的危机、夫妻双方经济力量的失衡、社会对婚姻的评价标准也不再统一……这些电影通过对不稳定婚姻的审视,管窥了新世纪普通人婚恋的困境与隐忧。

在新世纪,第六代导演之外还活跃着众多年轻导演,这些导演已经很难再用“代”来命名,而他们镜头里表现的婚恋更趋多元化,与这个多元时代人们的爱情表达方式更加丰富相呼应。《一个陌生女人的来信》(徐静蕾导演,2005)表达了一种女性主导的爱情。陌生女人从少女至死爱恋着邻居的作家,她执着地单恋这位男性,不求物质与名分。“我爱你,与你无关”,歌德在十九世纪写出的爱情诗句成为新世纪唤起女性自主意识、摆脱男性窥视的独立宣言。电影《小时代》(郭敬明导演,2013)展现了社会无论上层、中层还是底层对高端消费的执迷,爱情中的行为动机与表现也受到金钱的巨大影响。相较于《一个陌生女人的来信》中独立的爱情观,这里的爱情成为资本控制力的一种符号,个体的自我意识消失,情感资本化。与此同时,在消费社会中,对青春时代爱情的怀旧成为一种重要的文化生产方式,它通过给予大众想象性怀旧体验满足了当下电影受众的情感消费需求。电影《致我们终将逝去的青春》(赵薇导演,2013)的上映引发了对青春爱情怀旧题材的拍摄热潮,《被偷走的那五年》(黄真真导演,2013)、《匆匆那年》(张一白导演,2014)、《同桌的你》(郭帆导演,2014)、《致青春:原来你还在那里》(周拓如导演,2016)即这种爱情模式的复刻。

在当今这个多元的时代,人们对爱情的表达方式更加丰富,婚姻的内涵也日益多姿多彩。与此同时,在今天日益成熟的消费社会,电影作为一种消费品需要满足不同观众群体对不同婚恋内容的需求。于是,普通人甚至边缘人,青春、怀旧,悲剧、喜剧等各种题材、风格、体裁的婚恋多元表达就成为这个时代电影的真实书写。这种多元化、内涵丰富的婚恋状态构成了当前中国电影婚恋伦理的主要内容,是婚恋伦理现代化进程中的重要标志。当然,婚恋伦理的现代化是永远的进行时,中国电影人对此的探索永无尽头。

结语

其实,爱情、婚姻本就是人们生活的一部分,不论高低贵贱,每个人都有追求真爱的权利和自由。然而,这种美好的婚恋理想却不是轻易得来的,它是经过几代人的抗争、奋斗甚至抛头颅洒热血换来的。自二十世纪初以来的一百多年里，随着社会政治、经济、文化的风云变幻，催生了不同时代的婚恋表达，而中国几代电影人用自己的镜头记录了不同时代人们的爱情和婚姻，为我们展现了他们追寻真爱的坚定脚步，展现了电影婚恋伦理的现代化进程；同时又透过他们的婚姻和爱情为我们或再现、或折射了中国一百多年来历史文化、思想观念的变迁。

当然，我们也不必否认，每一代导演在电影中展现的婚恋伦理观念是丰富多彩的，甚至同一位导演在不同电影中呈现的婚恋伦理观念也不尽相同。但是，每一代导演电影中呈现婚恋伦理的整体风貌是鲜明的，代际嬗变的轨迹是清晰的。尽管每一代导演镜头里的恋爱和婚姻都涂染上了那一时代的斑斓色彩，但是青春不变，一代代年轻人对理想婚恋的追寻不变。

注：

[1]鲁迅.鲁迅全集(第一卷)[M].北京：人民文学出版社，2005：542.

[2]柯灵.柯灵电影文存[M].北京：中国电影出版社，1992：312.

[3]郑正秋.我所希望于观众者[J].明星特刊，1925(3).

[4]郑正秋.中国影戏的取材问题[J].明星特刊，1925(1).

[5]鲁迅.鲁迅全集(第一卷)[M].北京：人民文学出版社，2005：167.

[6]弃扬.今后的电影与影评[J].抗战电影，1938(1).

[7]罗以军.中国电影与中国文化[M].北京：北京广播学院出版社，1995：286.

[8]毛泽东.建国以来毛泽东文稿(第十三册)[M].北京：中央文献出版社，1998：443，446.

[9]贾冀川.第四代导演的现代启蒙意识及其历史局限[J].南京师范大学文学院学报.2018(1).

[10]张会军，谢小晶，陈浥.银幕追求——与中国当代电影导演对话[M].北京：中国电影出版社，2002：171.

[11]贾冀川.20世纪80年代的新启蒙运动与第五代导演的创作[J].南京师范大学文学院学报，2017(3).

[12]程青松，黄鸥.我的摄影机不撒谎：六十年代中国电影导演档案[M].北京：中国友谊出版公司，2002：365.

(本文原载于《江苏社会科学》2020年第01期)

新世纪中国“病患”题材电影的健康传播刍议

马　健

新世纪以来，中国“病患”题材电影围绕疾病认知和患者境遇书写银幕故事。这些影片突出病患群体的时代关注，以社会热点时事的现实演绎，映射了时代影人基于生命健康问题的人文思考。同期，伴随中国电影产业的高速发展，电影日渐成为大众健康认知教育的重要媒介。《我是植物人》《滚蛋吧！肿瘤君》《一念无明》《我不是药神》等文本创作，关注时代健康文化发展衍生的新问题，对于近年由环境污染、经济危机所产生的生理疾病与心理症状等诸命题有所探查。概言之，其创作以人本主义的价值观审视当代中国社会发展的生命现实，在共享的道德伦理价值体认中关照病患群体的现实生存，赢得了艺术品质的口碑，获得观众的情感共鸣。

在传播学研究的理论范畴中，健康传播“作为一个象征性的过程，人们从个体或集体的角度来理解、界定和适应健康和疾病的意义”[1]。其围绕人类社会健康问题布展的信息交流与传播活动，将“健康教育或健康促进研究中一部分与传播学相关的研究内容提取并形成健康传播这一领域，并与电影、电视、出版等多种文本形成了跨学科的研究逻辑”[2]，日渐成为中国近年传播学领域兴起的研究范式。同时，电影的健康传播研究，在二十世纪二十年代的美国便得到了有效的开展。传播效果研究范式的运用与大量实证研究认为，“电影具有的叙事传播策略，在增进公众健康意识，促进健康话题探讨等方面的作用”[3]。本文拟以新世纪中国“病患”题材电影文本为研究对象，对其围绕生命健康议题布展叙事的美学构境、价值审视、权力反思进行理论探讨。

一、生命经验重温的“和谐之美”构境

电影的健康传播基于叙述，侧重传播效应维度的关注，包含“健康信息的触达与认知、健康观念的形成与演化以及健康行为的启动与培育”[4]三个层次。于患者层面而言，电影创作则以疾病认知为切口铺展叙事，围绕健康观念的演化连接患者生命经验，并借助健康行为的培育连接生命经验与审美诉求间的裂痕。其中，影片对生命意识的感性体悟直指我们当下的现实生活，升华为生命美学的银幕构境。此间，对健康抑或疾病的意义理解伴随着生命意识的深刻体验，而体验的瞬间获得则通过人物鲜活的生命现实来感知。

影片中，镌刻生命意识的“体验”是一种经验性的重温，它借助光影记忆恢复了

知觉的在场。毕竟,“理解的最高形式就是重温,只有通过它,我们才能让当下变成一种持久的、有价值的在场,并阻止它从我们眼前消失”[5]。因而,生命美学银幕构境的基点在于病患记忆的情感体味:它以生命经验的在场重温,审视健康抑或疾病之于个体生命衍生的美学意蕴。

首先,生命美学的银幕构境并非割裂了善与幸福,此间的美感获得不是可以从事物、经验的片段中抽象得来,它属于人之渴望的经验形式。在此,北美那鹤伐人为美设定的概念“和谐之美”则契合了21世纪中国病患题材电影的健康传播所构境的生命美学视域,为当下的实践活动提供了一种与周遭环境交融的达观心态,其作用如同纽带,连接了“生命有限之物和一个受到时间限制的世界”[6]。而病患题材电影的健康传播正是基于此,影像作为媒介所“保鲜”的肉身与光影现实连接了不甚完美的生活,其中掺杂了病患所带来的痛苦,包含了物质渴望所造成的失落感与压抑,又含有情感百味过后的无力感与精神愤懑。

因为,在偏向景观堆砌的美学构境中,银幕时间以被压缩的姿态呈现,而这种“胶片”现时的“暂时性”与“失衡感”加剧了病患对于肉身所营造的“疼痛感”,同时获得了极致的生命美学意味。尽管,此间往往伴随银幕生命逝去的悲剧,但却为借由影像体味的生命经验提供观照现实的际遇。

电影《海洋天堂》,患有孤独症(又称自闭症或孤独性障碍)的儿子大福成为肝癌父亲王心诚留在世上的一块心病,“和谐之美”构境的尘世体味让这段亲情的陪伴刻骨铭心。医学研究指出,“孤独症患者与他人(包括父母)不够亲密,对人情温暖,甚至是母爱,反应冷漠。患者言语及非言语的理解能力低下”[7]。在不能以常人言语行为进行有效沟通的家庭关系中,共情的心理体验在时间与死亡博弈的紧张氛围中达成。影像所承载的不尽是悲情琐事,如同影片的开局,“生抑或死,确实是一个问题”。借助医学知识,父亲选择以孤独症患者行为方式帮助儿子,患者生活在“和谐之美”的现时体验中获得了多声部共鸣的乐音状态。癌症父亲的努力让儿子的新生获得了成长的际遇,周遭的世人开始理解、关心孤独症群体,他们获得了更多对接现实社会的可能。

影片《一念无明》,紧张、冷漠的都市情感环境造就了男主黄世东(阿东)躁郁症(医学常用名为“双相情感障碍”)的独特生命经验。精神医学研究认为,“双相谱系障碍的患病率为6%,但是在世界范围内尤其是中国,对这类疾病的识别率和治疗率很低”[8]。因该类精神疾病尚无根治的方法,出院后的阿东随父生活在逼仄的港式出租屋,狭小的生活空间区隔了人间的温情,父与子的银幕生活处于失语且紧张的状态。影片中,阿东的心智在情绪两极状态的起伏变化中耗散着。友人婚礼的癫狂讲演伴随着自己对未婚妻谭思慧的懊悔记忆。同时，意外弑母的罪恶感亦无时不缠绕阿东心头，使其在回归现实的路途上积重难返。阿东既无法融入当下，又无法面对过往，便利店内围观人群举起的手机镜头残酷地拒斥着现代精神病患者，而父子的和解与家庭的重建则为阿东的疾病缓解提供了新的希望。

其次，生命之美的银幕构境主张克服价值观的对立，以正常、平衡的和谐心境面对疾病加之肉身的失序状态，阐述多元个体生命样貌的审美价值。作为那伐鹤术语，“和谐之美”具有“两极性”：它既与西方传统美学观相似，以对立性赋予事物意义；同时则更契合中国儒家审美观，主张敬畏生命而回归个体的内心感受。而病患题材电影健康传播则勾连了具此等美学意味的银幕愿景，脆弱的人间生命终究无法与时间的限定性进行持续、有效的抗衡，而“真正的平衡时分，也恰恰是对立被克服、悬置或超越的时刻”[9]。尽管，此间的影像流动形塑了生命瞬间绽放的美感，但是这种光影效度的实现终究与生命本体的自然同一作为归结。其意味着肉身的消亡，而这种体验既是真实的，同时也是空灵的。

影片《滚蛋吧！肿瘤君》中，非霍奇金淋巴瘤的病发使得熊顿原本混乱不堪的生活彻底失控。肿瘤医学研究认为，“恶性淋巴瘤在我国常见恶性瘤中已占第8位……我国沿海地区的发病率和死亡率高于内地，经济较发达地区高于经济欠发达地区，发病年龄曲线高峰在40岁左右”[10]。影片中，熊顿“先是丢了工作，然后没了爱情，现在连健康也不要我了”的心声独白道出了“北漂”青年失业、失恋与绝症并行的悲苦境遇。置身高速发展的现代生活，疲于奔命的高负荷工作使得城市“空巢青年”不得不面对“未成功，便成仁”的尴尬境遇。此间，疾病体验的“真实”是以悲剧人生观的豁达情志化解病患所产生的消极颓态，以昂扬的斗志体验生命张力的现时存在；其“空灵”则是死亡逼临的诗情回响，以生命健康、和谐的亲在回味彰显人世的美满。由此，生命个体的健康抑或疾病在影像的幻觉机制中消解对立、紧张的意味，健康观念的形成给予生者令人满意的状态，演绎为“和谐之美”构境的仪式化样态，如葬礼上回放的熊顿告别录像，启发生者要学会健康、积极的生活方式，而逝者终将抱着生命的无限感恩离开人世。

综而述之，“和谐之美”观照的病患题材电影创作，为病患个体的现实生活打开新生的门径，它是生命美学的影像实践，是由感性经验的生命“写真”升华为理性的光影印记。尽管，电影创作重在抓取人性于个体悲剧性境遇中的精神光芒，但其加诸肉身的沉重印记获得了别样的情感体味。同时，“和谐之美”所构造的生命现实离不开良性的道德伦理环境，无视病患群体的共性遭际则难以深刻体味社会多维情境中生命的现实存在。

二、生命伦理投射的道德环境想象

21世纪中国病患题材电影以“和谐之美”构境的银幕实践，重温生命经验的现实存在，以健康信息的认知与健康观念的传播，赋予病患个体以价值意义与道德地位。于病患群体而言，生理、心理状态的异质化，导致了他们无法进入世俗生活的常规节奏，更易于被忽视和误解。电影于社会维度的传播效能在于以“共享的道德信念”为病患群体的生命现实提供规范性的价值判断。黑格尔认为，“道德环境铸就我们独特的人格”[11]，投射了日常生活的理性规划。在此，病患题材电影健康传播的重要议题则是建构基于生命伦理规划的道德环境想象，即如何保护生命的价值，关照被赋予“实践理性”的个体尊严，特别是当其诉诸生命的终极关怀，以“真、善、美”的价值重塑道德环境于银幕上时。因而，健康传播的银幕命题不仅关注于疾病的科学认知与理性启蒙，更在于文化隔阂的弥合，以共享的“道德信念”跨越文化区隔的现实性边界，进而为诊断与治疗铺平道路。

首先，道德环境的想象性建构关注于个体的道德行为能力和伦理反省能力。康德认为，人之生命三种固有素质（技术素质、实用素质、道德素质）中，最为根本的是道德素质，因为人“表现为一个从恶不断地进步到善，在阻力下奋力向上的理性生物类”[12]，道德是人性的类本性。个人的思想、言语及行为方式受到其处身的多文化、多群落成员身份的影响，共享的信仰、价值观和态度塑造了群落的形态。社会群落所分享的正是大众媒介所传递的价值观念和道德判断，并在现实生活的意义复制中形成稳定的道德环境，建构了群落成员的想象性身份与价值选择。

电影《最爱》，改编自阎连科长篇小说《丁庄梦》，原著所言说的社会背景为中原地区的艾滋病（获得性免疫缺陷综合征）的无序蔓延，起因为乡民非法采血、卖血导致病情集中爆发。影片创作则抓取病患群体间的情感生活剖面，讲述赵得意与商琴琴间的爱情故事。中国疾病预防控制中心调查研究认为，“城乡居民对艾滋病患者的歧视，主要是由于他们对艾滋病相关知识，尤其是艾滋病的非传播途径了解不多所致。有些居民甚至认为食物、生活接触等均会传播艾滋病”[13]。影片中，病患群体没有得到适当的尊重与体谅，他们为家庭所抛弃，遭村民、至亲所嫌弃。同时，迷信诱导了病患个体空想式的执念，棺木和阴婚成了一种畸形的心理愿景，而这无益于病患群体的身心健康，加速了他们的发病与死亡。在此，创作者所提倡的正是和谐共生的良性道德环境，它关注于生命体的健康状态，维护患者的生命健康权利，以人道主义的精神关爱艾滋病患者的现实生活。

影片《悲伤逆流成河》,贫苦的单亲家庭环境中成长的中学生易遥,因母亲在家所提供的“按摩”服务,身体意外感染性疾病尖锐湿疣(人乳头瘤病毒感染所致)。因为中学教育中生理卫生知识的匮乏,易遥对于人乳头瘤(HPV)的认知呈现恐慌无着的状态。疾病监测数据显示,“在中国,尖锐湿疣的发病数仅次于非淋菌性尿道炎和淋病,位居性传播疾病的第3位,占性传播疾病构成的21.21%”[14]。同时,中国有关青少年尖锐湿疣的监测报告较少,2006年至2010北京市国家疾病监测信息报告管理系统中上报的数据显示,“北京市15～19岁和20～24岁两个年龄组病发率均有所提升,且两个年龄报告组病例数均为女性多于男性”[15]。然而,校园环境并没有给予易遥同学提供更多情感关照,多数同学把她视作“病原体”,对其进行言语上的责难和身体上的攻击。同性教育的失位和病患身份的焦虑,少女的身体疾病没有得到及时的治疗。其实,激光疗法与外用药膏对于易遥疾病的治愈并非难事。但是,最终酿成人间悲剧的苦果揭示出,性健康教育固然重要,更为需要的则是包容、互助的道德情感环境,为疾病的治疗提供理性的价值观照。

其次,道德环境的银幕重建注重生命本体价值的赋予,以健康意识的传递,为疾病的治疗提供良性的空间规划。高速城市化的场域,现代性的生活体验强化了个体的感官沉浸,媒介科技的发展为信息传播提供便利,但也消解了传统家庭、邻里间的社会联系。经济快速发展的效率意识张扬工具理性,社会人的主体价值日渐消减,社会病患群体对此更感无所适从,需要给予他们更多的情感帮助与价值认同。

电影《幸运是我》,关注当代中国社会老年疾病问题。广州青年阿旭得到在香港独居芬姨的收留,二者在现实生活中由文化隔阂到相互谅解,社会个体互助与共享的道德理念观照着老年芬姨的现实生活。此间,主人公对阿尔茨海默症(Alzheimer's disease,又称老年性痴呆)的认知从蒙昧到熟稔。生命科学研究认为,“阿尔茨海默症是中枢神经系统一种常见的进行性神经退行性疾病,其临床症状主要表现为进行性记忆力减退、认知功能下降、精神行为异常等,最终带来极高的致死率和致残率”[16]。同时,老年认知障碍尚无法根治,只能借助药物缓解恶化的程度。阿旭由“弃子”身份转换为照顾芬姨的“义子”,芬姨则将自己名下的房产以法律名义赠送阿旭。此间,围绕病症的情感联系不失为缓解社会道德环境恶化的一剂良药,既减缓了芬姐认知疾病的病情,也促进了社会环境的和谐美满。

影片《推拿》改编自毕飞宇同名小说,关注都市场域内的视障群体。影片中,“沙宗琪”是盲人按摩店,更是盲人群体市场环境中的精神孤岛。顾客在此体验的不仅是一种按摩的欢愉,也伴随着对视障群体窥视与侵犯。社会主流价值的体系中,美丽属于健康,爱情属于和谐。然而,当一切的美好开始涌向这座精神孤岛时,理想主义的道德环境"孕育"便很快在欲望的消费中"流产"。在此,作者所拷问的则是坚固的社会边界与文化区隔,道德环境的想象性建构不能一蹴而就,势必需要主流社会的道德关怀与共情式体验,而影像的笔触则搭建了此间观众灵魂拷问的精神通道。

综上所述,病患题材电影创作为病患群落的多重性提供了视觉审读的框架,呼吁良性的道德情感体验回归病患群体的社会生活,期待尊重与体谅的并重的行动规划,进而为缓解病患的肉身疼痛与精神压抑提供和谐的道德环境。同时,于患者而言,疾病的缓解与治疗无时无刻不与现代国家医疗体制发生密切联系,它的运作机制与现实调控关系着人民生命健康与福祉,尤其是伴随市场经济的发展,中国的医疗体制在社会转型中发生了深刻的变革,也带来了诸多隐性的弊端与问题,而病患题材电影的创作则关注了此间的深刻现实。

三、生命权力调控的自反性体查

影像叙事所禀赋的对话机制投射了基于生命伦理的道德环境想象,而在其道德信念的现实性规划中,"生命权力"则以无形的力量网络,交织在电影故事中人物微妙的动作和亲密的言谈中。福柯认为,"生命权力"调控着我们的身体,尤其是在疾病缠身寻求专业医师的技术性支持之际,生命权力于病患群体而言更是显性的存在。此间,"权力过程是不停地偏离死亡的……这种调整控制就是一种人口的生命政治"。[17]它关注生命的全过程,从头至尾地控制生命。进而,福柯指出,"对资本主义社会来说……身体就是生命政治的现实,医疗就是生命政治的策略"[18]。毋庸置疑,福柯基于西方政治制度的"生命权力"探讨对于当代中国医疗政策的调控具有理论借鉴性。尽管中、西政治制度间存有巨大差异,但身处借鉴、学习西方现代医疗制度、技术层面"后进"地位,于具体问题实践中则需要进行批判的借鉴,自觉地彰显民族主体性与制度优越性,从而推动社会主义国家生命权力规划的合理性建构,推动中国医疗制度建设的现代化进程。

首先,时代健康命题的议程设置为健康传播的合理性"流动"提供引导作用,传播效能的探索更在于体味"生命权力"的恰时涌现、敞开与遮蔽。在此,面对自工业社会向"风险社会"转化的时代风向,工业化社会进程中所产生的威胁开始显现。然而,"生命权力"调控仅以媒介的技术性力量缘构想象性解决方案毕竟是式微的。

此间，充斥变化感的现代性体验加剧了现代人个体的精神焦虑，个人化的决策所带来的后果是迟滞且充满变数的，进而演化为“依赖现代化来克服现代化”的自反性现代化路径，表述为基于现代性生命权力调控的自反性体查。

电影《左右》，女儿的急性白血病（俗称“血癌”）未获得合适的血源进行干细胞移植，只得寄希望于亲生弟、妹的脐带血挽救生命。血液医学研究指出，“白血病是造血系统的一种恶性疾病，在儿童及35岁以下的死亡率中占第1位”[18]。此间，横亘在子女生命健康面前的难题不仅是伦理的背离，更多的则是基于生育权力的“合法性”考量，“生”则有违人伦、法理，“不生”则延误儿女至亲的病情。调研数据显示，“近年来，儿童成了白血病的高发人群，目前我国有白血病患儿200多万，并且每年以3万～4万的速度在增加。白血病的预后一般较差，病死率较高”[19]。影片中，尴尬的现实情境源自重组家庭“新”成员的生育诉求，而“旧”家庭的夫妻不得不选择“隐秘”的方式化解危机。新的隔阂与疏离产生了新的情感危机，在子女的生命健康问题面前，创作者选择冷静、客观的笔法对生育政策的现实问题进行反思。

其次，新世纪以来中国医疗体制的改革也为健康传播的生命权力自反性体查提供了更多借以言说的话题空间，病患与医药间日渐严肃的利益问题被时代影人呈于银幕，以更为审慎的心态观察当代中国的人口政策与医疗体制，对医患环境及药品安全问题有所反思。福柯认为，“新的权力控制不再是肉体之规训，而是对生命，对作为人类的生理过程承担责任，并在他们身上保证一种调节”[20]。此间，后现代语境的现实遭际在生命权力调控的进程中表述得尤为深刻。波德里亚指出，“媒介即信息”言明了电子大众媒介的属性，即作为“在诸多现实之间，在诸多真实状态之间，进行调解的一种力量”[21]。病患群体所面对的现实在大众媒介建构的情境中演绎为“拟像”存在，“自反性现代化把权力赋予主体……展开了真正的个性化，为相对于我们的自然、社会和心智环境的自主主观性展开了明确的可能性”[22]，并被表述为围绕药企、医药行业从业者与病患群体三者的经济博弈与权力对话。

电影《我是植物人》中，药企麻醉剂的违规审批造成医疗事故频发，其中既有主管部门的监管不力，亦有从业者的道德失范，更有药企改制前后权力寻租的非法恶行。影片中，女主朱莉作为药品审批中介从业者，无视药品生产实验环节的科学性，钻营法律漏洞，追求审批效率而造假害人。直至遭遇车祸，使用自己审批的麻醉剂，变成植物人而昏迷三年。伴随记者刘聪对麻醉剂“因菲它命”的采访，失忆后的朱莉同病患群体一道进行维权活动，并深入药企内部进行案件探查。女主朱莉身体和神智所遭受的药品戕害，使其获得基于真实病患体验的健康认知，对生命权力规划展开价值反思，从而选择进行深刻地自我批判，以坦诚的心态面对过往罪过，通过监狱服刑的形式，进行忏悔与自我救赎。此间，失去自我记忆的朱莉重新认识到生命健康对于医药从业者的重要责任和价值担当。面对自身犯下的过错，失忆女主朱莉选择自首，主动承担起法律罪责，国家检察机关对相关药企及行政官员进行了调查和判决，为“生命权力”的理性规划提供现实路径。

影片《我不是药神》的创作以先锋性的国际视野对生命权力的运转机制进行探查，其所探讨的议题则是西方生命技术霸权下的东方如何实现生命权力秩序的良性运转。仿制药和跨境走私是民间对抗西方生命技术霸权统御的手段，“局外人”程勇借此封“神”，他是病患群体基于生存渴求的“药神”形象投射，其时代价值更在于媒介之外，它所设置的生命权力议题获得了广泛性的社会关注。然而，影片对于生命权力的探讨仅停留在精神赎罪与法律惩治层面。对此，生命健康的戕害不能以监管不力为借口，它需要的也不能只是从业者高度的道德自觉。良性的生命权力秩序构建所亟须的正是民众健康权利意识的觉醒。

再次，生命权力调控的自反性体查亦彰显于现代性体验的历史叙事中，阐述为基于历史构境的健康传播警语。新世纪以来，面对诸如“非典”“甲流”“禽流感”等传播性疾病，生命健康的现实威胁更多地从社会性层面进行铺展，面对生命健康议题的现实规划，从生命科学的层面对健康问题的认识深入到政治对生命权力调控的反思中。

电影《大明劫》，将传染性疾病言说的禁忌圆解为明末清初传染病学家吴有性(字“又可”)所遭遇的瘟疫灾情。影片中，围绕瘟疫布展的生命权力调控反思置放于“关键时刻”的历史叙事层面，其所重构的不仅仅是封建王朝的劫难，更是政府对于瘟疫认知的缺乏和恐慌。它所言说的正是历史线性规划所抽空的疾病记忆，影片塑造的正是大历史中病患群体的小环境。在明末农民起义的战争情境中，瘟疫传播带来的不仅是人心的惶恐，更是一种对政治秩序理解的改写与政权组织的瓦解。对于疾病祛魅的过程伴随镇压起义军的过程，而这种过程归于失败，其结果所在于疾病的传播不仅仅是身体层面，更是政治、经济层面。因为社会的弊病和王朝的覆灭息息相关，没有了生命意识和人文关怀的政治、经济体制，何言有序且科学的生命权力规划？它从根基上动摇了世俗统治的基础。在此，它如瘟疫所带来的疾病困扰，健康、和谐的生命权力建构所需求的理性调控应是全方位的。

概而言之，生命权力调控的作用在现代健康生活建构中所产生的作用是无形的，围绕居民健康命题的医疗体制现状揭开了当下中国深刻的生命政治现实。基于社会主义国家的制度现实与发展中国家的国情现实，中国医疗制度在现代化进程中尚有诸多问题亟待解决，此间的市场化转轨与制度建设尚有诸多层面亟待修缮，病患题材电影创作关注此间生命权力调控的社会现实，在“健康中国”的美好愿景中完成自反性的现代性体查。

四、结语与反思

新世纪以来，面对中国现代化增速发展的历史进程，生命健康日益成为无法规避的社会性议题。《“健康中国 2030”规划纲要》（下文简称《纲要》）认为，“健康是促进人的全面发展的必然要求，是经济社会发展的基础条件”。此间，中国病患题材电影健康传播所产生的媒介效能在个人、社会、政治三个维度产生作用，并对接了当代中国生命健康事业的发展现实。

同时，《纲要》亦指出，“健康中国建设坚持预防为主，推进健康文明的生活方式，营造绿色安全的健康环境，减少疾病发生”。电影作为新时代文化传播的显性媒介，围绕疾病认知和患者境遇书写银幕故事，并以和谐之美构境的生命经验重温，生命伦理投射的道德环境想象，以及生命权力的自反性体查共同组成了新世纪以来中国病患题材电影创作的时代文化景观，搭建了以电影这一大众媒介在时代健康问题的信息交互的传播媒介平台。

中国共产党第十九次全国代表大会报告中，习近平总书记指出，“必须始终把人民利益摆在至高无上的地位，让改革发展成果更多更公平惠及全体人民……实施健康中国战略，完善国民健康政策，为人民群众提供全方位全周期健康服务”。伴随经济的腾飞，中国电影产业迅猛发展，电影艺术作为国之重“器”的地位日益凸显。与其自身发展所承当的时代责任相对应，中国电影艺术家群体也在其影像创作中关注于生命健康议题，关照病患群体的日常生活，关心于人民群众的健康认知，推动影像在健康教育、疾病预防、政策反思等层面发挥积极的建设性作用。

尽管，此间的电影创作在健康认知传播与疾病问题探查层面实现了新的突破，并敢于涉及敏感题材与医患关系问题，但是其题材创作尚处于初级阶段，缺乏科学严谨的生命医学意识。影片创作对商业环境中的医患矛盾未作深入地探究，也并未对生命健康议题的跨文化传播做出有效的努力，然其观影期待则预示了中国病患题材电影今后的言说空间与创作趋向。

注：

[1]帕特丽夏·盖斯特-马丁. 健康传播：个人、文化与政治的综合视角[M]. 龚文庠，李利群译. 北京：北京大学出版社，2006：5.

[2]姜海. 中国电影中健康传播行为的文本分析[J]. 传媒观察，2018(9).

[3]王蔚. 论华莱坞电影中医患关系的呈现与应对之策略——以《滚蛋吧，肿瘤君》为例[J]. 东南传播，2018(3).

[4]喻国明. 健康传播：中国人的接触、认知与认同[M]，北京：人民日报出版社，2018：4.

[5]马里奥·佩尔尼奥拉. 当代美学[M]. 裴亚莉译. 上海：复旦大学出版社，2017：11.

[6]克里斯平·萨特韦尔. 美的六种命名[M]. 郑从容译. 南京：南京大学出版社，2017：160.

[7]李瑞锡，江开达，彭裕文. 孤独症研究新进展[J]. 复旦学报(医学版)，2010(1).

[8]方贻儒，汪作为. 双相障碍临床研究现状与趋势[J]. 上海精神医学，2011(1).

[9]同[6].

[10]刘延香，路喻清. 非霍奇金淋巴瘤的研究进展[J]. 现代肿瘤医学，2010(3).

[11]西蒙·布莱克本. 我们时代的伦理学[M]. 梁曼莉译. 南京：译林出版社，2013：1.

[12]康德. 实用人类学[M]. 邓晓芒译. 上海：上海人民出版社，2002：23.

[13]王新伦，李雨波，武俊龙，靳雪征. 城乡居民艾滋病相关知识和态度的现状调查[J]. 中国健康教育，2006(4).

[14]秦倩倩，朱昊，张丽芬，吕繁. 2003 年全国性病流行病学分析[J]. 疾病监测，2004(10).

[15]徐敏，王玉琴，卢红艳. 2006—2010 年北京市尖锐湿疣流行病学分析[J]. 中国皮肤性病学杂志，2012(5).

[16]郑妍鹏，何金生，洪涛. 阿尔茨海默病体液生物学标记物研究进展[J]. 中国科学(C 辑：生命科学)，2009(9).

[17]米歇尔·福柯. 性经验史(第一卷)[M]. 佘碧平译. 上海：上海人民出版社，2016：117.

[18]丹尼尔·德菲尔. 生命权力在福柯作品中的突显[J]. 国外理论动态，2018(12).

[19]孙晓东，等. 儿童白血病发病因素调查研究[J]. 中国航天医药杂志，2003(6).

[20]黄治虎，等. 我国白血病流行病学调查的现状与对策[J]. 临床血液学杂志，2009(2).

[21]张一兵. 回到福柯——暴力性构序与生命治安的话语构境[M]. 上海：上海人民出版社 2016：466.

[22]劳伦斯·格罗斯伯格等. 媒介建构：流行文化中的大众媒介[M]. 祁林译. 南京：南京大学出版社，2014：61

[23]斯科特·拉什译等. 自反性现代化：现代社会秩序中的政治、传统与美学[M]. 赵文书译. 北京：商务印书馆，2014：143

论国产犯罪片中的伦理表达

袁俪颍　刘永宁

追求真善美是文艺永恒的价值，也是电影价值构建的基础。其中，善是伦理用词，是伦理道德的直接追求。伦理，是以向善为目的的社会实在要求，旨在促进人类幸福发展。纵观世界电影序列，似乎任何电影都存在伦理取向。从情节内容上看，电影善于塑造和谐幸福的家庭氛围，通过社会公认的经典伦常关系实现正向情感输出，寻找个人与社会的关系平衡。爱国、尊亲等主流道德规范，也成为电影人文价值构建的落脚点，用以“引导社会向前进，予人以是非善恶之暗示”[1]，调节个人利益与整体利益之间的矛盾。从视觉影像角度来看，如若视觉表达最终没能为情感与道德服务，就只会沦为“吸睛”的乏味消耗品，而不能被称为审美对象。因此，伦理可以说是电影艺术价值体系的核心，始终被表现着。

犯罪片，一种围绕罪犯罪恶行动展开叙事的电影类型。相较于其他电影类型，阴损病态的黑色人物、奇观化的作案场域、惊险离奇的破案过程、暴力血腥的视觉影像，都是该类型影片中常见的特殊内容。这在带给观众强烈感官刺激的同时，也在一定程度上满足了观众窥私猎奇、贪婪暴虐甚至嗜血的本能欲望，可能使观众陷入刺激、暴力、窥私带来的极端感官体验误区。这都加剧了社会对于该类型影片道德输出和审美趣味的考量，使得该类型影片更容易引发社会广泛的伦理关注与研究。

一、犯罪片中伦理的基本问题

(一)法与情的冲突

从法律角度来说，犯罪片呈现的罪案一定是与法律相违背的，无论偷盗还是杀戮，这都会对社会群众的人身安全与利益造成一定危害。但从情理上看，部分个案又存在可以被接受的可能。动机的合理性和行为的被动性都可能引发观众对于事件评判结果的差异。这就容易造成导演预设价值、影片传递主题和观众自我理解之间的矛盾，模糊法律对于行为的教育和规训功能。归根结底，这其中的矛盾来自于法的普适性和情的特殊性之间的冲突。

(二)道德与人性的矛盾

犯罪片对于罪案的表现是必不可少的。罪案本身所描摹的往往是人性中不愿被主流提及的黑暗部分,是人在极端状态下的本能反应,甚至是人类兽性的最大可能。纵使这种人性欲望经由道德约束已然不常显现于现实生活,但它仍是人最原初的固有,具有先天性、遗传性和潜在性等特点。在这里,对人性欲望的过分宣扬极有可能颠覆社会主流道德伦理,导致现有社会秩序的失衡,造成不必要的现实隐患。尤其是在西方犯罪片中纯粹罪恶个性的张扬仍然屡见不鲜,罪恶被冠以释放天性的名号被表现得堂而皇之。作为大众传播媒介,犯罪片应该旨在对于社会和谐的促进,犯罪情节表现的最终目的也更应是通过阻止它来实现社会教化。因此,实现道德与人性的均衡表达成为犯罪片一直追逐的目标。

(三)暴力表现"度"与"界"的平衡

视觉影像作为电影的基本呈现形态,是电影赖以成形的关键环节,也是电影美学的直接载体。犯罪片基于罪案构建情节,视觉表现始终存在一定争议。人们对于暴力表现"度"与"界"的思考是影片暴力情节现实后果和艺术后果之间的难以统一。无休止地灌入暴力场景,在带给观众强烈感官刺激的同时,也可能会造成对它们进行模仿、追寻的现实错失,引发不必要的社会混乱。过分地抑制暴力表现,又可能造成观众对于情节体验感的弱化,导致电影紧张感的减淡,甚至演变成犯罪片类型特性的模糊不清。因此,把握二者平衡也成为犯罪片伦理研究重点关注的问题。

二、国产犯罪片的伦理表达特性

(一)悲情罪犯:利用悲情抗争,反观现实失序

罪犯身份是犯罪片赖以成形的角色要素。影片通过对罪犯反社会行为的打击,对现实实施规范与约束。在这里,罪犯角色可粗分为罪无可恕的犯罪者和情有可原的犯罪者两种。罪无可恕的犯罪者形象相对单一,他们身上通常被加注了人类法则的一切反向特性,例如丑恶、阴险、自私、狡诈等,是伦法共悖的十恶不赦之徒,于情于理都难以被宽恕。情有可原的犯罪者虽然违反了明文法律,但从情理角

度来看又可以被宽恕。观众对于他们的情感多表现为可接纳的包容态度，而不是一味地唾弃与嫌恶。

西方犯罪片在对后一类罪犯进行塑造时更讲求浪漫化处理。他们不具有生活真实性，是我们想象创造和审美欣赏活动的产物。[2]这些角色身上常常闪烁着非常突出的道德光芒，例如有梦想、讲义气、守(圈层)规则、坚持奋斗等等。他们往往表现出一种积极的生活态度，甚至使得不少观众为之着迷，产生喜爱甚至仰慕的观影情绪。例如《偷龙转凤》中绅士般优雅的盗贼莫特、《完美的世界》温情犹在的逃犯布奇等等。影片通过浪漫化的艺术处理勾勒出一个个人情味十足的迷人罪犯，直接地对于社会一般伦理进行表现。观众对人物的偏爱加速了他们对这些道德行为的学习和模仿，由此实现德行教育。

国产犯罪片则塑造出一批悲情罪犯形象。面对他们，观众往往会产生同情与悲悯之心。这些罪犯的悲情叙事主要来自于社会应有责任与义务在角色身上的失效。亲子关系的失序、夫妻义务的失衡、朋友道义的失信，甚至阶级责任的失效，都可能成为引发犯罪的真实动因。影片常常将他们与受害者身份合二为一，制造出一种“把美好的东西打碎给人看”的悲情意味，并通过这种悲情意味反观现实失范。例如《日照重庆》的林波、《闯入者》的老赵孙子、《风中有朵雨做的云》的小诺，他们都是畸形家庭孕育出的少年犯。影片有意放大了亲子关系失序造成的不健康家庭对于犯罪的诱导作用，将其作为反面教材对少年犯罪进行预防，并以此对健康家庭氛围进行了呼吁。《天注定》中屡受骚扰的小玉、《白日焰火》中惨遭强奸的吴志贞、《喊·山》里被长期家暴的红霞，则引发了人们对于男权社会中失序两性关系的反思。角色的犯罪被看作一种弱者反抗，而极富象征意义。《天注定》中维权无果的大海、《追凶者也》里遭遇奸商骗钱的董小凤，更强调了角色本身对于事件处理的无力感，社会遗留问题被有意识放大。伴随情节的发展，观众往往会比角色更希望问题得到解决，极端犯罪行为反而能够引发一瞬间的压迫情绪释放。在这里，他们的犯罪行为一般始于被动，多是无奈之举。虽然他们最终的结局必然是被法律制裁，但他们实施违法行为的背后往往隐藏着更为深刻的社会现实问题。影片将犯罪的行为与动机进行了有意识拆解，将为了私利主动犯罪的行为模态转化为被动抗争，由此，罪犯的作用不再仅限于引导犯罪事件，同时也作为叙事主角带给观众更深层次的现实反思。

(二)谦抑执法:强调重教轻刑,放大道德约束力

执法情节可以说是犯罪片序列中难以规避的必要环节。它象征着社会与制度本身对于正义与善良的必然偏向,以及对于正向价值的共有认同与弘扬。西方犯罪片对于执法情节的构建表现出一种强烈的公正性,即不论人物本身如何招观众喜爱,也不论他的犯罪动机多么被动,他的最终结局永远是严格遵循法律条文在发展。不会有轻,只会更重。例如,《小凯撒》里的小凯撒最终难逃被击毙的可能,《美国往事》中聪明狡黠的麦克斯结局也只能无奈跳进垃圾粉碎机自杀,等等。在西方,犯罪片的执法情节更强调对于现有契约的遵从。他们彼此之间缺少信任,具有明确的领域边界,必须利用严格的规章条例来保障个人权利。这便使得法理社会往往极度信奉法律条文,处理事情时也通常会展现出恪守古板、冰冷无情等风格特点。

国产犯罪片中对于执法情节的塑造则表现出极大的谦抑性。《喊·山》里警方虽逮捕了红霞,但也在努力帮助她找回原有语言缺失,希望她得以重新成就自己。即便角色所做坏事造成的社会影响不算过分恶劣,但也依然难逃被惩处的命运,如《少年的你》中陈念归案,出于多方考量终得从轻判处。《南方车站的聚会》结局处,刘队长意外窥得刘爱爱与杨淑俊的交易,若遵从警察职业规范,他或许更应出言制止,以匡正社会法制纲纪,然而影片中的刘队长却选择替她们隐瞒,全当未曾看见。国产犯罪片中的执法过程既行使了规训职能,亦强调了道德救赎,凸显出中国“重教不重刑”的执法特性。在这里,影片更关注良知与德行的存在可能,放大道德约束力:在面对良知尚存的罪犯时,法律也可以做出适当让步。

(三)孤立空间:割裂现代文明,弱化社会隐患

法国哲学家福柯提出,“空间就是人类认知的基点,同时通过对空间进行人为式的再生产来提升人类的认知”,并以此对人类与空间的关系进行了精辟总结。电影是人的艺术,因此谈电影压根无法避开谈空间,它始终在场,也始终被表现。罪案发生的犯罪空间又是犯罪片特有的类型元素。

西方犯罪片对于犯罪空间的选择往往更带有现代文明意识。影片多以繁华都市为大背景,通过热闹街道与晦暗小巷、纸醉金迷的上流酒会与颓败的贫民窟等形成对比。巨大的现实落差诱发了角色的愤懑与不甘心理,也暗示着世俗价值对于

人物行为的引导作用。他们觊觎上流社会的豪华场所和富人生活,这就是他们犯罪胆量和强烈欲望的发动机。[3]例如,《国民公敌》里男主人公混乱不堪的贫民窟成长环境、《疤面人》中芝加哥罪恶杂沓的走私市场等等。在这里,城市被视作财富与权力汇聚的特殊符号加以表现,折射出西方商业帝国对于现代政治与经济文明的冲击的担忧。

国产犯罪片在空间选择上更偏爱边缘化的孤立村落。中国乡土社会中,土地的地域稳定性促使了人口流动率低与区域隔离严重等现象的产生。村落之间彼此孤立,各自占地为王,具备独立的行为评判标准。国产犯罪片中,这样的边缘空间一方面可以使法律和普世规则的作用被降低到最小,个体利益地位得到凸显,便于犯罪事件的产出和发酵。在这里,每个人都会被还原成自然人,用最原始最直接的方法衡量利弊,更易制定出偏颇的小社会法则。例如《无人区》里西北边陲特殊的地理位置和不对等的交易关系注定了主人公原有法制行为的无法推进。地域因素成为特殊规则得以顺利运转的主要诱因。另一方面,空间局限会促使群体无意识的成立,更易形成一种高阶于法律的畸形伦理。其间人物关系往往纷繁复杂,彼此间存在梳理不清的利益勾连,更有益于情节的搭建,这是自上而下的俯视异变,伦理的作用不再是托底而是规划与摆布。而当这种伦理本身就不尽如人意时,首先提出质疑的人必定会成为牺牲品,犯罪事件因此发生。《血色清晨》中换亲陋习仍存的偏远山村,单纯的生理行为被升格成独特的地域性道德评价机制,甚至被夸大成毛骨悚然的思维禁区,令人草木皆兵。场域中形成的惯性规则,会使事实即便未被理清,群体伦理意识中的已触犯者依然无法苟活,形成完全脱离法律审判规则的另类空间。从传播角度来看,孤立的犯罪空间可以将犯罪事件与现实逻辑进行隔离,暗示犯罪事件的远世俗性,影片通过这种方式有意识弱化了观众可能出现的现实犯罪模仿,削减了社会隐患。

(四)低度暴力:强调审美意趣,降低现实风险

对于电影与暴力的关系,国内有学者认为这是一种"天然的亲密关系"。德国电影理论家克拉考尔曾做过这样一个实验:通过播放运动画面,反观观众对此做出的生理反馈,引起诸如肌肉反射或运动的冲动之类的动力学反应,并得出"客观的运动,在任何场合下,都是一种生理激素,使观者的注意力集中"这一观点。这就直接论证了运动动作对于观众能够产生强大的生理吸引。《黑色大丽花》的导演也认

为电影的魅力就在于有动作组成的暴力场面，它可以在无形中牵动观众的情绪，宣泄他们本能的心理需要，产生移情的审美需求，同时也强调了电影的视觉特性。运动动作实则是暴力打斗的最基本呈现形态，血腥在呈现形态上等同于暴力，甚至依附于暴力产生；但它对感官的刺激更强于暴力的作用，更能够唤醒观者动物机能中的嗜血本性；然而，国内电影分级制度的缺失，又使得国产犯罪片始终处于暴力影像尺度砝码的权衡之外。

伴随该类型影片的不断发展，视觉暴力始终存在，也在逐渐发展。在批判单纯感官刺激的基础上，导演开始不断寻求有价值、艺术化的视觉暴力表现方法。在这里，我们将被主动赋予了情感和现实意义的艺术化暴力表达暂且称为低度暴力。它所呈现的不单单是直白的反社会行为，亦不再强调暴虐镜头带来的生理刺激，而是转为更加复杂深刻的道德失落，以灵活的方式实现艺术移情。例如，《火锅英雄》中三兄弟和绑匪"师徒"的群体打斗，通过歌剧式的古典抒情音乐降低了暴力视觉的冲击力度，也剥离了现实与艺术的情景真实；结尾处，刘波与劫匪雨中追逐，画面影调被精心处理成压抑沉闷的灰色和极具主观色彩的红色。大景别俯拍镜头艺术性地将如针坠落的雨丝、方圆之间的沉默行人纷纷化作符号，加强追击片段的浪漫色彩，再配合上注重节奏感的后摇音乐，更是进一步渲染出一个凄美诗意的犯罪环境。《追凶者也》则以戏谑化的反复和错位，赋予了追击场景一定的黑色幽默风格。在他们看来，暴力视觉不是简单的为了暴力而暴力，反是为了完整影片类型风格结构而被引入的；因此，国产犯罪片的暴力表现更强调视觉带来的审美意趣和价值导向。

三、国产犯罪片伦理的发展路径探析

（一）引入法律援助，实施正向引导

近年来，国产犯罪片开始关注现实世界，利用罪案反观社会问题。影片特别善于通过悲情罪犯的生命轨迹，强调现实失序对于个体生命轨迹的引导作用，最后再以悲剧的结局建立沉着的道德反训，引发观众思考。在这里，悲剧结局的出现不仅能够引发观众的情感共鸣，强化深层反思，也在一定程度上暗示了国产犯罪片对于正向引导的缺失。《心迷宫》、《少年》、《喊·山》《风中有朵雨做的云》通过丽琴、韩云、红霞、林慧等角色表现了家庭暴力对于女性的危害。但剧中她们不是选择忍气

吞声，就是以极端化方式杀死丈夫，最终难逃被规训的命运。《少年》《少年的你》立足校园暴力引出叙事，受害者苏昂最终凭借一己之力报复了申哥，陈念则在忍气吞声中失手杀死魏莱，自己都沦为被警察追捕的对象。其实，这些都是最现实的社会问题，但犯罪片却用比较艺术化的主观思维，极端地加以呈现。甚至有些影片只是把现实问题当作丰富叙事的噱头，导演从一开始就没想过要解决它。在这里，电影只是单纯地反映问题，却不曾有针对性地提出现有可行方案。它的作用主要是在帮助观众发现问题，但对于已经深陷其中的观众并没有做出明确的行动指引，引导他们正确解决问题。而作为大众传播媒介，这一点恰恰是必不可少的。虽说这体现了国产犯罪片对于未来宏观上推动立法完善目的的强调，但也不可否认它的缺失犹在。

其实，职能的不同使得国家立法早已先于犯罪片发现了这些问题。成文法律条例业已逐渐在颁布。例如，2015 年 12 月，十二届全国人大常委会第十八次会议审议通过了《中华人民共和国反家庭暴力法》[4]。（期间历经了整整 20 年）针对校园暴力问题，虽还没有单项立法，但也与过失致人死亡罪（刑法第二百三十三条）、故意伤害罪（刑法第二百三十四条）、侮辱罪（刑法第二百四十六条）等并线而论。但即便如此，仍然有很多人在面对这些问题时无法妥善解决。作为大众传播媒介，如何最大范围地推广法律，使得更多人在面对相同遭遇时获得更妥善的解决，才是犯罪片应该关注的重点所在。这就要求犯罪片对于现实问题既扮演好发现者角色，也不抛却推广者身份，两手抓，两手都要硬。因此，在发现问题的同时，引入现有法律援助，给予观众正确的行为引导，无疑是国产犯罪片未来发展的可行路径。

（二）优化宣教策略，实现道德柔性渗透

1942 年 5 月，毛泽东在《在延安文艺座谈会上的讲话》中提出了“文艺从属于政治”“文艺服从于政治”方针。很快，国产犯罪片开始发挥宣传喉舌功效，通过确立道德模范推行道德教育。《徐秋影案件》反特题材下犹豫的特务和干练的公安、《峨眉飞盗》中神勇机智的公安局刑警大队长陆培民和侦察员、《蓝盾保险箱》里为捍卫新中国国际声誉而战的公安队长等等，都是彼时圣贤般无可挑剔的道德楷模。他们人物扁平，立场坚定到甚至有些生硬死板，以不可反驳的姿态弘扬着社会主流价值，反而缺失了为人的多面本性。这在一定程度上降低了观众对于角色的体验感和参与感。另外，台词上的直白与反复也使得该类型影片略显说教之嫌。例如，

《蓝盾保险箱》中老派侦探庞查理偶然提及对美国侦探陈查理的钦慕，却被同僚严厉指责“我们是在共产党领导下办案子”。影片结局处，外国失主努尔提对公安人员竖着大拇指，并发出了“新中国伟大!”的赞叹之词。其实，这里的表达内涵并没有什么不对，但作为一种道德叙事手段出现就会略显失真和隔离，走进目的先行的奇怪逻辑。这种对于影片娱乐性的忽视，在一定程度上造成了观众的道德接受危机，甚至使他们对于观看电影都失去了兴趣。

其实，电影的叙事特性使得犯罪片可以有着更独特的宣教策略：不再刚硬刻板地进行道德说教，而是寓教于乐，实施道德柔性渗透。例如，国产犯罪片中用以预示成功的“团队合作”情节、暗示正义回归的“复仇”桥段等等。影片能通过暗示，弱化情节的被“编辑”痕迹，重点激发观众的领悟能力，将表现重点从道德转变为叙事。在这里，观众变身参与者，跟随情节中人共同成长，从而提升了参与感。影片通过这种方式将德行总结的过程归还给观众本身，不说教，只叙事，于无形中实现道德教化。

（三）统一暴力影像的目的朝向，强调艺术化与现实性平衡

犯罪片对于暴力影像的表现始终难以规避。纵观国产犯罪片序列，部分国产犯罪片过分强调暴力影像的视觉冲击。《张欣生》浓墨渲染的“开棺验尸”场景至今令人难忘。导演讲求真实再现，利用湿面粉和墨水制作出的人体脏器，配合特写的拍摄手法，一度引发观众不敢卒视的现场境遇，对受众身心都造成了“不卫生、不道德、不安静、不健康的坏影响”[5]。《血十三》多次利用中近景甚至特写镜头表现红裙女孩的死状以及接满鲜血的瓷盆，配合阴郁暗调强化恐怖气氛。《踏血寻梅》更是不加掩饰地将肢解镜头暴露在观众眼前，血腥程度令人发指。后来，国产犯罪片对于暴力血腥的呈现开始转向艺术化表达，试图利用艺术化表达的浪漫美感淡化视觉冲击。然而，过分、甚至错位的艺术化处理也容易导致人们对于犯罪可能造成的真实后果出现感知模糊，造成轻视犯罪的现实可能。因此，暴力影像的尺度与界限必须牢牢把握。

深究其里，这其实是暴力影像目的失衡导致的结果。强调暴力影像的视觉冲击往往是以吸引观众注意力的目的，旨在通过对残忍血腥的强调做噱头调动观众观影的积极性，并由此获利。在这里，暴力血腥可以不具备叙事功能，只讲求视觉本身的奇观吸引力。过分的艺术化表现则是对于电影艺术美感的极致追求，是导

演主观意趣作用后的成果，反而失去了现实本身的表现力与冲击力。其实，不论是浪漫的艺术化表达还是直白的现实性呈现都只是犯罪片主题与内涵的表现手段而已，任何手段都应有个相对统一的目的朝向。我国电影分级制度的缺失，加上犯罪片影像表现本就备受争议，都使得国产犯罪片必须重视其作为大众传播媒介的社会伦理导向，在以宣导社会主流价值标准为目的的基础上，尽可能寻求暴力视觉艺术化与现实性表达的平衡所在。

结语

伦理是当今电影价值体系的重要组成部分，也是犯罪片价值构建的关键所在。特殊的类型技法使得犯罪片伦理更容易被关注。一直以来，观众在法律与伦理之间产生的情感冲突、道德与人性的表现偏重以及暴力影像尺度与界限的平衡都是该类型影片的伦理问题所在，并至今久悬不决，仍在探索。国产犯罪片通过悲情罪犯、谦抑执法、孤立空间、低度暴力等方式对伦理进行了表现，试图以此对于上述问题进行调和，虽尚未完善，但也初见成效。大胆展望未来，引入法律援助、实施柔性渗透、统一暴力影像的目的朝向，或许能为国产犯罪片今后既保持类型商业价值，又符合中国传统的道德规范，对社会产生积极健康的精神感召的发展目标提供一定助力。

注：

[1]周剑云，陈醉云，汪煦昌. 电影讲义[M]. 上海：大东书局，1928：18.

[2]郝建. 类型电影教程[M]. 上海：复旦大学出版社，2011：224.

[3]郝建. 类型电影教程[M]. 上海：复旦大学出版社，2011：225.

[4]罗清. 中国《反家庭暴力法》诞生中的三重叙事[J]. 法制与社会发展，2020(1).

[5]汪朝光. 民国电影检查制度之滥觞[J]. 近代史研究，2001(3).

对女性主义电影中伦理思想的分析

李丹丹

女性主义电影是以女性为主体，反映女性主义基本精神的电影。它虽然诞生于西方，但20世纪80年代之后在中国已初具规模。从黄蜀芹导演的《人·鬼·情》开始，中国出现了一批女性主义电影，其间蕴含了丰富的伦理思想。这些伦理思想的特点是正面、温和、多样，其价值主要体现在两性平等、女性自由、关怀关爱、尊重生命、性健康等，其中不少与社会主义核心价值观相契合。研究女性主义电影中的伦理思想无论对于推进当代中国女性主义电影的发展还是传播社会主义核心价值观都具有重要意义。

一、特点分析

女性主义、女性主义伦理学、女性主义电影及理论多是发源于西方，但在与中国社会现实和文化传统的结合中逐步有了中国的特色，这在当代中国女性主义电影中均有表现。其主要特点可以概括为三个方面：一是正面，二是温和，三是多样。

（一）正面

所谓正面，就是说当代中国女性主义电影中的伦理思想以传播正能量为主，这些正能量包括爱国、奋斗、表达真情与美、与邪恶斗争等等。

1. 爱国。爱国是中华民族的传统美德，体现了以国家利益为重的全局意识和奉献精神。贾谊提出“国而忘家”（《新书·阶级》）的命题，在国与家的选择上以国为重。曹植有“捐躯赴国难，视死忽如归”（《曹植集·白马篇》）的说法，强调为了国家的利益可以牺牲自己的生命。葛洪在《抱朴子·外篇·广譬》中说：“烈士之爱国也如家。”梁启超在《爱国论》中曾说：“以国事为己事，以国权为己权，以国耻为己耻，以国荣为己荣。”[1]把国家的事情和个人紧密结合起来。

提到具有家国情怀的女性主义电影，首屈一指的应该是《花木兰》。一是因为她讲述了一段“谁说女子不如男”的传奇故事，二是她不仅代表了女性对自由平等精神的追求，更体现了女性的忠孝节义，为了保卫国家，奋力与外敌搏杀的英勇精神。《花木兰》的电影版有五部之多（其中还包括美国版本），足见花木兰这个人物形象对人们的吸引力。从不同版本的故事中，可以归纳出两点共性，那就是花木兰在从军过程中有了喜欢的对象，再者就是她虽然是女儿身，但在从军期间立下赫赫战功，最终成为大将军，荣归故里。显然，影视作品给这个传奇女性赋予了更多的人性和血肉，使这个人物更加真实和鲜活。此处选取2009年赵薇版的《花木兰》电影作为叙事依据。(1)替父从军。花木兰本来应该幸福地嫁人，男耕女织地终老一生，但因为柔然(中国古代北方的民族，活跃在公元4世纪至6世纪中叶)的侵扰，父亲又已经年迈病重，她只能女扮男装踏上从军之路。应该说，花木兰不仅孝顺而且怀有一颗报国之心，但她的这颗报国之心源于对自己父亲的爱，她的出发点就是朴素的孝心。(2)爱国豪情。军营的生活每天都会面临生离死别，影片中花木兰曾对自己的将士们表达了誓死抗敌的爱国情怀和民族气节。正是这样的精神使得花木兰在战争中越战越勇，成为一个响当当的大将军，她获得了同胞的赞许。(3)舍弃爱情。影片为花木兰在军营生活中设定了一条感情线，那就是和文泰将军的爱情，这给予了花木兰坚持奋战的精神寄托，同时也衬托出她荣归故里后，选择与爱人分离成全边塞安定，不再受战乱侵扰所作出的牺牲。毕竟一个女人在苦闷的军营生活中，长期坚持下来难以想象，从女性角度出发她的确需要一个精神寄托来帮助自己建立决不放弃的信心。这个寄托其实未必是爱情，也可能只是心中一个坚定信念，但在艺术作品中将这个信念以爱情的形式表达出来更为合理、更能令人接受，不过这并不影响花木兰所表现出来的爱国情怀和民族气节。故事结尾处，文泰想和木兰躲到一个没有人认识的地方开始新生活时，木兰展示了顾全大局的一面，她能够摒弃自己的儿女私情，将国家和民族放在第一位，“不要再让更多的亲人最后只等到一块带血的军牌”成了她最后抒发的爱国期望。

《金陵十三钗》是另一部表现女性爱国题材的电影。“商女不知亡国恨，隔江犹唱后庭花”出自杜牧的《泊秦淮》，形容的是歌女并不明白什么是亡国之耻，她们只知道高唱玉树后庭之花。但在面对国仇家恨时，又有谁真的甘心做亡国奴呢？《金陵十三钗》正是描写了这样一群“商女”的亡国之恨，影片中十二位风姿绰约的妓女们给观众们留下了深刻印象，她们大义凛然，为了保护女学生付出了自己的生命。有些人认为她们只是保护学生，算不上为了国家存亡，但正是这种牺牲自我的表现，体现出她们内心的民族情结和反抗意识。她们虽然柔弱，但却坚强；虽然无知，但却坚韧。无论从思想还是从行为上，她们都可算得上是爱国的女人。南京大屠杀是中华民族一段惨痛的经历，是日本侵略中国灭绝人性的历史，虽然“金陵十三钗”指的是秦淮河畔的风尘女子，导演要告诉我们的却是“商女也知亡国之耻”。影片中通过对几个人物的叙述展现了女性的民族气节和爱国情怀。(1)最为朴实、干净的存在——豆蔻和浦生。虽然豆蔻的表演部分没有体现明显的爱国情怀,但正是由于她的牺牲才从侧面反映了玉墨、红菱等妓女们的内心,影片展现玉墨等人决心代替女学生去参加宴会的时候并没有做太多的内心挣扎,而回过头来在豆蔻的身上却可以找到妓女们的共同特征,她们喜爱唱歌、胭脂、弹琴,喜欢炫耀自己的美丽,单纯到无知。但是她们也有保护别人的本能和欲望,就如同豆蔻为了保护浦生,玉墨她们为了保护女学生们最终选择牺牲自己。(2)放荡与清纯的对比——玉墨与书娟。玉墨也曾经和书娟一样学习英文,并且可以说一口流利的英文,但是最终沦落为妓女,她代表了生活残酷的一面,而书娟则代表着理想的美好,这也是玉墨最后决定舍身替代女学生们的原因,希望她们可以好好地活下去。其实,在国家遭受重创的时候,男人们都去当兵,这是救国,女人们只有想尽办法保护自己,但是更多的时候是任人蹂躏和践踏。然而即使是最无能力的人,她的内心也是爱国的,也有着最朴实的民族情结,只是表达的方式不同。最后,妓女们用身体解救了女学生们,也在精神上救赎了自己。(3)众生平等的伦理思考。每个人都有着活下去的权利,妓女们和女学生们都是平等的,按照平等的原则来讲不存在用谁的性命去替代谁的说法。但是在电影中妓女们选择了为女学生们去牺牲,正是这个牺牲的选择使得她们内心中的女性精神及爱国情怀迸发出来,也绽放出了耀眼的光芒。无论我们为自己附加多少的标签,是自然的个体人也好,是社会的主体人也好,作为一个自然人,也许会有些明显的叛逆社会属性的部分。妓女们虽然放荡,但是有情有义,学生们尽管自傲,但是十分单纯。在这部电影中,不是只有军人才是勇士、烈士,还有普通少年,他们让女学生们活下来,让她们来代替他们活下去,他们同样是这个世界上最为干净纯洁的存在。并不是每一个人都有勇气去面对牺牲,影片中对于小蚊子的胆怯的描写很符合人性的弱点,在妓女们上车时,每一个人都和神父贝尔道别,小蚊子最后怯懦了,她大声地呼喊:"我不是女学生,我不去!我不去!"日本士兵听不懂中文,但在场的每一个人都没有解释小蚊子说的是什么,贝尔默默地安慰她,并把她送上了车,小蚊子的害怕每一个人都有,因为等待她们的是可以想见的残忍和折磨,这也可以反衬出这些妓女们的决心和伟大。妓女们最终代替学生去做慰安妇,她们在精神上救赎了自己。

2.奋斗。张岱年先生把中华民族基本精神概括为自强不息、厚德载物,自强不息强调的是一种奋斗的精神,不怕艰难险阻,在事业上取得成功,这在当代中国女性主义电影中有多方面的表现。秦志钰导演的《独身女人》中的女主角欧阳,在爱情受挫的情况下,发奋努力,坚强地在职场打拼。霍建起执导的《生活秀》中的女主角来双扬是一个个体创业者,尝尽了人世的酸甜苦辣。黄蜀芹执导的《人·鬼·情》中的主角秋芸生活屡屡受挫,最后决定献身艺术,并以精湛的技艺蜚声海内外。胡玫、李晓军执导的《女儿楼》描述了一个少女在军营里的成长过程,女主角乔小雨开始见血就晕,后来发奋努力,很快就以其出色的工作成为一名护士长。张暖忻执导的《沙鸥》描写了女主角沙鸥百折不挠,和队友一起,终于圆了女排冠军梦。塞夫、麦丽丝执导的《跆拳道》描述了女主角刘立克服困难、敢打敢拼,终于取得了奥运会上的好成绩。石晓华执导的《泉水叮咚》描述了退休的陶奶奶放弃疗养,创办幼儿园,悉心培养幼儿的故事。

3.表达真情与美。人性和社会都有双重性:真善美与假恶丑。我们的电影叙事需要揭露假恶丑,弘扬真善美。在当代中国女性主义电影中,不少都是反映人的真情和美好的,这些真情包括亲情、友情、爱情等,反映生活中的真情与美好,也是提倡正能量所需要的。史蜀君执导的《女大学生宿舍》描写了20世纪80年代初同寝室的5个女大学生的故事,她们在第一学期有过各种摩擦,但经过磨合,彼此相互理解,建立了深厚的友谊,共同度过了美好的大学生活。张暖忻执导的《青春祭》虽然是一部知青题材的电影,但它表达的不是生活中的苦难,而是平凡的真情和美好。女主角在与傣家人相处的过程中,由不习惯到主动适应,并与平凡、善良的傣家人结下了深厚的友谊。许鞍华执导的《桃姐》反映了主仆之间的真情实感,温馨动人。霍建起执导的《情人结》演绎了当代罗密欧与朱丽叶的故事,侯嘉和屈然青梅竹马,彼此爱恋,但两家父母之间由于有过节,都强烈反对二人在一起。后来由于他们的坚持,有情人终成眷属。这是对纯真爱情的褒扬。张艺谋执导的《我的父亲母亲》也讲述了骆玉生父母一生纯美的爱情故事。类似的影片还有尹力执导的《云水谣》等。

4.与邪恶斗争。与邪恶斗争也就是伸张正义。秦志钰导演的《安丽小姐》中女主角安丽小姐改邪归正、利用智慧与腐败分子斗争。史蜀君执导的《燃烧的婚纱》讲述的是女人向不良男人复仇的故事,同时反映出女主角苏灿云坚毅、智慧、勇敢的品性。张艺谋执导的《秋菊打官司》描写的就是一个农村妇女为维护自己合法利益去讨说法的故事,表现了秋菊的倔强和执着。

(二)温和

所谓温和,就是说当代中国女性主义电影表达偏激事件和偏激思想的较少,一般不触犯道德、法律的底线。这一点是相对于西方一些偏激的宣传“性”与“暴力”的女性主义电影而言的。

如李玉执导的《今年夏天》被称作中国大陆第一部女同性恋电影。小群和小玲都是“只喜欢女人”的女人，她们有过温馨的时刻，也有打破醋坛子的时候，但她们都有着自己的正当职业，自食其力。大陆女性主义电影乃至整个电影叙事当中的这种温和现象与大陆的文化环境和文化政策密切相关，是中国传统“文以载道”精神的具体表现。

(三)多样

所谓多样就是说当代中国女性主义电影由20世纪80年代之前的单一化逐步走向多元化，出现了多样题材、多种表现方式的女性主义电影叙事。除了以上我们提到的爱国、奋斗等题材，还有不少直接反映女性主义伦理思想题材的电影。张艺谋执导的《大红灯笼高高挂》《菊豆》是以控诉和批判男权社会为基调的。以《今年夏天》《刺青》《漂浪青春》等为代表的女性同性恋电影，涉及的是敏感的题材。另外，还有反映关怀、关爱主题的，也有反映张扬女性个性题材的，如方令正执导的《唐朝豪放女》等。这些表明，当代中国女性主义电影的题材是多样化的。

二、价值分析

毫无疑问，近年来中国女性主义电影中所反映的伦理思想具有重要的价值。这些价值主要体现在两性平等、女性自由、关怀关爱、尊重生命、性健康等方面，其中不少既体现了女性主义伦理思想的特点，也与中国社会主义核心价值观相契合，具有进一步发展的空间和现实的生命力。

两性平等是人类近现代以来普遍的呼声，是中国近现代以来妇女解放的目的。中国传统社会是一个严重的男尊女卑的社会，对妇女无论在身体上还是道德上都有违背人道的规定，如“三寸金莲”等。那个时代的女性不仅没有自我，简直都失去了人的权利和尊严。近代以来，随着西方女权意识尤其是马克思主义妇女解放理论的传入，中国的妇女解放运动进入到新的阶段。知识女性的自我意识普遍觉醒，红色区域普通妇女的自我意识也开始觉醒。中华人民共和国建立以后，妇女儿童的利益得到了法律和道德的保护，两性平等在诸多领域得到了实现，“妇女能顶半边天”变成了事实。但是，就世界范围来看，特别是发展中国家及欠发达地区，两性平等还有漫长的路要走。当代中国女性主义电影中所反映的女性主义伦理思想中两性平等的目标给予我们启示：两性平等绝不是完成时，而是正在进行时。我们需要在理论上进一步探索，在实践上进一步加强，从而逐步实现社会主义核心价值观"平等"的诉求。

与此相关的话题就是女性自由。女性自由是两性平等的基础之一，没有女性的自由，何谈两性的平等？女性的自由主要包括身体自由、婚恋自由、社会参与自由等诸多方面，这是自由主义女性伦理的核心，也涵盖在社会主义核心价值观的"自由"之中。我们提到的当代中国女性主义电影如《红高粱》《菊豆》《杜拉拉升职记》《唐朝豪放女》等都表达了这方面的诉求。关怀关爱被女性主义伦理学确立为核心内容之一，在《美丽的大脚》《亲爱的》《桃姐》《青春祭》等当代中国女性主义电影中都有表现。尽管在生理上、心理上、逻辑上，我们还无法确证关怀关爱是否是女性特征，但作为人类普遍的道德追求则是不应该有异议的。儒家的仁爱、墨家的兼爱、宗教的不杀生等都表现出对爱的提倡。现代世界，我们更需要女性主义关怀伦理所特别强调的关系、情感、关怀，为人类和平、温暖的理想贡献力量。

关怀关爱也是女性主义生命伦理的重要原则。随着人类社会和科学技术的发展，在人的生命领域出现了一些新的问题，由此也带来了伦理学上的一些争议。如堕胎问题、代孕问题、器官移植问题、安乐死问题，等等。女性主义生命伦理把关怀引入生命伦理，不仅主张对正常人的关爱，也主张对残疾人、艾滋病人等的关爱，也延伸到对动物、环境的关爱，体现出张载所说的"民胞物与"的博大胸怀。这在当代中国女性主义特别是反映艾滋病人等题材的电影中有所体现。可以说，女性主义生命伦理的关爱原则是值得大力提倡的，它可以促进我们树立尊重生命的价值理念，更好地处理正常生命与非正常生命、人类生命与非人类生命的关系。

性在中国历来是一个敏感话题。当代中国女性主义电影都或多或少地涉及了女性的性问题，大陆女性主义电影中有关女性的性问题表现得相当有分寸。女性对待性问题因国家、民族、文化的不同而有所不同，但也有一些共同的东西，比如性解放、性自由、性禁忌、性交易以及由性带来的一系列问题。应该说，女性主义性伦理所倡导的诸如自主、专一、尊重等基本原则是正确的，这对我们今天树立健康的性意识有着重要的启发意义。我们在性道德方面必须强调爱、自由、专一、不伤害、负责任等基本理念。

三、展望

近年来，中国女性主义电影无论在数量上还是质量上都取得了重要成就，其所展示的伦理思想尤其是女性主义伦理思想无论对女性主义电影或是女性主义伦理思想的发展都具有重要意义。然而，金无足赤，人无完人，近年来，中国女性主义电影以及所反映的女性主义伦理思想依然有进一步发展的空间，主要是需要在理论和实践两个方面继续加强。

文艺和哲学的联系是内在的，犹如俗语所说"文史哲不分家"。哲学是所有学科的根，文艺也不例外。哲学离开文艺是枯燥的，文艺离开哲学是肤浅的，真正有深度的文艺必定有较深厚的哲学根底。近年来，中国女性主义电影虽然在反映女性主义伦理思想方面取得了重要成就，但有一些往往是自发的。有的女性主义电影的创作、编导并没有清楚地了解女性主义、女性主义伦理、女性主义电影理论的内涵，尤其是系统化的理论和前沿热点问题。因此，当代中国女性主义电影的进一步发展必须以深刻把握女性主义、女性主义伦理、女性主义电影理论为基础，从而在女性主义电影创作中由自发到自觉，不断提升当代中国女性主义电影叙事的理论深度。

当代中国女性主义电影在实践上需要进一步增强现实感。我们注意到，反映女性主义伦理思想的当代中国女性主义电影有的现实感比较浓郁，但多数以都市女性为主，还有不少取材于久远的文学作品或一些历史的记忆。因此，当代中国女性主义电影以及所反映的女性主义伦理思想需要在现实层面进行拓展。除了关注与现代女性相关的伦理难题，诸如同性恋、异辈恋、婚外恋、一夜情、闪婚、丁克、堕胎、代孕，等等，还要关注生活在偏远山区和广大农村地区的女性生存状态，通过女性主义的电影展示中国最广大普通妇女的伦理身份和伦理意识，使女性主义伦理思想在实践中发扬光大。

真心的期待当代中国女性主义电影及其所展示的伦理思想尤其是女性主义伦理思想会更加丰富、更有深度、更有广度，共同为女性主义伦理的理想——男女平等在全世界的实现而努力。

注：

[1]梁启超. 饮冰室合集(文集第一册之三)[M]. 北京：中华书局，1989：69.

下 篇

电影伦理学的批评实践

本篇以电影伦理学的学科立场来审视当代电影创作实践。电影伦理学要“接地气”，作用于电影创作，影响观众，吸取理论滋养，需与电影批评实践相结合。电影伦理批评，是在电影伦理学理论的指导下，运用电影伦理学的多样性方法，对具体的电影文本、电影现象予以学术分析和讨论，梳理其中所存在的伦理命题，判断其伦理价值，提供伦理标准，校正其副效应，商讨电影创作的伦理出路，从而为电影观众的观影选择、感受和理解提供参考，更为电影创作者的生产实践提供伦理指导，进一步丰富电影伦理学的学科体系。

女性形象在中国电影中伦理叙事分析

——以《送我上青云》为例

罗　兰

中国电影自诞生之日起就被称为“影戏”，所以早一代的中国电影人始终重视电影的社会教化功能。再加之中国自古以来深受儒家文化的影响，儒家文化除了主张个人与国家的本位关系，强调个人的价值要通过国家的兴旺来实现之外，对于人与人之间的道德伦理也有一定的涉及。而且，儒家的自我实现理想主要是以男性的价值为目标的。中国文化在封建时代是一个明显的男性文化。妇女依附于男子，服从于家庭，成为女性人格理想和人伦价值的最高体现。[1] 所以对于女性的道德约束、伦理规范以及人格规训都存在着多多少少的限制。而随着五四运动的爆发以及新文化运动的发展，西方的一些先进思想与进步意识以及人道主义下的人文关怀进入了东方人的视野当中，新兴发展起步的电影装置与电影技术将通过一个又一个的银幕将其内含的意识形态效果与伦理价值传递给每一个观影者，从而达到观影者认同的效果。

一、从苦闷中内化到情感的释放

影片《送我上青云》讲述了女主人公盛男作为一名独立自主的都市青年记者，在一次出访事故后前往医院被诊断出卵巢癌，在筹集手术费的过程中经历了回家，父亲公司面临破产并出轨盛男同学，被迫接手一个企业家写传记的任务，执意要偕同出差采访的盛男母亲与企业家的父亲成亲密朋友，以及盛男在途中遇到一位心仪知己想付出真心在为数不多的日子里享受爱情的一系列过程。盛男在一次次地看到真相与绝望后，最终以自己的方式与家庭和解，与自己和解。在众多女性电影，或者是围绕“女人的空间”以女性的视点来讲述故事的中国电影历史中，《送我上青云》出彩在首次围绕女性的性本能问题，直面人性当中的基本欲望，还原女性自古以来不敢主动提及的性可能，探访人与人之间的亲密关系。

刘小枫曾在《沉重的肉身——现代性伦理的叙事纬语》中认为伦理学分为理性的和叙事的。叙事伦理学讲述个人经历的生命故事，通过个人经历的叙事提出关于生命感觉的问题，营构具体的道德意识和伦理诉求……通过叙述某一个人的生命经历触摸生命感觉的一般法则和人的生活应遵循的道德原则的例外情形，某种价值观念的生命感觉在叙事中呈现为独特的个人命运[2]。如果说《送我上青云》中的盛男这一女性形象的呈现就是为了发挥“自由伦理的个体叙事”作用,旨在提供当代女性的所处的生活困境与面临道德境况的抉择的话,那么《小城之春》则坐实了“人民伦理的大叙事”。《小城之春》中玉纹在家庭的撮合下与戴礼言结成姻缘,在战争的炮火硝烟下戴家的势力也化作一片废墟,从此戴礼言经历着身体的消耗与心灵上的打击,一蹶不振,夫妻关系也逐渐畸形,仅仅靠深受浓厚的儒家文化所规范的贤良淑德、恪尽职守、遵守三纲五常的玉纹来尽自己婚姻伦理的本职工作来维系,戴礼言的脾气、身体也随着他自己的消极处理方式变得更加无法收拾。年轻的人妻玉纹本应朝气蓬勃却终日闷闷不乐,每天最快乐的时光就是站在残垣边眺望远方。一日,玉纹的初恋男友、戴礼言的挚友的到来给这个宛如一潭死水的家中注入了灵魂,玉纹是激动的,是窃喜的,每天打着送东西的名义去叙叙旧情,在一次又一次的独处中两个身躯靠在一起,却一会儿又转身分离,这种发乎情止乎礼的行为正是这部电影所传达的传统伦理和个性张扬之间的冲突与矛盾。然而与同时期明显表现家国情怀、民族命运的电影相比,在当时这部作品被看作只是在无病呻吟,直到新中国成立后电影艺术界才慢慢看出它背后隐藏的价值。《小城之春》在今天看来,其实还是在家国历史的沉重脚步下通过小家的伦理叙事达到教化、规范个人道德自觉的作用。电影最后玉纹用丈夫的自杀与自我内心的道德谴责来约束自己,回归婚姻本来的伦理规范中,选择照顾好家庭与丈夫,将自己的潜意识按压在心底,心头苦闷自我消化,最终实现与本我的和解。

21世纪初,有关女性视点的电影数量也越来越多,探讨的范围也越来越广。有对女性进入婚姻后却因生存问题被迫与丈夫离异,却执意遵从伦理道德不将生病的丈夫抛弃,执意要带着自己的前一段婚姻迈入新的婚姻,打破中国古代一直留下来的“一夫一妻”制的婚姻伦理的《图雅的婚事》;也有在青春正茂的少女时期爱上比自己年长的男患者,并在知道对方有家室之后,毅然与其保持着亲密的情人关系,又因怀孕私自引产一事被处置,最终回归平凡的生活选择与一人结为伴侣,却终究因这段婚姻没有爱情而分手,最后用疼痛铭记自己的爱情回忆的《爱情的牙齿》中的女主人公钱叶红;还有处于四线县城的勇敢不顾一切追梦的音乐老师,在冰冷的小城里偶遇失意的爱情与见证了冷暖真情后,不再奋不顾身、冲破阻碍,在福利院领养了一个有自己影子小女孩,从此心向家庭,自觉浮生若梦的《立春》中的王彩玲。凡此种种,中国电影中的女性终究坠入“俄狄浦斯轨迹”的窠臼中,被迫头脑清醒,选择家庭,承担起确证男性主体性的职能来。而《送我上青云》中呈现出来的两位主要女性人物则是挑战传统伦理的底线、新时代女性自我个性表达与个体情感释放的代表。盛男与母亲梁美枝在追求爱情的路上以及人生问题的解决上寻求自我的解决，无论是给家庭婚恋观，还是性爱观以及道德伦理价值观都刻上了新时代的烙印。

二、电影中女性形象伦理叙事的具体表达

叙事伦理学从个体的独特命运的例外情形去探问生活感觉的意义，紧紧搂抱着个人的命运，关注个人生活的深渊。[3]伦理没有对错之分，只有随着新旧时代的更替的适合与否之分。《送我上青云》中刻画了两个年龄段的一对母女，这两个具有鲜明探讨特征的女性形象，我们可以跟随着这两个人物的生活来探讨背后所暗含的现代性伦理下的个体的道德境况。

(一)伦理叙事内容

从题材上，影片首次将目光对准女性疾病的一个群体——卵巢癌患者，向我们科普了这一疾病的知识，扭转了世人眼中的性道德与疾病之间关系的一种误解，以引起对这一疾病的社会关注。女主人公盛男是一个高学历、靠自己打拼在高阁楼宇的大都市努力生存的单身女性，这一人物背景与传统的女性形象(她的母亲，梁美枝就是一个例子)相较已有一个质的飞跃——在这“物竞天择，适者生存”的以男性为主导的社会大环境里，女性的成长本身就凝聚着来自社会的双重标准与现代世俗的艰难。影片一开始就由群众演员之口揭示了这一问题：“27 岁为界定剩女的标准，而男的则被界定为黄金单身汉。”盛男在得知生病后，为了筹备手术费踏上了采访撰写的路途，在途中遇到了刘光明这个善良、实诚、文艺却又愚钝、懦弱的男人。她在爱情的追求上是迅速的、斩钉截铁的，这是在同事四毛与企业家李平等男性衬托下，盛男做出的选择。随着经济社会的快速发展，都市化裹挟着的还有男女婚恋爱情观的迅速变质。四毛这个精于算计、世俗现实的男子就是大时代下对肉体欲望与金钱利益的追逐者形象，他与酒店前台服务生的一夜情就是最好的证明。盛男在确定自己的真心后，决定向刘光明表白，由于对手术后遗症的恐惧，她向刘光明表达了自己的想法，遭到了刘光明的变相拒绝。女性大胆寻爱、追爱，都是女性的开放在保守夹缝中的勇敢探索。当盛男发现刘光明就是李平的女婿，已有家庭后，传统的道德规范与婚恋伦理使她放下一切，但是在见证刘光明真实的懦弱身

份下尊严被践踏之后，一份融合着爱意与气愤无奈的矛盾心理让她最后一次主动地吻向这个她一见钟情的男性，他们的情缘也大概止于此了。影片在新时代都市的性爱观的展现上也有一个大胆的突破，而这一突破主要在于不单单以都市男性为主导的欲望宣泄、肉体享受来表现，而是将这一主动权交到了女性人物的手上，并且在这一敏感话题上处理得非常得当，用病理的后遗症包装起来，为女性第一次主动表达起了一个很好的引领作用。与现代许多单纯表现都市男女在寂寞焦虑时代下婚恋观与性爱观的畸形发展不同，该片在主动表现女性欲望、身体满足以及亲密关系时，试图在力比多与社会道德伦理之间寻求一个平衡点，从而放弃对身体的凝视，使女人不再缺席于话题讨论中，转为认知中的主体，即“在场的女人”。影片中盛男因为对手术后遗症的担心在经历了主动要求四毛与其发生性关系到被拒、再到给酒店黄色小广告打电话后纠正广告上的错别字、最后到在四毛的强制要求下真正发生了关系的一系列过程，可是在与四毛身体宣泄结束之后，盛男终究选择自己“送自己上青云”。直到在自己幻想中，她都在珍惜着向一个“傻子”索求着爱的表达。盛男这一角色已经突破了传统意义上的女性形象，在爱情里情感外放，勇敢自我表达，寻求自我的解决。

父亲的出轨，母亲的任性以及父母双方从小对盛男缺乏关爱，让她从小懂事。她孤身一人在外工作，报喜不报忧，知道自己得病的同时妈妈的一通电话使她想暂时放下压抑，选择了回家。盛男对于维护家庭关系试着做出努力，拿着一瓶酒送给父亲，渴望从道德上感化父亲，难料从父亲那里得来的只有苛责与争吵。一怒之下，她烧毁了爸爸要送给情人的包包，这也是她这一人物形象的一大反叛，她知道她所想要维系的传统的家庭伦理观已经崩塌了，毁掉他们生活圈的是自己的同学。但是母亲是她无论如何都无法挣脱不去顾虑的亲人，因为她们同为女性，同为弱者。迫于无奈，她带着母亲出差工作，母亲的性格脾性使她更加牵绊无奈，没有主动将自己生病一事告知。李老告诉了母亲，却因此而出现了一场高潮戏：明明不甘心死的盛男却一直念存活率很低的数据给母亲听，直到双方终于把话都摊开来说大吵了一架。母亲也最后哭诉着道出：“我十九岁生的你，我怎么知道教育孩子……”这又道出了家庭伦理观的又一教育问题：因为早婚情况的存在，父母和孩子往往属于同时成长的状态，再加上没有足够的呵护与关心，孩子在成长过程中也往往趋向畸形发展。然而，中国自古以来讲究的孝道、亲情、和乐却始终影响着盛男，连有信仰的李老的遗愿都始终为儿子和亲人们着想，只为图一个大家都高兴。所以盛男最后选择了去理解妈妈，哪怕是为了亲人也要积极地去进行治疗。恪守传统家庭伦理中的底线与母亲无声地化解，将心比心，盛男站在母亲的角度上去重新考量自己生命的重量。

影片中的第二个女性人物就是盛男的母亲梁美枝，她作为中年群体的代表，同样是新旧思想交替下道德约束的践行者和勇敢反叛者。一方面，家庭支离破碎许多年，丈夫明目张胆在外放逐自己拥有情人，但她却坚守着自己的本分，不愿将这一纸破碎的婚姻戳破，她是渴望丈夫有朝一日会回归家庭的传统道德约束下的女性。而这种思想也就自然地延续到对女儿的婚恋观的看法上，她会干涉女儿的爱情选择，以自己的眼光为女儿筛选条件不错的男性，她也会说“找个人一起过吧”和“这么能干，难怪找不到男朋友”的妄议，自己的失败被强大的世俗观念与道德观念蒙蔽，又试图在女儿的身上得以改观。哪怕是她后来走上反叛道路的初衷，都不是自主的、自发的，是在走不出丈夫出轨事情的芥蒂后，赌气走上找寻真爱“找到了就有自我了”的反抗道路的。另一方面，她与李老的黄昏恋也实属中国银幕上为数不多的展现中年群体的爱情伦理与性伦理的记录。影片虽然没有明显展示二人的亲密关系，但是从李老的话语中感受这一鸿沟的突破。“人生在世，不过食色二事”，追求信仰的李老在见到样貌姣好、单纯自然的梁美枝后，决心放弃辟谷，一表爱慕之心。最后用“爱欲是人的生死之门，我从哪来，还回哪去”的自传结尾表现了人生的本能的自然之性。梁美枝终究背离了道德的压制与家庭所赋予的伦理束缚，用她自己的话就是“找到了自我”，然而这样的她真的开心吗？在不负责任的欢愉之后，梁美枝在夜色中失声痛哭，是深究自己内心良知的叩问，是对李老生命的自责与内疚，还有她心底里永远抹不掉的道德约束与伦理规范的痕迹。

可以说这部电影的两个女性人物都提供了一个很前卫新颖的探讨道德境况的视角，能帮助我们更亲近地关注她们的个人的命运，引起观众的身份认同。而影片除了通过两个女性人物的故事内容来探讨伦理叙事，也从画面影像、叙事形式元素层面展现了其中的伦理倾向。

（二）伦理叙事形式

“形式是叙事的又一要素。叙事的形式元素并非纯粹的内容的载体，其本身也蕴含着一定的内容。”[4]《送我上青云》从影片开头到结尾都将镜头主要对准了远离城市的黔东南小镇地区，烟雾朦胧、绿树葱郁、山清水秀、人杰地灵，影片就是在这种自然呈现的风景中与高楼林立的城市、雾霭沉沉的楼宇风景形成强烈的对比，而在平静的风景中进行伦理叙事并非空穴来风。《小城之春》中讲述戴礼言、周玉纹与章志忱三者的亲密关系时，也常常有静默的城墙、坍塌的废墟以及一望无际的杂草等镜头作为叙事衔接的空镜头或者作为交代影片人物所处背景地点的景深镜头，这些场域、空间是人物行动的见证者，因为其平静开阔的影像视图，将人伦秩序与道德约束放在宏观的大自然中去分析，弱化了伦理等级限制束缚的意味，暗示了影片整个伦理的基调不是那么具有锋芒和颠覆性的。《送我上青云》中对于两个女性人物的故事探讨都将其背景置于这重峦叠嶂、绿意盎然的贵州风光中，平静的湖面泛起丝丝涟漪，小船在山谷之间悠扬行进……影片主要呈现以绿色调为主的画面风格，还原生命本身那种原始的、自然的、和谐的张力与人性探索。在这样的环境下，肉欲食色这种人之本性在大自然的万物生灵系统中的伦理价值与道德规范探讨比都市喧嚣、灯红酒绿的生活显得更为冷静、理性与自由。《老子》中曾指出："道大，天大，地大，人亦大。域中有四大，而人居其一焉。"影片仿佛将我们置身于道家的法则中，主张道法自然，将个体行为纳入生命长河之中，而不是兀立在礼教行为规范的层面上去探讨。影片最后，盛男终于在手术前体会到了真正的幸福，无论从对家庭上还是爱情上都有了新的认识。影片采用白色屏进行画面剪切，白色之后仿佛重获新生，盛男最后看了看站在一起的父母，安心地躺在手术担架上，决定以新的态度再来面对生活，仿佛又是一个新的开始。无论是对家庭里父母之间的伦理关系，还是自己的爱情生活，她都选择在那一刻彻底放下。

因此，影片从风景叙事与对色彩把握等形式上，完成了对影片的伦理叙事，使得影片饱含中庸色彩，降低了这部电影所带来的伦理价值争议。

三、结语

《送我上青云》第一次对准女性的家庭观、性爱观以及伦理观，从小人物的个体命运出发，对这些伦理问题给予了新的解答角度，以女性形象的伦理叙事指向全人类的生命意义。作为主要表现女性人物来反思中国电影中女性形象的伦理道德嬗变，本片是极具研究性的，对于传统道德伦理的底线与时代社会发展下伦理的流变也是有重要意义的，对于研究发展女性主义电影也有重要作用。近年来，围绕女性形象的电影越来越多，有《找到你》这类对于女性家庭还是事业的身份权衡的电影，也有《春潮》这类探讨不同时代女性的生活困境的电影，而所有的这些叙事探讨或多或少地与宽广的国家社会发展或者历史演进存在着联系，这就使得对于伦理叙事的研究可以深入到身份认同与背后隐藏的家国意识中去。

注：

[1]倪震.中国电影伦理片的世纪传承[J].当代电影，2006(1).

[2]刘小枫.沉重的肉身——现代性伦理的叙事纬语[M].北京：华夏出版社，2004：7-8.

[3]同[2].

[4]苏月奂.中国当代电影的叙事伦理研究[D].济南：山东师范大学，2016：90.

论张艺谋《影》的伦理失范

邵瑜莲

电影的伦理一般包括故事伦理和叙述伦理两个层面，故事伦理指故事本身的伦理，偏重于“被讲述的故事，人物的行动及作用，‘行动元’之间的关系等”[1]，“叙述(形式)伦理研究注重电影语言与伦理关系的探讨，包括叙事人称、叙事时间空间、叙事结构、蒙太奇、色彩、构图等包含的伦理意蕴，导演、文本与受众之间的伦理对话研究等”[2]。本文欲从故事伦理和叙述伦理两个层面来探讨《影》的伦理失范。

子谓《韶》：“尽美矣，又尽善也。”谓《武》：“尽美矣，未尽善也。”孔子评价《韶》、《武》音乐的区别，指出一者尽善尽美，一者却是尽美也，未尽善也。用这句话评价张艺谋的《影》可谓恰如其分。张艺谋的《影》承继《英雄》对视觉影像的夸张调度，运用极简的黑白两色创造出极炫的影像空间，运用中国传统的水墨山水镜像，配以古声琴韵，节奏缓慢、意味深长。影片中中国的古典美学元素：琴瑟和鸣、阴阳太极、绣屏美画、毛笔书法、竹林茅舍、烟雨码头、蓑衣竹笛、沛伞大刀等等一一登场。尤其片中，子虞苦心研习多年，悟出破杨家刀法的绝招在阴阳太极图上，夫人小艾以女人的身形入沛伞，妖娆多姿，与境州一起战胜了子虞，子虞大笑不已。《影》不但画面美轮美奂，也与中国传统文化以柔克刚的传统文化理念相吻合，极大地刺激了观众的审美期待。但是，画面美则美矣，整部影片所传达的价值观念却令人深感不安。仁、和、义、礼、智、信自古以来是中国传统文化儒家伦理的基本准则，即使在经济飞速发展、价值观多元的现代社会，仁、和、义、礼、智、信仍然是人们行为伦理的基本规范。儒家所提倡的“已所不欲，勿施于人”的道德原则，被21世纪《世界人类责任宣言》尊奉为全球社会治理的黄金规则。[3]但是影片却与仁、义、礼、信这些传统的伦理价值观背道而驰，不讲仁义，不讲和美，在血腥的杀伐中，上演着权欲大战。观众对所有的人物都无法产生认同感，只能在一片错愕中叹息政治如此肮脏，人性如此丑恶。在一片湖光山色、翠屏环绕之中，每个人都带着重重的面具，操纵着他人，又被他人所操纵，螳螂捕蝉，黄雀在后，孝和色成了恶的源动力，而义成了最孤独的表演。

一、叙述的非伦理性——水墨风情与血腥暴力之间的形神背离

与张艺谋在《英雄》中淡化杀戮，刻意营造画面的武舞之美相比，《影》的画面风

格却并非只有水墨画般的山水之美，而是充满暴力与诡谲，貌似温厚多情，实则暗藏杀机。朝堂之上，屏风环绕，满是君主亲写的书法《太平赋》，但是影片从头至尾，没有一处太平，没有一处宁静。每个人都在下棋，每个人又都是别人手中的棋子。不得不说，张艺谋参透了中国古代帝王相争的真相，也表达得非常到位：尔虞我诈，勾心斗角。但是。影像的意义不是止于表现恶的，影像更重要的意义在于建构，在不美好的社会上构建理想的未来，或批评，或反思，而不能在最关键的地方让电影留白。所谓开放性结尾，不过是导演的一种回避——对历史、对人性，都仅仅停留在展示表层之恶。如果人性如此灰暗，历史如此龌龊，权力如此阴险，那么人类的未来在哪里？人之所以为人的基本道德原则又在哪里？作为文化的探险者和开拓者，导演将把观众带入怎样的无人地带？

影片充分调度了中国古典文化元素，如水墨画、琴瑟、阴阳鱼太极图、长笛、毛笔书法、屏风和条屏、竹林、小桥流水、烟雨码头。这些元素符号，无疑是中国的，根深蒂固流淌在中国人的文化血液里，形成了极为稳定的集体无意识。这些元素，无一不指向灵魂的超越、宁静、和谐、美好。正如钱翰所言："中国的水墨画，尤其是文人山水画，其审美精神是天地人的和谐，物我两忘，人处天地间，无论静观抑或逍遥，都是对逼仄空间中的灵魂的超越，寻找与世界融合的审美契机。水墨之笔，以一色蕴涵五色，以少见多，以留白见繁复，以笔墨之触寄情山水之间。处闹市之中也，借山水求一点宁静；处泉林之间也，以笔墨抒几分人情。这才是中国山水艺术的真精神。"[4]但是影片对这些元素的运用，只是徒有其形，而失缺了其神。只有符号的空壳，而剥去了符号美好的文化内涵，甚至，使这些符号走向了反面，背其意而用之。或者，这是导演故意为之，欲为观众留下反讽的意味？但是影片从头至尾，对君臣、主仆、夫妻之间的反伦理关系没有一点讽刺的意味，相反，却是非常沉醉。

琴瑟和鸣，比喻夫妇心意相通，情笃和好。中国文人以琴瑟入诗甚多，如《诗·小雅·棠棣》："妻子好合，如鼓琴瑟。"元代王子一在《误入桃源》四折中写道："今日也鱼水和谐，燕莺成对，琴瑟相调。"元代徐琰《青楼十咏·言盟》："结同心尽了今生，琴瑟和谐，鸾凤和鸣。"琴瑟作为一种符号，意在表达夫妻之间的情意相通、和谐美好。中国素有以琴修身养性，获得心灵宁静的雅致。但在影片之中，琴瑟要么无法和鸣，要么成了一种杀伐的助力器，琴声响起之时，恰是斗争最险恶之时。夫人小艾在境州与杨苍决战之时，决定与都督子虞合奏一曲，但此时，已不是二人同心和鸣，而是小艾心中的动荡与忧思。她早已不再是和夫君同心的夫人小艾，而是牵挂境州的女人小艾。

影片中有许多场面都非常血腥残忍。如：

场景一：都督子虞为了不露破绽，亲手用刀割开境州的伤口，并且给他上药，不是让伤口愈合，而是让它快速化脓，更加像真的杨家刀伤，场面令观众不忍卒睹。

场景二：境州打败杨苍之后，去故里寻找母亲，骑马过小桥，终于回到朝思暮想的小屋，看到了日夜牵挂的母亲，但是母亲背对着他躺在床上。境州搬过母亲的身体，竟然发现母亲的胸口上赫然插着一把尖刀，境州惊魂未定，埋伏的杀手立即出手，招招致命，场面血腥残忍，令人惊慌失措。

场景三：境州失而复得，君臣同庆，正欲畅饮，君主却说今日罢饮，让群臣退去，独留鲁严。君主前一秒亲手赠美酒给鲁严，后一秒却看到鲜血直泄在酒杯里，下一个镜头，鲁严已在惊怖中倒地而死。

场景四：子虞假扮护卫向主公诈献自己人头的一系列组合段，让观众和小艾一样大惊失色。

这些场景，除了恐怖、惊悚，让观众茫然失措之外，更缺少美感，各种残忍的杀戮让观众不敢直视。最主要的，每一场血腥暴力的杀戮，都缺少必要的因果联系和必要的伦理化需求。仅仅是暴力、血腥的展示，而没有使暴力、血腥通过影像的修辞进行合理化、合法化的编码。

这些场景不断地挑战观众的授受极限，对于暴力不加批判的描画本身就是对暴力的纵容。故事内涵之残忍血腥与中国山水的水墨之境非常不协调。正如王一川先生所言："水墨之美难掩喋血之殇。精心营构的中式美学风景不过成了捕风捉影的摆设而已。"[5]中国的山水精神、水墨风情应该是一种小桥流水的闲适，世外桃源的安逸，远离世俗纷争的超脱，但是影片在一派山水田园背后上演的却是狰狞杀伐，是灵魂的背叛与出卖，是名利的争夺与厮杀。导演如此大费精神摆上的一桌视觉盛宴，却是人类灵魂深处最肮脏的垃圾。在《影》里，艺术表现方式与艺术表现对象之间存在着严重的分离，无法达到形神之间的统一，也就难以取得艺术美的和谐。

二、故事的非伦理性：弑父情节与不伦诉求

观众对电影人物的认同，有两个层面的依据：一是伦理依据，一是摄影机的视点依据。

(一)伦理不认同

认同是一个心理学的概念，是指主体采取他者的价值观建构自我的过程。在伦理层面，观众一般是认同于善，不认同于恶的。张艺谋的影片里一直有一种弑父情节，从《红高粱》《菊豆》《秋菊打官司》《英雄》到《满城尽带黄金甲》再到《影》，如果说前面几部影片的弑父都有一种“父”该杀或者不该杀的充足的理由的话，到了《影》，却完全没有表现出弑父的合理性来。这就使得这个故事本身缺乏伦理的支撑，因此，也难以得到观众的认同。

君王如父，因此，都督子虞对君王的弑杀是一种弑父行为。并不是因为主公荒淫无度或者苛政残暴，相反，沛公是一个表面上非常懦弱，一心求和、求稳的君主。他把亲手书写的《太平赋》挂于朝堂之上，即是在告诫群臣国家大事要以和为贵。这样的君主，非但没有必杀的理由，相反，还有一点儿让人同情的软弱。因此都督的谋反只是为了满足自己权力的私欲，他的反叛计划越是周密，便越是违背君臣之间的伦理关系。子虞功高盖主，逼迫君王不得不多加防备，影片里虽然子虞已经身残，但他一样起用影子境州威慑朝堂，结党谋反之心从未改变。

境州从小在都督府被抚养长大，并被训练种种技能，已经是武艺超群，威风凛凛，俨然另一个都督，因此境州对都督的弑杀是另一种意义的弑父行为。境州在都督答应他可以带上夫人一起远走高飞之后，竟然还是毫不犹豫地杀了都督，这令人震惊的一幕不仅吓坏了小艾，也吓坏了银幕前的观众。如果说，此前，境州因为对母亲的挂怀还残存着一些令人同情的因素的话，此时的他，已经陡转成一个比都督更狠毒的恶魔，他的弑父行为与都督的弑君行为并无二致，他内心也已经堕入邪恶的深渊。他的弑父行为同样令人不能认同。

除了善恶的认同与否定，在二元对立的关系之中，观众一般会认同于较弱的一方，因为弱的一方容易引起观众的同情心。在影片里，各种弑杀行为，都是恶的，因此，观众无法认同哪一种恶。另一方面，相争的几方力量，没有任何一方处于真正的弱小地位。都督子虞位高权重，连君主都忌惮他三分。境州虽然是奴仆，但是他有强壮的身体，甚至他可以随时逃离都督府，但是他没有，一有母亲的牵挂，二更有小艾情欲的牵挂；因此，他在影片之中也并不处于真正的弱势。君主表面上软弱，但结局时观众才发现，所有的一切，都是他布的局，他在整个博弈之中最高明，他利用了一切人，包括都督、包括叛臣鲁严；因此，他非但不是软弱的，相反更加强大。

在所有力量的角逐之中，观众无论在情感上，还是在伦理上都很难找到认同的对象。

另外，影片在深层次上，没有对弑父行为进行道德审判。经过臣对君、仆对主的连环斩杀之后，各种弑父行为终于成功，但是人物却停留于成功的表面。观众看不到都督弑杀君主的内心冲突，看不到境州弑父的选择性焦虑、痛苦和自我挣扎，也看不到君主（或者都督，影片故意留下悬念，不知凶手究竟是谁）弑境州之母的痛苦矛盾。对于这些大逆不道的行为，影片简单地进行残暴地展示，只给观众一个行为的结果，并不展示行为的动机和行为过程中的矛盾和痛苦。这些丧尽天良的行为毕竟不是人的常态，但是影片缺少了人物内心的考量，也缺少了人性复杂的刻画，甚至人性之中美好的东西也已经荡然无存。这样取得所谓胜利的都督、君主和境州在观众这里找不到任何认同感，相反，每个人都成了符号化的存在：同样的狠毒、同样的残忍。既然如此，观众便从中得不到任何可以汲取的有价值的伦理诉求，只是看到一片黑暗残忍的深渊。人世因此而暗无天日，认同心理也就荡然无存。

（二）视点混乱

在摄影机的视点层面，观众的视点实际上是被操纵在摄影机的视点之下的。观众对电影的认同首先要通过观众的视点与摄影机视点的认同，其次还要通过观众的视点与主人公视点的认同。在双重视点认同的机制下，观众与影片中人物建立起一种同位的关系，从而与主人公同形同体，认同于主人公。罗兰·巴特因此说，“同化不是心理问题，它是一个纯结构式的程序：我是那个人，他占有着与我相同的位置”。观众与电影人物同位的关系下，“观众对电影的认同过程实际上呈现的是一个自居性的心理过程。‘这里的自居不是一种态度，而是一个通过他物进行对比或反比形成或重新形成自己的身份的过程。一个认识到自己同影片中某个角色或情境有共同之处的过程’”[6]。

《影》摄影机的视点主要有两个，一个是全知的客观视点，一个是影片中人物小艾的视点和都督子虞的视点。

所谓全知的客观视点，只是一种方便的说法，摄影机选择什么进行表现，怎么进行表现，机位、景别、运动、速度、场景的变化都是导演用心设计的结果，观众的视点只能被摄影机的视点强制性限制在一个特定的范围之内。在《影》的全知视点下，导演没有对任何一种行为进行过镜头视点的评判，也就是说，导演的情感导向是缺失的。它只是向观众去展示，而且，仅仅是展示表面的现象，人物行为背后深层的心理动因和情感活动在本片是缺席的。因此，观众无法与所谓的客观视点取得认同（这一点在第三部分再详加论述）。

就主观视点而言，都督子虞的视点在影片中出现了一次，即他从墙上的孔洞窥视到了夫人和境州的不伦之事。镜头随即反打给都督，我们发现都督的愤怒，同时也是无奈的表情。观众此时对都督会产生瞬间的同情，毕竟在这里受害者是都督。然而，洞知此事之后，都督对此沉默，既没有惩罚，也没有责怪，仿佛他已经默许。观众会感觉都督心机深厚，他在操纵着夫人和境州两枚棋子同时为他服务。因此，对都督的同情一瞬之后也就烟消云散。而且，都督的主观视点在影片只出现了这一次，在绝大部分的客观视点之下，都督本人就处于弑杀君主谋反篡位的位置，因此，观众很难与都督同位，认同都督。

影片中小艾的主观视点有三处，一是通过墙上的同一个孔洞窥视自己和境州的卧室，瞬间明白了都督已经觉知了她和境州的不伦之事，但是镜头反打过来，观众只看到小艾的吃惊的表情，并无恐惧和悔恨。这种心态在她后面和都督面对面相见时，很直观地表达出来，她说："做了就不要后悔。"言外之意是，我已经知道了你知道我们做的事，但是我不后悔。另外两处小艾的视点是片头和片尾惊恐地向外张望的视点，但镜头没有继续反打，只是停留在小艾惊恐的面部表情上，影片戛然而止，造成所谓开放性结尾，观众的感知和情感判断便失去了根基，对小艾的认同也成了泡影。

由此可见，《影》的视点是混乱的，观众无论在客观视点还是在主观视点上都难以和摄影机及剧中人物产生认同。贾磊磊先生说："如果一部影片中摄影机所暗指的视点（人称归属）是错乱的，那么整个影片的叙事必然是含混的。因为提供视点本身就意味着提供特定立场、特定距离、特定方位、特定角度。观众必须按照预先设定的视点以及它所连带的全部条件来完成对影片的感知。"[7] 在混乱的视点之下，观众的认同没有着落，对影片的接受也就大打折扣。

三、导演立场暧昧，导向迷失

导演最得意之处恐怕是对于权谋的展示，对"螳螂捕蝉，黄雀在后"这个中国古老的寓言的影像化表达，在这一点上，张艺谋可谓才情毕现。也是很多评论专家所认可的地方，认为张艺谋的套中套棋局是一种彼此互为棋子的微妙寓言。都督子虞是棋手,主公沛良更高一层的棋手,再高明一点的棋手是由被动转为主动的影子境州。其实,最高明的棋手显然是导演张艺谋,他调动所有的视听元素,讲述这样一个环环相扣的故事,意料之外,又在情理之中。张艺谋在故事的叙事层面上显然是到位的,在视觉形象上也极尽黑白元素的极致之美,淡到极致正是浓。有评论者认为,“影片水墨黑白色彩和人性阴暗是相互映衬的”[8]。

且不说黑白色彩与人性阴暗是否相衬,导演用一种相对陌生化的视听风格来表现一个人尽熟悉的、权谋相争的故事,用一种单纯极简的黑白色彩却达到了浓墨重彩的视听效果,这本身已是对艺术的巨大贡献。但是,如果深思下去,我们还希望从张艺谋高度仪式化的视觉盛宴之外得到更多的东西,那就是,人性何以如此阴暗?人类将如何留住剧本唯一光明的角色青萍的率真和坦白。在剧中她显然是一个配角,导演赋予这个人物很多优秀的品格:勇敢、直率、善良,但是导演还是让她死了,并没有给这个人物以光明的出路,也就是说,这种人物在现实中是无法存在的。但是,我们却渴望有这样一种存在,而且渴望它成为一种普遍的存在,也即,我们呼唤人性的善良和美好。但是影片却在此停止不前了,所有的一切陷入未知的混沌之中。历史如一个怪兽在吞噬一切,它能把善良全部吞噬掉,也可以把善良变为邪恶,甚至是恶上加恶。那么,导演究竟要通过影片向观众传达什么呢?导演的意图又是什么?

在《影》中,除了对一系列恶的展示之外,我们看不到张艺谋对所有恶行诸如背叛、权谋、钩心斗角的批判。导演的态度成了一种无批判的展示,便是对恶的纵容,失去了导演本应该有的主观评价与正确导向。对于导演来说,虽然有主观评判与客观展示两种导演立场,但是,一般而言,对于含义多元的事物,采取客观展示的立场比较可取,这样恰恰是对事物本身客观性、多义性、复杂性的尊重而对一个有着明确善恶是非的事情却采用不予评判的所谓客观立场,便是导演立场的失范。电影镜头可以表现恶,但不是纵容恶,展示恶不能成为最终的目的,而应该通过对恶的展示去批判恶、制止恶(至少是观念层面上的制止)。但是张艺谋却是在展示恶的同时,在欣赏恶,玩味恶,与恶的气息融为一体。

镜头所有的表现只导向一个理念:胜者为王败者寇。权力与女人只属于更强的人。女人虽然善良、美丽、聪明有智慧,但在导演的眼里,仍然只是等同于物的存在。女人没有选择权,只有被选择权,只有听命于夫君和君王的义务,而没有任何可以表达自己心念的权利。女人的心思丈夫明察秋毫,但却故意隔岸观火,为了达到他的政治目的,他在最大限度地利用他的女人,甚至不惜自己给自己戴上绿帽子,让女人和奴仆都背上沉重的伦理负担,他自己却逍遥于伦理惩罚之外。女人的胆怯与渴望、仆人的渴望与顺从都在主人的眼里,他只是故意给他俩机会,在主人眼里,他俩只是他培养的最得力的工具,他需要他们的默契与心意相通,否则无法在种种斗争中配合得天衣无缝,无法真正达到最佳的对敌作战的水平。刀伞之战最终能够实验成功,正是在女人和仆人心领神会的默契中完美实现的(虽然他们两个联手打败了主人),这正是主人多年苦心经营,揣摩、研习破解杨家刀法最渴望达到的目的。他需要他们胜利,而且他们必须胜利,他们的胜利就是他政治胜利的唯一路径,因此,他在心里纵容着二人的暗通款曲,甚至并不向妻子隐瞒他对他们的暗度陈仓早已明察秋毫。妻子知道丈夫洞察他们的背叛行为之后惊恐万状,但是丈夫却对此只字不提,既不惩戒,也不怨恨,反而是顺水推舟,因为他知道只有这样,才更有把握让仆人死心塌地为他卖命。女人在他眼里,只不过是为达目的的一枚棋子,一枚能拴住那个力量越来越强大的仆人的最要命的棋子。他明确地知道自己想要的是什么,为达目的,所有的行为之恶都可以不计。

影片中唯一让人感到信义之气的是杨苍的形象。杨苍的原型是关公,在他身上还保留信义的影子,"以勇武取重于诸侯,以信义显名于天下",杨家刀以三合速杀闻名于世,从未打过败仗。杨苍信守承诺,答应与都督(实际是境州)比武,实则却中了都督子虞的缓兵之计。即使儿子杨平提出派一队兵跟上,杨苍却果断否决,"我跟他可是君子之约,人家是一个人前来,我带兵出阵,岂不让人笑话"!正是杨苍坚守君子之约,才中了都督子虞的圈套。在这里,坚守信义成了被人利用的致命弱点。杨苍为此付出了巨大的代价,不但失去了自己的生命,儿子的生命也搭了进去,整个境州都失去了。可以说,是他的坚守信义促使他走上了彻底的失败。在大棋被砍断的那一刻,他痛喊"平儿",愤怒地挥刀扔向境州,他这里是愤怒,但仍然是轻敌,同时,也是根本没有考虑对方有诈的可能,这是他坚守信义的一种习惯。他依然认为自己凭勇武之力定能打败境州,但是,他想错了,境州刀上巧设玄机,尽管杨苍已经在胜负上占了先机,但最后还是被做了手脚的沛刀轻易地夺去了生命。这一仗比的不是武艺,而是心机。很显然,信义在这里全盘皆输。因此,信义在片中只是孤独的表演,没有欣赏者,没有同情者,有的只是被玩味利用后的嘲弄。影片仿佛是在告诉观众,坚守信义的不可取。显然这种价值观导向是非常消极的。

电影是一门剪辑的艺术,导演通过镜头运动、镜头剪辑、视点选择、声画关系、场面调度巧妙地对影像进行编码,同时也含蓄地编织进去自己的创作导向和情感意图。导演想让观众看到的对象和不想让观众看到的对象,如一枚纽扣、一片叶子、一滴露珠，都足以传达导演的心意，并产生巨大的吸引力，以便让观众产生代入感和认同感，从而喜爱一部电影。任何电影的传播都不仅仅是一个故事的传播，它更是一种理念、一种价值观和伦理规范的传播，它对观众的影响是潜移默化的，也是非常巨大的。在《影》中，导演故意隐去了自己的观点，隐去了自己的判断与好恶，因而给观众带来的是迷茫与困惑，无论是剧中的哪一个主要角色，观众都不愿意去替代，也无法产生认同，从而对影片产生失望。

四、《影》在审美原则上的失误

《影》在视觉上的美与在伦理上的恶如此不能协调，究其根源，作为一部商业娱乐片，《影》在审美原则上出现了一些致命的失误。

(一)缺少英雄的建构

商业娱乐片之所以能够获得观众的青睐，其中一个审美原则便是在影片中创造出理想的英雄：一个超凡脱俗的人，英勇无双、武功盖世，既能够除暴安良，为民除害，又能够大义凛然，视权财如粪土。娱乐片这一黄金法则，为好莱坞争得了世界的观众，屡试不爽。因为英雄不仅仅是停留于银幕上的英雄，而是通过观众的观看，获得了观众的认可，观众也在观赏的过程与英雄同体、同形、同神，观众在短暂的白日梦中获得了自身便是影片中一样的英雄的愉快体验，而且，这种愉悦的体验会跟着观众进入现实世界中来，影响久远。

但是，在《影》中英雄是缺席的。都督被沛国举国上下看作开国功臣，盖世英雄，但是洞知一切的观众知道，他心怀谋逆，阴险狡诈，是一个地道的恶人、坏人、小人。境州开始是一个被驯化的奴仆，一心只是听命于都督，没有任何反抗与丝毫的怨恨，相反，他还时常告诫自己要对主人感恩。因为，他八岁那年流落街头快要饿死时，是主人的叔公救了他。这个时候的境州，不具备英雄天不怕地不怕的特质，不是人们心目中的英雄。而在结尾处，画风突转，他杀念陡起、恶欲膨胀，杀主人之后取而代之，这个时候，境州已经彻底转化成险恶的小人，虽然可以胜者为王，但绝不是人们心目中的英雄。沛王也不是英雄，他开始的时候示弱耍滑，令群臣共愤，到最后，才被发现一切都在他的洞察和掌控之中，心机之深，令人恐怖，因此，更不是人们心目中的英雄。杨苍表面上守信，勇猛，但是实际上仍然用收买敌国奸细的方法对付沛国，仍然不是君子所为，而且比武之时又连连失手，最后又因境州的失陷而丧失理智，怒扔长刀，继而命丧黄泉。这些都不是观众所希望的英雄形象，因而，难于和人物同形、同神、同体，无法认同于人物。因此，英雄的缺失，是本片审美原则上的一大失误。

（二）缺少二元对立结构的建立

商业类型片的另一原则便是二元对立结构，其中正反对立、善恶分明。观众一眼就能识别出哪一个人物是好人，哪一个人物是坏蛋，于是快速让自己站在好人一方，与坏人势不两立。但是，在《影》中，除了戏份不多的青萍公主之外，其他主角都是坏人，观众徘徊良久，无法站队。最后，不得不放弃。而青萍只是配角，而且结局惨死，除了引起观众一点儿同情之外，也不会达到令观众认同的效应。因为正义在这儿没有得到胜利，却付出了生命的代价，这一点观众无论如何不肯接受。二元对立结构的缺失，正义缺席，所有的主人公只是上演着谁比谁更有心机，谁比谁更狠、更坏的戏码，这只会让观众反感。观众济世救人的理想无法在影片中得到实现，正义的情感无处安放，情感无法宣泄，只能是失望地离开影院。

（三）缺少理想社会的建构

观众去影院，很大程度上是消遣娱乐，是对沉重现实生活的暂时逃避，希望在观影中忘却尘世的种种烦恼，获得短暂的世外桃源的想象性解脱。这是商业娱乐片的又一大卖点。然而，《影》的世界充满诡谲、恐怖、潮湿、阴暗，画面呈现出一种暗无天日的灰色感，让所有的人都产生恐怖和压抑。结尾处，境州推开朝堂大门的一角，向远处的群臣宣布，刺客刺杀了主公，而他杀死了刺客。影片就此结束，境州会怎么样，虽未明说，但他此前的举动已经预示了他将取而代之。至于之后他会否开创一个繁荣昌盛的新局面已经不再重要，重要的是，他已在观众心中留下了巨大的心理阴影。就影片的开放性结尾而言，观众可能更希望看到一个放弃权贵，带着小艾隐逸山林、远离朝堂纷争、超凡脱俗的境州，但是影片并没有。境州放弃了都督给他的理想未来，他亲手杀了都督，并且替都督盖上了面具，让都督永远封存于黑暗之中，而作为影子的他，则会登堂入室，取而代之。这种不伦行为，必然会遭到观众的唾弃。《影》自始至终都没有满足观众的想象性愿望，世外桃源、理想社会最终没有建立起来，因此无法安置观众逃避现实、趋于理想生活的向往，也就难以得到观众在情感上的认同。

《影》的制作无疑是精良的，在众多娱乐片中是值得一观的，但是想要成为经典，想要成为人们认同并传颂的佳品，想要成为当初《红高粱》般的神话，张艺谋还有很长的距离。

注：

[1]安德烈·戈德罗，弗朗索瓦·若斯特.什么是电影叙事学[M].刘云舟译.北京：商务印书馆，2005：11.

[2]赵文国.中国电影叙事伦理研究现状与进路[J].电影文学，2017(23).

[3]贾磊磊，孔祥林.第一届世界儒学大会论文集[C].北京：文化艺术出版社，2009：3.

[4]钱翰.它空有水墨的形，却背叛了水墨的神[N].文汇报，2018-10-10.

[5]王一川.水墨之美难掩喋血之殇[N].中国电影报，2018-10-24.

[6]贾磊磊.电影语言学导论[M].北京：中国电影出版社，1996：115.

[7]贾磊磊.电影语言学导论[M].北京：中国电影出版社，1996：145.

[8]周星.迷乱棋局中的人性探索——张艺谋新片《影》分析[J].电影评介，2018(17).

人道主义的苦难表达与伦理反思

——以难民题材电影《何以为家》《海上火焰》《尘世之间》为例

曹峻冰 宋佳芮

二战后，中东地区因得天独厚的交通区位优势与蕴藏丰富的自然资源，遂为世界政治、经济、军事势力的主要角力之地；加之内部宗教多元、民族杂居、种族异质等复杂问题，该地战乱频繁、政局动荡、社会矛盾尖锐，不少人的生活苦不堪言。近年来，注目难民生活与生存现状的电影频在国际A类电影节及奥斯卡金像奖的评奖中崭露头角。英国导演迈克尔·温特伯顿执导的《尘世之间》斩获第53届柏林国际电影节金熊奖；意大利导演吉安弗兰科·罗西执导的《海上火焰》（又译《兰佩杜萨纪事》）摘得第66届柏林国际电影节金熊奖，2019年于中国大陆热映的黎巴嫩导演娜丁·拉巴基执导的《何以为家》（又译《迦百农》），赢得第71届戛纳国际电影节评委会大奖，亦获第91届奥斯卡金像奖最佳外语片提名。在这些影片中，导演将摄影机聚焦真实的难民（或曾为难民的非职业演员），拍摄真实时空场景，记录或纪实再现真实的生活或生存事件——如意大利"新现实主义的真正杰作《偷自行车的人》"[1]那样，"让摄影机耐心地纪录那似乎是生活本身展开的情景"[2]，尽管在叙事视点与结构、影像元素运用、电影语言技法等方面不尽相同，但它们均通过反映难民群体的现实伦理困境以及对"生"本质的不断追寻，揭示出社会深层结构中的顽疾与弊病，表达了创作者的人道关怀，亦引发观众对于难民、伦理、生命等问题的拷问与反思。

一、电影："记录"苦难的社会切片

英国著名文化批评家雷蒙·威廉斯在1980年提出"文化唯物主义"概念，而在特里·伊格尔顿看来，它"对文化的考察主要并不是将其作为一系列孤立的艺术纪念碑，而是作为一种物质形成，完全有着其自身的种种生产方式、种种权力效果、种种社会关系、种种可确认的受众，以及种种历史地受到制约的思想形式"[3]。之于文化艺术的考察，则要充分把握其社会性与物质性，而非仅是形而上的内文本分析。基于电影的媒介规定性与技术特性，安德烈·巴赞认为对影像本体的考察应与人类心理相结合。在《"完整电影"的神话》一文中，巴赞指出"电影这个概念与完整无缺地再现现实是等同的……就是再现一个声音、色彩、立体感等一应俱全的外

部世界的幻景”[4]；而后他又提出电影最多成为“现实的渐近线”[5]。巴赞对影像本体认知的不断深化彰显出影像与被摄物不可能完全同一，即不需要人参与的机械自动生成的影像在文化意义上难以真正建构，但这无疑也证实了电影能够借助影像再现物质世界与人的生存环境，成为一种“视觉文化”[6]，并通过不断丰富的影像世界让人“看到了一种新艺术的发展，而且看到了一种新的感受能力、一种新的理解能力和一种新的文化在群众中的发展”[7]——电影能培养观众对艺术本身的欣赏理解力，还能激起普罗大众对现实社会的感知判断力。

自古有着“两洋三洲五海”的中东，因是联系亚、欧、非三洲，沟通大西洋与印度洋的区位要塞，加之蕴含丰富的淡水、石油资源，二战后便成为欧美等老牌资本主义国家的逐鹿之地。鉴于中东地区内部的宗教问题（伊斯兰教、基督教、犹太教等并存）、民族问题（阿拉伯人、波斯人、土耳其人、犹太人等共处）、种族问题、性别问题及阶级问题等极为复杂，遂以“巴以冲突”为核心的“中东战争”（又称“巴勒斯坦战争”，以色列则称“独立战争”）自 1948 年拉开序幕后，该地至今仍硝烟弥漫、战火不断。除去内因诱发的动乱，以西方霸权为首的外部势力干涉也成为中东地区难以平静的助推器。1990 年，美国领导的联盟以伊拉克对科威特的非人道入侵及其对美国安全构成威胁为由，发动旨在恢复科威特合法政权的第一次海湾战争。“911”事件（2001 年）后，美国总统乔治·布什极端地用“邪恶轴心”来定义支持恐怖分子、恐怖组织的政权，并认为世界的动荡与不安主要由占世界 80％的垃圾人口所造成，一旦这些“无赖国家”（伊拉克、伊朗、叙利亚、利比亚、阿富汗等被其明确列入）拥有大规模杀伤性武器，必将危及 20％的精英人口。[8]也因如此，以美国为首的联军以反恐为名于 2001 年发动对阿富汗的基地组织和塔利班的战争。截至 2018 年 10 月，“美国以打击恐怖主义为由入侵阿富汗，至今已经满 17 年。17 年来，3 万多阿富汗平民死于战火，流离失所者不计其数。……美军近 2300 人在阿富汗战争中阵亡，战争直接耗资超过 9000 亿美元，间接支出或高达 2 万亿美元。目前，仍有大约 1.4 万名美军士兵驻扎在阿富汗”[9]。而 2003 年，以美、英部队为主的联军又以伊拉克藏有大规模杀伤性武器并暗中支持恐怖组织为由对其进行军事打击，历时 7 年之久的伊拉克战争（第二次海湾战争）以美方并未找到实质性大规模杀伤性武器，“近 4500 美军官兵丧生，约 3.2 万人受伤”[10]，及伊拉克萨达姆政权倒台作结。频发的战乱使中东不少国家政局持续动荡，社会矛盾愈加尖锐，进而滋生众多不堪战争、极权重负而被迫流离失所的难民。

难民泛指“因有正当理由畏惧由于种族、宗教、国籍、属于某一社会团体或具有某种政治见解的原因留在其本国之外,并且由于此项畏惧而不能或不愿受该国保护的人;或者不具有国籍并由于上述事情留在他以前经常居住国家以外而现在不能或由于上述畏惧不愿返回该国的人"[11]。而"难民潮的发生,从根本上来讲,是人的生存环境发生剧烈变化所致。这里所说的环境,其中包括国家领土变更、政权的更迭、社会分裂、民族冲突所导致的动乱和战争,政治和宗教迫害等;其次是反映自然环境的急剧恶化,这种变更会间接地导致政治和社会冲突,最终使人流离失所"[12]。中东地区连年战火导致不少国家政局动荡,加之宗教、民族、种族等历史遗留问题,社会矛盾激化,不少人因生活乃至生存得不到基础性保障而不得不远离故土。在欧盟成员国中,匈牙利、德国、瑞士、瑞典为中东地区难民申请人数较多的目标国——当然,这"很大程度上源于这些国家移民政策较为宽松且对移民的待遇较为优厚"[13]。特朗普执政后,美国基于自身国家的安全考量,较大程度缩减可接纳难民人数,2019 年"缩减至 3 万人……再创自 2017 年 9 月宣布的 45000 人以来的数字新低。另外,政府还将能够寻求庇护的人数缩减至 28000 人"[14]。在某种程度上,因国际政治、经济环境及目标国难民政策的变化,中东地区难民处境越来越恶劣。

《何以为家》《海上火焰》《尘世之间》三片都从不同方面揭示了难民艰困的生活现状。《何以为家》以 12 岁的男孩扎因(赞恩・阿尔・拉菲亚饰)控诉作为叙利亚难民移民于此的父母的生而不养为切入点,借插叙的回忆性段落——幼小的扎因赚钱养家、未成年的妹妹被迫出嫁、扎因由此愤而离家出走及此后与埃塞俄比亚难民拉希尔(约丹・诺斯・希费罗饰)母子的共处经历等——展示了内外交困的黎巴嫩社会中女性地位低下、低龄早婚、青少年犯罪率高、人口买卖、外来务工者与难民的合法权利难以得到确认等多重问题,进而从个体家庭的儿童教育、抚养这一伦理视角,透视了社会深层结构中深隐的各种弊病、困厄;《海上火焰》通过对中东地区难民如何通过中转站兰佩杜萨岛进入欧洲,以及 9 岁男孩塞缪尔・卡鲁阿纳作为兰佩杜萨岛岛民的日常生活的双线写实记录,以无语影像(无解说词的纪录画面)的平行剪辑,再现了同一地区之上两种迥然相异的群体(难民和岛民)生活;《尘世之间》按时间先后顺序线性叙述了来自巴基斯坦萨姆萨图难民营的 16 岁男孩贾马尔(贾马尔・纳比勒・埃卢比饰)及其表兄如何经"蛇头"通过陆运方式辗转各地(经伊朗、德黑兰、土耳其、保加利亚、意大利、法国等地),最终几乎孤身一人到达目的地英国的非人经历——以艰困、漫长的既要躲避检查亦要经受生死考验的偷渡之旅达成的难民非法迁移很少能使幸存者如愿到达目标国。显然,这几部影片都基于真实材料来再现客观存在和揭示社会现象，电影语言与影像技法也尽量弱化创作者的潜在意识倾向及情绪化主观表达，在某种意义上实现了齐格弗里德·克拉考尔所倡导的电影“是一门不同于寻常的艺术。它跟照相一样，是唯一能保持其素材的完整性的艺术”[15]的主张：“电影倾向于表现一种‘仍然跟物质现象紧密地、仿佛由一根脐带联结在一起的生活，而它的情绪和理智内容即来自这些物质现象’”[16]。

二、导演：新现实主义视阈下的人道关怀

让·米特里在其多卷本著作《电影史》中更新了电影的“现实”观念：“实际上，这一风格中，电影家并非重复或复制现实，哪怕仅从形式的表层上看，他们在模仿生活创造的活动，它的情感迸发、它的内在活动，依据此点进行创作，仅仅只保留其最奇特、最具特色的那些方面。对真实的把握仅在于表达‘本质意义’的真理。”[17]毋庸置疑，《无以为家》《海上火焰》《尘世之间》既立足真实，又表达真实，虽各自叙述策略、镜语运用、声画呈现等不尽相同，但均以真实人物塑造为核心，借助环境与人物的矛盾冲突来建构情节，多侧面凸显现实环境的政治、经济与文化本质，体现出作为社会主流群体的导演对难民群体的人道关怀意识。

作为黎巴嫩第一代本土电影导演，娜丁·拉巴基的童年和少年几乎都是在内战的硝烟中度过的。战后的她在接受大学专业培训后登上影坛，其迄今所执导的《焦糖》、《吾等何处去》、《何以为家》等片虽题材不同，但都直接反映现实，触及黎巴嫩当下社会的政治、宗教、性别等问题，揭示个体在复杂险恶境遇中所历经的创伤与无奈。“柴伐梯尼说，新现实主义的原则是爱和理解那些实际存在的他人——‘有他们真实的名和真实的姓’的人。”[18]片中的主要人物均由非职业演员出演，而“他们不是在表演，而是在表现自己真实的人生”[19]，“这一点对我十分重要，这样才能更贴近现实，更好地反映现实”[20]，娜丁·拉巴基如是说。《何以为家》中黎巴嫩街头、市场、未成年监狱、收容所等场景均实景拍摄，摄影机跟随扎因或以他的视角来观察，突出环境与直面环境时人物的言行，展现其真实生活及他所遭遇的悲惨经历。在某种程度上，此与让·雷诺阿的“诗意现实主义”有异曲同工之妙——“开放的、仿佛结构很松散的叙事，突出环境及其人物、人物的行动之间的有机关系，不轻易对人的行动作出判断，在表演层次上几乎从不给人的做戏的感觉”[21]。

除执导《海上火焰》外，毕业于纽约大学电影学院的吉安弗兰科·罗西还执导《罗马环城高速》等纪录片。《海上火焰》用看似毫无交集的中转兰佩杜萨岛的中东

难民与岛民塞缪尔·卡鲁阿纳生活经历的平行叙述，同构了兰佩杜萨岛的在地真实。恰似吉加·维尔托夫所指称的“电影眼睛人”，导演通过“电影眼睛”来观察和获取人类肉眼所不能企及的现实的本来意义，也即“以电影纪实的手段，为肉眼译解可见世界和不可见世界”[22]——主流群体视阈之外的边缘存在。一如维尔托夫将纪录片视作“一种经摄影机阐释的视觉事件的快速回顾，是(与戏剧对立的)现实能量的单位总和，它仰仗蒙太奇的高超技巧，通过一个个间隙，汇合成一个结构的整体”[23]一样，《海上火焰》借蒙太奇对难民和岛民两个不同群体生活的有效组织，既完形了事实本身，也彰显了观察者不无人道主义色彩的视角与思维，使影片本文不仅仅是“纪录在胶片上的事实的总和”，“而且是积，是一种事实的‘高等数学’”[24]。

迈克尔·温特伯顿于英国布里斯托尔大学电影专业毕业后登上影坛，自执导处女作《蝴蝶之吻》后，先后执导了《烽火惊爆线》《代码 46》《一个荒诞的故事》《关塔那摩之路》《热那亚》《心中的杀手》《特里萨娜》等获国际 A 类电影节提名或获奖之作。《尘世之间》作为导演迄今执导的最为杰出之作，在对难民生存状况的真实记录与故事情节再现之间达成了镜语表达上的某种良性平衡。影片开篇以萨姆萨图难民营的大远景及滞重的画外解说交代了在地真实背景(现有 5300 名阿富汗难民居住于此，多为 2001 年 10 月 7 日美国对阿富汗发动空袭后来此的难民)、真实人物(孤儿贾马尔是此地的一名矿工)和真实问题(表兄之父为其子能有美好前程，花重金将其交与“蛇头”偷渡英国，因其不会英语故贾马尔随同前往)。在顺时序情节建构中，以客观视角再现的几段较具代表性和表现力的真实时空“真实刻画”了非法的偷渡过程；摄影机冷静克制的叙述与中景、全景、远景等大景别及景深镜头、“连续的摇拍”等段落镜头的巧妙运用，亦使影片最大限度地抓住真实本质，让观影者在非戏剧化冲突、非情节化设置及难民颠沛流离后沉重平实的对话中体悟不同群体的惨淡人生，进而生出某种人道同情与生存悲悯。

三、“何以为家”：群体对“生”的拷问

当代意大利哲学家吉奥乔·阿甘本在《神圣人：至高权力与赤裸生命》一书中探讨了至高政治权力如何通过“例外状态”的排斥—吸纳机制重塑现代社会的“政治生命”的政治哲学问题：“例外状态”联结了“至高权力”与“赤裸生命”，成为构建“生命政治”的核心。[25]在阿甘本看来，“例外状态”亦可理解为紧急状态、戒严状态、必要状态或一种军事管制的状态，它既是一个介于政治与法律之间的范畴，亦

是一个连接法哲学、政治神学、人类学等诸领域的概念。"如果例外手段是政治危机时期的产物,因此其本身必须被放在政治而非法律—宪政的基础上来理解,那么它就会发现自己处于一个吊诡的情境之中,作为无法在法的层次得到理解的法律手段,而例外状态则呈现为不再具有法律形式者的法律形式。另一方面,如果法利用例外(亦即法本身的悬置)作为它指涉涵纳生命/生活(vita)的手段,那么一个关于例外状态的理论,就成了定义这个将生命联结,同时亦弃置于法的关系的准备条件。"[26]《何以为家》《海上火焰》《尘世之间》三片虽将镜头聚焦于政治性与基本人权丧失的"赤裸生命",但难民所置身的真实语境作为"例外状态"又是中东地区不少人的生活常态:如"牲人"般苟活于世。在某种意义上,"何以为家"不仅是个体生命对家的呼唤,亦是群体生命对生活、生存的拷问。

《何以为家》以肩扛式摄影、手持跟拍对扎因日常但又"例外"生活——为赚钱养家,年幼的他不得不日夜穿梭于市井街巷,奔走于贫民窟与房东的杂货店(扎因的妹妹萨哈受雇于此)之间——的记录影像是有些抖动和模糊的,而这无疑正是还是孩子的扎因眼中那自顾不暇却又无可奈何的生活情状与家庭样态。当母亲带着他去探望狱中的哥哥时,母亲的神色自若与谈笑风生使那人满为患的未成年监狱有着几分学校般的讽喻意味;生理意义上初为女性的萨哈(海嗒·塞德拉·伊扎姆饰)迫于父母的威逼利诱嫁给房东,而不久便难产大出血而亡——现代社会中几近消失的低龄早婚从房东的证词中可以见出在扎因置身的世界中是何等寻常,而这显然暗示出难民青少年教育及女性问题已被悬置(妇女、孩子的人身自由几被剥夺)。作为集难民、黑人与年轻的单亲妈妈等在地边缘身份于一身的拉希尔,无居留许可证、只得打黑工的她不得不为了能照顾年幼的孩子而离开工作6年的好心的雇主,心地善良的她因幼子需要人照顾而收留愤而离家、露宿街头的扎因(他因穷困多子的父母无力合法抚养自己而无任何合法居留身份,也难以凭一己之力移民瑞典,只能流浪街头;他后因妹妹之死怒而持刀刺伤房东并在受审过程中控告父母生而不养)——三人生命权利被剥夺与漠视的苦难生存,直击黎巴嫩复杂社会环境中被长久遮蔽的难民合法身份、女性难民务工生育权及难民人口买卖等沉重且严肃的现实问题。

《海上火焰》以客观视点和景深镜头、段落镜头等所织就的朴实影像展开对兰佩杜萨岛上两种不同群体生活的记录:岛民世代捕鱼为生,塞缪尔·卡鲁阿纳对叔叔所说"生活是艰难的"并不理解,他单纯地沉浸在弹弓打鸟的愉悦及与奶奶、叔叔共处的平静安谧中;岛民对难民了解的媒介(电台DJ)似一封闭孤立的个体,虽然作为兰佩杜萨岛唯一的传媒，岛民对难民不无悲悯色彩的认知与关怀也仅停留于冰冷的新闻播报所提及的难民沉船救援失败、难民遇难人数之上（这仅是主流群体对边缘群体的生存、生命的定义与感悟在被简化后的符号性表达）；而在某种程度上，医生彼得·巴托罗可谓岛民与难民之间唯一鲜活的连接点——为难民孕妇产检，为溺亡难民（妇女、儿童，甚而是脐带尚未剪断的新生儿）尸检，他不得不"工具理性"地对待他们（这使他不安与矛盾，尽管对生命的爱和敬畏超越种族、语言、地域与文明，但他还是深感帮助别人是开心的但又是极为不幸的）。其实，片中黑人难民登岛后的即兴说唱"生活本身就是场冒险……我们在沙漠的时候，水源枯竭了，我们用自己的尿来延续生命，所有的一切都是为了生存，这是场生命的旅行……而何处是我家"，既折射出难民们悲惨的迁徙经历（在饥饿、炎热的折磨下穿越撒哈拉沙漠到达利比亚，随之被囚禁、毒打后方始海上苦旅，至兰佩杜萨岛时只有1/3人侥幸存活），也暗示出这样一个令人动容、深思的严酷现实：生活对这些"赤裸生命"只是未知无尽的冒险，苟存于世的"例外状态"只是生命不得不进行的"优胜劣汰"的日常选择。

在某种意义上，《尘世之间》可谓大卫·波德维尔在《电影诗学》中所称赞的阿巴斯·基亚罗斯塔米的电影那样，它"既是人道主义的，又是形式主义的伟大电影"[27]；它将流畅的语境、形式化的影像处理与现实主义题材、深邃的人道主题有机结合。在一定程度上，影片借鉴了好莱坞经典类型电影的叙事之法（受目标引导的人物行动顺时序建构的时空关系凸显了故事的因果链条），但与后者叙事注重人物行动对情境的作用（轮廓鲜明的个性化人物的内在行为动机推动故事情节的发展）又有所不同。《尘世之间》多次运用三维动画地图来联结不同空间，并用富有颗粒感的影像、略微抖动的跟拍画面、素朴自然的光影效果等来如实刻画现实环境对人物的较大影响——难民们在看似目标明确的"生命之旅"中被动地漂泊（贾马尔与表兄的偷渡之旅则是被动地如货物般被塞入不同货车的过程，40小时局囿于狭小密闭的集装箱的"货运"途中，不断地"装货""卸货"，整箱的难民唯有贾马尔和一个婴儿最终熬过来自生存的残酷挑战而到达目标国）；而历经千难万险的贾马尔来到期许已久的新家园英国后，难民申请却被残酷地拒绝（他有幸获得的特殊居留资格在其18岁生日当天失效）。影片重点描述了贾马尔"生死之旅"后收获的短暂"新生"，而这显然是在向偌大的尘世发问：孤儿贾马尔的家究竟在何处？是出生地萨姆萨图难民营，还是那些充满希望但需用生命去冒险之地？诚然，逃离难民营是难民们对生活现状的反抗，而作为"赤裸生命"，其注定将败给政治的"至高权力"，因为“例外状态”已成为日常的生活，他们每一次的生存抉择都将使自己迈入不同的苦难甚而是死亡境遇。

四、余论：穿刺“晶体一影像”的伦理反思

吉尔·德勒兹认为：影像可概分为可见的“现实影像”和与之相对应的不可见的“潜在影像”，“现实影像及其潜在影像构成最小的内在循环，至少是一个尖点或一个点”[28]，即“晶体一影像”。“晶体一影像”区别于“动作一影像”与“情感一影像”，而“构建晶体一影像的是对时间的最基本操作”[29]。虽然“晶体一影像”不是时间本身，但可从中看到时间的本质：“时间应该在每一刻都被分解为现在和过去，它们在本质上是不同的”，或者如柏格森在《精神活力》中所认为的那样，“把现在分为两个异质方向，一个面向未来，一个追溯过去”[30]。因此，在德勒兹看来，“晶体一影像”是一个互动交融与不可辨识的点，是如让·里卡多所认为的“一个已经不在的直接过去和一个尚未到来的直接未来的不可捉摸的界限……它是不断反射回忆感知的活动镜子”[31]，也即“过去的现在的现实影像和保存的过去的潜在影像”[32]的交融与循环。

扎因在《何以为家》结尾处定格的微笑，显然是作为过去时间的“现实影像”的留存，而对瑞典新生活的向往，则是“潜在影像”对前路未卜的映射。母亲的再次怀孕一如永恒的时间，封闭于晶体循环中难以被打破；扎因在法庭上对父母生而不养的控诉及最终的移民则是希望自己的言行能够穿刺个体生命的固有轮回。实际上，导演将镜头对准来自叙利亚的扎因一家及来自埃塞俄比亚的拉希尔母子，正是希望本文深刻的伦理反思能够冲破社会深层结构，以结束苦难的生命循环与难民的“惯性同谋”。同样，《海上火焰》中的兰佩杜萨岛即如“晶体”本身(过去 20 年中竟有 40 万难民由此登陆欧洲)，救援船只的全景既是无数“过去的过去”与“过去的现在”的叠映，也是一次次对未来将驶向何方的追问。铺满天际的殷红晚霞落在海面上，水天相接处既是日夜的轮转又是生命旅途开启的篇章：岛民在“火焰”中祈求星光与好运，难民在血色中触碰困厄与死亡。其实，尽管《尘世之间》中的贾马尔历经生死考验终于到达象征美好前程的彼岸，而 18 岁时的“驱逐令”又注定他将在不久之后再次开启生命迁移的循环。片尾摄影机重回萨姆萨图难民营，俯瞰镜头下的孩子们呈现出无忧无虑的笑脸，然而属于他们的未来是否也是同样的“晶体”？宗教信仰或许能让个体迷茫与无助的心灵寻得一丝慰藉，但结构本身并不会因此而被改写，断壁残垣的影像永存的是太多的苦难记忆，而导演在本文悬置的则是模

糊的未来的重建与重生。

电影作为一种文化有其物质性与社会性，作为一种艺术语言因其媒介的记录特性，又能不同程度地揭示与反映客观存在，因而对它的考察既要基于内本文、全本文，也要具有针对泛本文（语境）的历时性和共时性的审视眼光。人类命运共同体使得我们与中东地区的人民息息相关、血脉相连——中东地区的苦难并非一国或一个区域的“灾难”。《何以为家》《海上火焰》《尘世之间》等难民题材电影的导演们，将摄影机作为揭开社会疮疤的武器，希望负载人道关怀意识的艺术作品能够引起广泛的重视、深刻的反思与唯物主义的审美顿悟，而不仅仅是事实的新闻报道与冰冷理性的数字。即使人类中任何“幸运的大多数”对正在历经苦难的边缘群体的关怀都无法真正感同身受（作为“赤裸生命”，“牲人”般的难民们将怎样为了生存而度日），亦无法真正理解他们对于生命的体悟、定义与期许，但我们（尤其是艺术家）能做的是不仅拿走他们的苦难故事，不仅将其血肉铸就的“原材料”制成文学、电影、音乐等艺术作品的基底，而更要反思苦难循环本身，反观伦理悖逆之下深层的结构“晶体”，因为毕竟，“文化本身是为人类生命过程提供解释系统，帮助他们对付生存困境的一种努力”[33]。

注：

[1]约翰·霍华德·劳逊. 电影的创作过程[M]. 齐宇，齐宙译. 北京：中国电影出版社，1982：173.

[2]爱德华·默里. 十部经典影片的回顾[M]. 张婉晔译. 北京：中国电影出版社，1985：29.

[3]特雷·伊格尔顿. 二十世纪西方文学理论[M]. 伍晓明译. 北京：北京大学出版社，2007：233－234.

[4][5]安德烈·巴赞：电影是什么？[M]. 崔君衍译. 北京：中国电影出版社，1987：19，353.

[6][7]贝拉·巴拉兹. 电影美学[M]. 何力译. 北京：中国电影出版社，2003：20，21.

[8]乔治·沃克·布什. 布什《国情咨文》全文[EB/OL]. http://www.cctv.com/2017/－02/07/special/414/0/35855.html，2017－02－07.

[9]刘阳. 记者手记：阿富汗战争 17 年，美国何时收手？[EB/OL]. http：www.xinhuanet.com/2018－10/08/c_1123530545.htm，2018－10－09.

[10]温宪. 奥巴马在布拉格堡军事基地说伊拉克战争正在结束[EB/OL]. http://news.ifeng.com/world/news/detail_2011_12/15/11341881_0'shtml，2011－12－15.

[11]刘金质等. 国际政治大辞典[M]. 北京：中国社会科学出版社，1994：311.

[12]李少军. 论难民问题[J]. 世界经济与政治，1997(6).

[13]黄日涵、李丛宇.国际移民视角下的欧洲难民危机及其应对[J].国际展望,2017(5).

[14]魏雪巍.美国再收紧难民政策:明年可接纳难民人数降至3万人[EB/OL].http://news.163.com/18/0918/10/DRVSU5AU00018AOR.htm,2018-09-18.

[15]齐格弗里德·克拉考尔.电影的本性:物质现实的复原[M].邵牧君译.北京:中国电影出版社,1981.

[16]齐格弗里德·克拉考尔.电影的本性:物质现实的复原[M].邵牧君译.北京:中国电影出版社,1981:301.

[17]郑亚玲,胡滨.外国电影史[M].北京:中国广播电视出版社,1995:122-123.

[18][21]戴维·奥弗贝.意大利的春天[J].世界电影,1989(3).

[19][20]程晓筠.黎巴嫩导演娜丁·拉巴基:《迦百农》不是"演"出来的[EB/OL].https://rh.mbd.baidu.com/3malkee?f=cp&u=e99585a9626dc97b,2018-06-28.

[22]李恒基,杨远婴.外国电影理论文选[M].上海:上海文艺出版社,1995:201.

[23]李恒基,杨远婴.外国电影理论文选[M].上海:上海文艺出版社,1995:196.

[24]李恒基,杨远婴.外国电影理论文选[M].上海:上海文艺出版社,1995:198.

[25]吉奥乔·阿甘本.神圣人:至高权力与赤裸生命[M].吴冠军译.北京:中央编译出版社,2016:198.

[26]吉奥乔·阿甘本.例外状态[M].薛熙平译.西安:西北大学出版社,2015:4.

[27]大卫·波德维尔.电影诗学[M].张锦译.桂林:广西师范大学出版社,2010:185.

[28][29][30][31][32][法]吉尔·德勒兹.时间-影像[M].谢强,蔡若明,马月译.长沙:湖南美术出版社,2004:110,127,127,128,128.

[33]丹尼尔·贝尔.资本主义文化矛盾[M].蒲隆,赵一凡,任晓晋译.北京:生活·读书·新知三联书店,1992:24.

伦理救赎与青少年法律思维培养

——影片《肖申克的救赎》的教育意义反思

易连云

近日，又观看了美国影片《肖申克的救赎》。与初看影片时的心情与感觉不同，再观此影片，心中多了一层思考。影片中演绎的故事以及通过这个故事演绎出的诸种人生问题与价值观念很有现实价值，如果从学校教育的角度来说，如何让学生明白道德与法治、情理与法治的关系问题都值得思考与回味。

从影视伦理的角度，影片中呈现出的几个伦理问题具有重要的现实教育意义，这几个问题会在一定程度上挑战我们曾有的价值观念与是非判断。可以说，这部影片实际上可以作为一部具有伦理与法治意义的道德教育影片，这样说的原因，是因为这部影片在许多方面都具有引起人们道德与法治思考的现实意义。下面，我试图从以下几个方面进行简要分析。

一、 主人公安迪是有罪还是无罪

影片以安迪被指控谋杀其妻子与其情夫而被投入肖申克监狱作为导引将观众带入一个看似非常明确的凶杀故事情节之中。影片以法庭陈述场面开始，法庭上检察官的严密且咄咄逼人的指控让安迪无法辩解，也不知道如何为自己辩解。因为种种证据对他非常不利，而且他也的确因酒后失控持枪去过被害现场。尽管影片开始已经给人以暗示，出身于银行家的安迪并未有真正杀害自己的妻子，可是安迪并没有上诉，因为，在他心中，他自认为是自己杀害了他自己深爱的妻子，因为他无法忍受妻子的出轨，而在酒后产生过杀害妻子及其情人的念头。就这样，安迪进入了肖申克监狱并在那里开始服刑。他并没有上诉而是安心服刑，并时刻生活在对自己的自责之中。他心中知道，他非常爱他的妻子，因为这种爱，他在内心认定了自己的罪恶，这似乎是向我们展示了一个悲剧故事的开始。如果不是另外一个犯人偶然讲了事件的真相，故事也许就会是另外的结局。从影片的编导或者是故事的情节演绎来看，这其实也是美国类似影片中的相同情节设局，或者说是一种套路。

随着影片中故事情节的进一步展开，观众的心理产生了逐渐强烈的震撼。影片并没有着力去讨论安迪的故事，而是向观众展示了监狱生活中的另一面。这是日常生活中人们通常看不到的另外一面。从影片故事的描述中，观众越来越感觉到那些表面无罪、专门以关押教育有罪之人的狱警暴露出了罪恶的一面。这种罪恶表现在两个方面：

一是在表面正义下的践踏人性，不尊重犯人的人身权利。这些狱警们任意伤害、虐待甚至杀害正在服刑的犯人。或许在他们心中，这些犯人根本配不上得到尊重。这种状况在我们的生活中也不难看到其影子。这就如同学校中犯了错误的学生，在老师们看来，如何批评他们都不过分，甚至于体罚时不自觉道理满满。

另一方面是部分狱警无视社会的法律，他们利用犯人的特长与专业知识为个人私利服务，甚至不惜以身试法，进行着违反法律的勾当。这两者的结合使观众产生出一个非常强烈的印象，也使得人们对这个社会的正义逐步丧失了应有的信心，进而沦为影片中所塑造的“体制化”的牺牲品。我们不难明白，为什么社会中的人们对于知法犯法者的痛恨之情远超于其他普通之人，也不难理解，师德的丧失给学生心目中所造成的心理打击有多沉重。

二、“体制化”的伦理困境

影片中的故事让观众对“体制化”的影响产生了难以磨灭、也无法描述的恐怖感。在监狱中服刑多年后假释出狱的老布，因为不能适应剧烈变化后的社会生活选择了上吊自杀，同样假释后的瑞德在超市工作，如果不请示汇报便无法小便的情景也使人不得不感叹体制化的力量。长期的监禁生活，使得他们远离了现实社会生活，这种隔离加上亲情的缺失，造成了一种深刻的社会问题。这个问题便是：出狱便无法生存！这似乎成了一个深刻的法律悖论，这也是一个非常值得关注的社会伦理与道德困境。（这一点从中国社会中重复犯罪现象的增加便可看到，这实际上是一个全球性的社会问题，这使得法律人必须思考一个重大问题，监狱的目的是灭掉一个犯人的精神，还是折磨其肉体，使其精神得以提升。现实中的罪犯常常是身体得到了锻炼而精神却没有得到教育，更谈不上提升，他们无法融入社会的是思想，这是一种很可怕的现象。）影片中让人匪夷所思甚至哭笑不得的是老布为了不被假释而用小刀故意伤害狱友，以希望继续留在肖申克监狱的情节，从这个情节中，观众不难看出，老布已经被监狱生活彻底塑造成了另外一种人，带有影片中“体制化”的烙印，经历过“肖申克”生活的人已经无法再回到社会了，这恐怕无论过去还是现代社会都是一个无法回避的现实社会问题。监狱长官的经典话语，“把信仰交给上帝，把身体交给我”，成了这种体制的标志。这其中有许多值得思考的问题，如：

1. 这些身犯重罪而终身服刑的人中，他们是身体有罪还是灵魂有罪？如果是灵魂有罪，我们得深究其罪源自何处，然后再去思考拯救的措施，否则对其身体惩罚是否能够达到应有的目的？“肖申克”的体制实际上是用摧毁人的自由思想和个人意志的方法，消灭了人的人性与独立的人格，结果是使犯人一个个肉体成为机械僵化的行尸走肉。在这种体制之下，生活得越久，人就会变得更加麻木。其结果便是，一旦出狱，他们便无法生活，如此也造成了不能对其进行有效改造的另外一个难题。

2. 安迪是应该上诉还是应该越狱？影片向我们展示了一个心灵救赎故事的同时，又抛出了一个法律困境。安迪一直自认有罪，他向瑞德谈起过他的内心感受，从他的言论之中，我们感觉得到他怀有对妻子之死的罪恶感、与内疚感，这也是他为什么不吵不闹，安心于肖申克监狱中体制化生活的原因。然而这一切平静被另一个犯罪青年的一个故事所打破。一次偶然的机会，安迪从这位青年口中得知了真正凶手的消息，他内心深处的无罪感又被唤醒，但是当监狱长设计枪杀了那位知情者后，安迪的内心再也无法平静下来，他开始设计了一条既复仇又能够逃出肖申克监狱的越狱之路。

这无疑使观众受到了严峻的法律考验，观众心理的伦理关系也遭遇了挑战。

从理性的角度来思考，观众可能认为安迪应该走法律程序，提出申诉，但现实的局面又似乎无此可能，人们就默认了安迪的逃生之路，并为其能够最终逃脱而从内心深处舒了一口气，并感觉到一种来自心灵的莫名快感。可问题是，安迪的越狱逃跑并没有带来他自身罪恶的解脱，这种越狱行为反而坐实了自己的犯罪，他所揭露的“肖申克的黑暗”虽然使当事者被绳之以法，但却给自己的未来生活留下了悬念。这种结局与二千多年前的“古希腊伦理悲剧”，即“苏格拉底之死”形成了鲜明的对照，这也许就是影视伦理与现实伦理之间的张力与美感。因为这样的结局更体现了传统文化中以暴制暴的心理快感与情感寄托，同时也以这种开放式结局给观众留下了广泛而深刻的思考空间。这也充分体现了后现代伦理学否定传统的本质决定现象的关系伦理学或自然主义伦理学的倾向，将伦理看成一个舞台，一个人人是主角，人人都在上面唱戏并表现展示自我的舞台，它没有固定的本质。因人而异，结果如何，全看个人表演。

三、教育的角度

从电影艺术上讲，本影片堪称佳作，影片中人物的刻画与表现均表现了较高的艺术水平，影片中的主要人物均给观众留下了深刻的印象。那么从教育的角度，我们应该去如何欣赏并理解其中呈现的伦理与道德问题，特别是法律问题呢？我认为，有这样几个问题，可以提供学校教育的借鉴。

第一，影片给我们展示了一个平时不为人知的特殊群体的日常生活，即监狱中服刑人员的生活。平心而论，我们对现实中这群人的生活世界是陌生的，我们甚至从心底里认为，他们就不应该过好的生活，他们理应被惩罚、被羞辱等等，我们认为对这些人采取一些特殊手段是应该也必需的。现实生活中的人们对服刑人员道德上的批判与谴责胜于法律上的理解，他们一旦犯法，就成了生活中的坏人，既然成了坏人，那就不需要对他们客气了。

第二，安迪对监狱里面警察的违法行为的揭露与自身违法越狱的事实构成了一个深刻的法律难题，也是一个生活中难以进行简单判断的伦理难题。从影片中的故事情节看出，如果安迪不越狱，监狱中警察的犯罪行为就不能被揭露，监狱中的黑暗一面不会被曝光，而安迪的越狱又必须接受法律对他的审判，观众会感受一种两难情绪。平心而论，从情感上，我们可以接受这样的结局，可是从法律的意义上，我们无法主张这样的行为，以违法手段抗拒法律，结果只能是悲剧性的。也正是这样的悲剧性情节才让人久久不能释怀。毕竟在日常生活中，人们更愿意相信善恶有报的因果报应循环。

第三，如何理解“体制化”对人的约束与塑造。影片通过几个细节向观众展示了肖申克监狱的“体制化”生活给人带来的深刻影响。这也是本影片值得观众深入思考的东西。肖申克监狱中的体制化生活其实只是我们这个现实世界生活中的一个侧面，我们每一个人都生活在一个特定的体制化模式之中。这种体制化生活既可以塑造人的精神，也可以塑造人的肉体，区别只在于我们是把灵魂和身体交给别人还是交给自己。事实上，只要是生活在体制之内，我们就无法任意支配自己的精神或者肉体，人们在创造环境的同时，也被环境所塑造，这是一个不可避免的社会现实。去创造与被塑造始终是一对矛盾，这对矛盾在不断的对立与统一中产生冲突并得到发展，当然也包括产生冲突并导致堕落。让人必须思考与反省的是安迪式的体制化生活解脱，又是以自我背离法律约束的生活为代价的，这样的背离使得他终身只能隐身于太平洋边的小岛，过着一种虽然有钱却没有身份的生活。其实，体制化生活就像《围城》中所描述的，里面的想出来，而外面的则想进去。这也像我们今天批评的教育体制，我们认为今天的教育体制如何的束缚了人的思想，禁锢了人的自由，可是，离开了教育，我们又怎么知道自己被禁锢，自己失去了自由，没有了教育，我们又怎么知道什么是真正的自由呢？最后，我想说的是：离开了我们称之为禁锢的教育，我们真的能够应付这个日益变化的社会吗？没有了这种约束，我们真能找到自己的精神家园吗？

“他人之痛”:电影《少年的你》中的伦理症候分析

牛鸿英

苏珊·桑塔格在她的文集《关于他人的痛苦》(或译《旁观他人的痛苦》)中,以伍尔芙的作品为引子,细致地讨论了在这个“听任消费者操纵的”世界,当代战争“大屠杀”,成了“家庭小屏幕里川流不息的娱乐的日常成分”[1],严厉地呈现和批判了我们面对视觉化的当代战争麻木冷漠,“对他人的痛苦无动于衷”的当代道德缺陷。而面对《少年的你》中的欺凌,面对片中那些随时拿着手机,只顾记录死亡现场而对同学生命无动于衷的高中生,那些参与并记录霸凌的年轻人,还有那些所有恶行的旁观者,这一切仿佛产生了一种令人沮丧而奇妙的互文性关系。这种呼应不但指向了影片中黑暗的内容和时刻,更透过屏幕指向了在现实中可能也是“旁观者”,在观影时正在成为“旁观者”的“我们”。作为审美主体的“我们”形成了对故事中“他者”与现实中“他者”的双重伦理关系,这个观看的审美经验直接把我们抛入了一个直面当代价值危机与道德缺陷的症候群之中。“少年”作为“时代病”无辜的牺牲品,以其对命运的挚情抗争,打破了某种“共识”的幻觉,造成了情感逻辑与理性逻辑的巨大撕裂,以残酷的形态与迫切的态度对现实发起了审美的追问和严厉的反思。

一、“他人”命运的伦理意义

电影《少年的你》以校园霸凌事件为镜像,连带出了重要的社会伦理症候,特别是群体对个人的冷漠与无视,对边缘弱势个体的伤害与歧视,暴露出充满风险的公共伦理问题。当代社会生活是一种“与他者共在”的公共生活,我们与他人是一种“共在”的“同道人”,有着互为“他者”的对称关系,“他人在整体上不仅像其他客体,位于其他客体之中,而且还被进一步赋予了一种在本质上与我一样的意识”[2]。从哲学伦理学的意义上来看,他人的命运就是自我的命运,这种在实践理性中本应该是自明的基本伦理关系,却遭受着现实中目的论与工具论价值的无情挑战。互为“别人”的陈念和小北反问:“别人是谁?”胡小蝶直盯着镜头望向我们问:“她们一直在欺负我,你们为什么不做点什么?”《少年的你》以作为青少年的“他人”的命运与生死,直接向异化的社会关系和价值偏误发起了的挑战。

1."坏女孩"的生命困境

《少年的你》中的青少年,是被压抑、被疏离和被异化的主体,她们的生命困境呈现出了一场与众不同的"残酷青春"。陈念与魏莱两个女孩以貌似对立的表象,却表征着同一类带有当代社会学意义的"新坏女孩"形象。魏莱作为一个残忍迫害同学的主体,她的"坏"是直接通过"恶"的行为表现出来的,我们认为她的"坏"是直接而肯定的。而面对作为受迫害者的陈念时,我们从感情逻辑上是决不想轻易把她归到"坏"的类型中的,但是当面对魏莱的意外死亡,在她面对警察询问时所表现出的沉着冷静,那种丝毫也没有惶恐的坚毅眼神中,也透露着一种让人后背发凉的恐怖。她们是真的"坏"吗?是什么造成了她们的生命困境?事实上,她们都是病态社会价值的受害者,她们对自己的处境无法选择,他们是被外在价值环境共同压迫和塑造的病态主体,她们也共同承担着社会之"恶"名。看上去漂亮可爱的魏莱,是如何成为狂妄的"害人者"的?在学校,她因为成绩好而得到老师的表扬,同学的追捧;在社会上,她因为家庭富裕而轻视别人,盲目自信。是成绩好坏这二元论的成败标准和以金钱为表征的价值观、身份观在背后不断地纵容着、建构着、异化着她,她从未意识到自己的"恶",她甚至认为自己是"优秀"的代名词,她毫无忌惮的任意欺凌正是建立在这样的,主体认知的严重偏误之上的。而实质上,这种偏误是社会价值偏误的症候,她只是异化的社会价值观念的悲剧性后果。被骂做"圣母婊",在不堪欺凌中自杀的胡小蝶,是"连三本也考不上"的"坏"学生,被母亲名声拖累的陈念是在贫困的身份中被歧视的社会底层,她们被欺凌的逻辑也恰恰正是魏莱引以为骄傲的逻辑,其背后隐藏着的价值、身份、阶层的议题才是问题的关键,也是影片能够激发起社会关注和票房突破的原因。这些女孩们的悲剧从根本上说是社会悲剧,她们的生命困境是社会价值困境的表征和缩影,她们的故事与《风中有朵雨做的云》《悲伤逆流成河》《过春天》等等影片中的"坏女孩"们的命运互相呼应,共同以镜像呈现与审美创造的形式向我们和社会进行着诗性的反思。

2.共同体的割裂镜像

我们都生活在一个社会关系的共同体之中,这个共同体应该以平等、合理的伦理关系作为交往的基本准则,才能实现有效的沟通,才能有助于不同个体的自我实现和共同发展。陈念和魏莱生活在怎样一样共同的社会环境之中呢?影片以相关人物的行动为我们拼出了一个割裂的共同体镜像。从整体上看,这个共同体主要包括了代表微观环境的家长、代表中观环境的校园和代表宏观环境的警察。陈念的妈妈是一个受别人骗，又去骗人的可怜人，她行走在违法的边缘谋生存，一边东躲西藏地逃债，一边还要想办法挣钱供孩子上大学，她根本不在孩子身边，无法承担起监管和照顾孩子的能力；徐渺的妈妈为了孩子根本顾不得脸面，在众多同学面前给老师下跪，而她的爸爸更是在公众场合狠命地追打她，下手之重让人侧目；魏莱的妈妈看似文明高雅，却充满了阶层的歧视和身份的偏见，从小对孩子灌输着精致的利己主义的人生观，用冷暴力对孩子进行变态的惩罚。这三个孩子的家长也都是“时代病”的患者，他们不但不能为孩子的成长提供一个基本健康的环境，甚至还是直接造成孩子病态价值和行为的直接原因，实质上，这些少年的问题首先是家长的问题和家庭的问题。那么学校的环境怎样？陈念的第一个班主任老师，虽然说我既要管学习，也要管生活，虽然也批评捉弄陈念的同学，但并不是真的追究到底，他也说陈念你报警是对的，但也不积极配合警察的调查，他还是觉得什么都不能耽误学习和成绩；第二个班主任老师则是有着培训机构和某种传销广告的气质，习惯于大声地叫着各种口号。总之，学校是以成绩至上和考上名牌大学为绝对标准的，这里纵容着成绩好的人，对其他问题选择性的忽略。老警察和小警察是社会秩序的维护者，老警察在机械性地工作，他看惯了各种问题，对复杂的现实有些麻木，也不知道到底该怎样作为，只是程序性的应对着案件；小警察抱着一丝希望，想着我们必须要为她们做点什么，他有时也无奈，但最终承担起了启发者和拯救者的角色。虽然他为故事找到了一个出口，但少年们的整体生存环境仍然是分裂的，不更世事的她们被夹在异化的社会关系和环境之中，真正的内心成长和情感需要被忽视了。这三个层次的关系构成了对于青少年来说充满了问题的外在共同体环境，这也是造成她们成长困境的土壤。

二、社会隐喻的时空镜像

陡峭延展的阶梯，阴暗弯曲的隧道，U型密封的校园，多层复合的住宅，盘旋分叉的立交……隐蔽却又实在的时空呈现是《少年的你》视听表达的重要手段，这些充满着隐喻意味的空间意象，不但营建了人物生存的真实空间，更象征着生命处境与社会身份的框架格局，以“有意味的形式”建构了独特的镜像形态和审美经验。

1.“乐园”与“校园”

影片开头以倒叙的方式表现已经出狱的陈念当上了英语老师，她在教学生如何区分"was" 和"used to be"，她说这两个词不仅仅表示“过去”，都是“曾经”的意思，而使用"used to be"更有“一种失去乐园的感叹”。她读着"This was our playground. This is our playground. This used to be our playground. "(“这是我们曾经拥有的乐园”，“这是我们的乐园”)，眼前浮现了小北的面庞。“曾经”的时间悬念把故事抛向了被经验的过去，叙事自然在时间链条的回溯中跳转到了过去。可是，惺惺相惜的压抑过往是“乐园”吗？还是“校园”是少年的“乐园”？

陈念从被老师和警察询问的办公室看出去，学校的四层教学楼呈U字的形状，窗口的黑色铁栅栏恰巧堵住了U字形的出口，一种被封闭和窒息的感觉油然而生。对面教学楼不但每一层都挂着横向的条幅，过道部分还垂直的挂着两条竖向条幅，写着“奋战百天，决胜高考”“十年磨剑为一博，六月试锋现真我”……“距离高考倒计时60天”的红色大字在屏幕上跳动着，“耀弘高考复读中心”理10班——优秀班集体的奖牌高高地悬挂着，每张小小的书桌上都摞着高高的复习资料，学生们各种姿势地背诵着。操场上，“过六百，考名牌，圆梦想”“不抛弃，不言弃，沉着冷静”的口号声飘过……上学、放学，乌泱泱一群学生向我们走过来，人头攒动着，漫溢出了画面，然后又离我们而去，他们就是故事中的少年，他们就是这样被淹没在口号和条幅的环境之中，“被围困”在这个铁桶一般的环境里。这里也许曾经是乐园，这里现在只是社会环境的一个典型的符号。影片在“乐园”的理想与“校园”的镜像之间，自然映现着对教育问题的复杂情感态度。

2.“阶层”与“阶梯”

陈念上学的现实之路和大学的理想之路，就是拼尽一切的力气，努力实现阶层突破，提升身份和社会地位的唯一道路。她每天的上学之路就是背着沉重的书包，在不停地爬着阶梯。从家里到学校，她至少要经过三处阶梯，家门口住宅区里，夹在高楼之间有三层平台的陡峭阶梯，中途街边传统的带有拐弯的石板阶梯，还有连着地下通道的过路阶梯。她不停地攀爬和坠落，在仿佛被隔绝的天上和地下的两个空间中游走，显得十分渺小。阶梯作为重要的空间意象，既是陈念身份处境和命运趋势的巧妙象征，也形象地勾勒出了社会分层的结构景观。

陈念与魏莱的对立从本质上来说不是成绩好坏的对立，而是社会阶层和身份位置的对立。所以，魏莱在央求陈念不要报警，并和她初步和解之后说：“还真挺可惜的，其实咱俩可以做朋友的，罗婷有点傻，徐渺又是两面派，就你还真挺好的，我妈说得对，学会和好人打交道，这辈子就太轻松了。”如果没有发生意外，陈念成功地进入大学，突破了社会身份的局面，未来就真的有了可以和魏莱成为朋友的资本。但是横亘在她们之间的是无法消除的阶层歧视，正是魏莱说“你收钱我也可以放心点，你也可以帮你妈把债还了，这样你就不用东躲西藏见不得人了”这句话，这种令人无法再忍受的，已经刻在魏莱骨子里的阶层歧视，直接导致了陈念的无意出手和魏莱的意外死亡。更加具有隐喻意味的是，魏莱最终竟然死在了这个阶梯之上，正是她自己所得意的阶层落差和自鸣得意的优越感埋葬了她自己，这样的结局安排既是对偏颇价值的告别，也是对社会歧视的有力批判。

三、价值正义的情感救赎

1. 自我救赎与情感皈依

陈念虽然出生在一个生活窘困的普通之家，但却有一颗善良的内心，她用自己的校服盖在已经死去的胡小蝶身上，想帮助她留下最后的尊严；她看到小北被打，就主动报警，在被暴力威胁之下，为救小北又主动亲了他；她努力地，甚至疯狂地学习，尽量忍耐着魏莱等人的欺侮，想熬过这高考前最后的关键时刻；她被同学歧视身份卑微，却坚定着大大的理想，想做一个最聪明的人，如果有机会的话，还想保护世界；她在笔记本上写着“我们生活在阴沟里，但依然能仰望星空”，并以此激励自己。她虽然无法摆脱命运的捉弄，但始终以坚定的主体意志顽强地点亮着自己。她沉默着，忍耐着，煎熬着，内心却不乏力量，她的力量不但来自于超越阶层、改变命运的目标，来自她坚强努力的个性，更来自于对美好情感的感悟力和领受力。妈妈因为上当，倒卖三无面膜，又被人追债，根本不能在身边照顾她，她尽管一个人生活，却没有埋怨妈妈，她知道妈妈拼命赚钱是为了给自己挣大学的学费。妈妈偷偷地回家时，她还给妈妈帮忙染头发，嘱咐妈妈自己注意安全，清晨默默地目送着妈妈背着大包小包离开。在她认识了小北，并和小北一同经历了重重危机之后，两个人建立了深刻的情感共识，小北“你保护世界，我保护你”的誓言是她精神世界的力量源泉，也是冰冷世界给予她的难得馈赠。真诚的情感和付出是金钱和地位都买不到的稀有宝藏，也是最终实现她生命救赎的终极力量。在意外地推倒魏莱之后，在不能得到社会帮助的惯性思维之下，她痛苦挣扎又无法拒绝小北的“好意”替罪。最后，也正是小北的真情牺牲和她心底残存的善良，使她敢于面对真相，以对正义价值的相信和共通情感的选择承担起了过失的社会责任，实现了真正的自我救赎。她以自己的行动悔悟、救赎自己，也继续去温暖着现实，完成了对自己命运的超越。小北也是一样，他原本是一个行走在犯罪边缘，信奉“要么就被别人欺负，要么就欺负别人"的暴力逻辑的社会小混混,但在与陈念的真情互动中,他开始希望自己活得有意义,"只有你赢了,我才不能算是输",为此他甚至可以完全牺牲自己。是善的情感的力量把两个人凝聚在一起,也是善的情感力量真正拯救了他们两个人。影片以情感的皈依为后现代社会的伦理关系暗示了出路。美国伦理学家莱茵霍尔德·尼布尔在《道德的人与不道德的社会》中说"也许爱的途径是实现正义的唯一途径。当权利和利益错综交织的时候,是不可能对各种可比较的权利进行精确计算的。在生活紧密相关的地方,幸福如果不能共同分享就可能遭到破坏"[3],更是直接强调了对陌生人之爱、对他人之爱,以及社会群体的共情能力才是正义和公平的真正保障。

2.社会正义与群际伦理

尽管我们对于陈念和小北的命运抱有极大的同情,甚至也会抱有某种侥幸心理,但社会正义原则对审美形态的升华恰恰在于人物对于自己行为责任的担当,这也才使得作品获得了更深刻的社会价值和伦理意义。这个意义是重新把人物放回到了一个群际性的伦理关系之中,在生命被毁灭、自由被限制的悲剧之下,在公共性的视域中重新思考已经严重异化的社会价值偏误和阶层贫富差距带来的严重后果,重新思考关于社会的公平和正义的问题。在影片中,导演用"魏莱"与"未来"的谐音,用"魏莱"已死的命运彻底地抛弃了成功论、目的论、功利论的价值观和金钱观,以及狭隘的阶层利益与身份歧视,呼唤着一种更具情感价值的社会正义。美国政治哲学家罗尔斯认为正义是决不容妥协的社会制度的首要价值,"每个人都拥有一种基于正义的不可侵犯性,这种不可侵犯性即使以社会整体利益之名也不能逾越"[4]。而"正当和善的一致性在很大程度上取决于一个组织良好的社会是否能获得共同体的善"[5]。只有在一个关注他人命运如同关注自身命运的伦理秩序之中,以有情有义的人文视角和阳光努力的主体精神去照进现实生活的肌理,每个人的价值和意义才真正有可能被尊重和实现。事实上,影片在罪案情节背后隐藏的核心事件是高考,在当下的教育状况和社会语境中,高考不但是作为公平与正义的最经典的象征型性事件,更是跨越阶层的"门槛"。影片对高考的各个层面都进行了揭秘式的表现:严密的监考与归档程序,扫描机读的试题阅卷,象征着每一个少年命运的试卷。隐藏着成长秘密的二十年后的故事,在重重的社会规则与秩序之中被重新定位,内里又隐藏着"从来没有一节课教过我们,如何变成大人"的对高考和教育的反思,把青少年成长的问题留给全社会去思考。我们该对青少年的教育和成长承担怎样的伦理责任，谁又能够真正帮助他们克服成长之痛，成为未来社会健康而有活力的主人？陈念反问女警官的话犹在耳边："被欺凌是我的罪过吗？""谁能帮我？录我视频的人吗？站着看热闹的人吗？还是那些问只有你被挑上，别人就没事的人啊？""如果这个世界真的是这样的话，你放心把你的孩子生出来吗？"校园霸凌作为社会痼疾的特殊症候显现出了它强大的震撼力和反思性。

《少年的你》以镜像化的故事，在悬念推进的故事进程中解密了一个系列化的校园霸凌事件，并通过展现这个教育问题透视了滋生它的社会语境。校园霸凌的严重危害不仅仅在于它是以最赤裸裸的恶劣手段对公民最基本权利的侵犯，对未成年人身心健康的极大损害，它对未来社会的公平和健康发展形成了直接的威胁，更在于它背后的社会"旁观者"和扭曲价值观，在于功利主义的"时代病"。影片把对校园霸凌事件的表现放在一个戏剧性的犯罪案件和公共性的伦理的反思立场之中，把对社会公平与正义的呼唤隐藏在事件进程的背后，通过对犯罪责任的承担释放并升华了情感的价值和牺牲的意义，通过对人物命运的表现有力地实现了对残忍的霸凌行为、扭曲价值观念和阶层身份歧视的批判，在反思社会问题的同时实现了某种带有悲剧色彩的诗性正义。那些在《少年的你》中投过来冷漠，甚至是鄙夷眼神的"旁观者"，还有在屏幕前观看陈念和小北故事的我们，只有把"他们"和"他者"的伤痛当作自己的伤痛来体验，只有以同悲同乐的态度和爱的情感态度来参与审美，并因之在社会实践中自觉调整与他者的关系时，审美的伦理价值才真正得以实现。

注：

[1]苏珊·桑塔格.关于他人的痛苦[M].黄灿然译.上海：上海译文出版社，2006：18.

[2]齐格蒙特·鲍曼.后现代伦理学[M].张成岗译.南京：江苏人民出版社，2003：173.

[3]莱茵霍尔德·尼布尔.道德的人与不道德的社会[M].陈维政等译.贵阳：贵州人民出版社，1998：208.

[4]约翰·罗尔斯.正义论[M].何怀宏译.北京：中国社会科学出版社，1988：1.

[5]约翰·罗尔斯.正义论[M].北京：中国社会科学出版社，1988：507.

成长的疼痛与生命的梦想

——纪录电影《零零后》的艺术与伦理价值解读

杨 璟 袁智忠

2019年9月,由北京师范大学纪录片中心制作、张同道导演的纪录电影《零零后》的上映,标志着从《小人国》(2006)到《成长的秘密》(2011,2012,2014),再到电视纪录片《零零后》(2017),"芭学园"孩子们的故事走上了电影大银幕。如果说,《小人国》与《幼儿园》(2004年,张以庆导演)类似,属于纯粹的儿童生活观察纪录片,那么,《零零后》已然演化为教育电视纪录片,"体现出的不仅是几个孩子从幼儿园到初中的成长过程,还包括在不同教育方式、成长条件和社会环境下不同个性孩子的人生选择与未来走向,其间种种,具有一定的借鉴与启示意义"[1]。而纪录电影《零零后》显然是对前者的继承,但其叙事调整却彰显出创作者更为创新和理性的表达。

一、艺术价值:成长跟踪、平视对话与时空交错

作为纪录电影,《零零后》之所以给人耳目一新的感觉,在于其在艺术形式创新上的独特价值。

首先,12年跟踪记录个人成长经历极具人类学意义。

一般认为,人类学是研究人类、人类文化以及人类社会的科学,而人类学纪录片则是利用影像手段纪录人类文化和人类社会的影片。人类学纪录片在纪录片历史上出现较早且影响巨大。1922年,美国纪录片导演罗伯特·弗拉哈迪拍摄的《北方的纳努克》被认为是人类学纪录片的开山之作。人类学纪录片通常是为人类学学术研究而拍摄的,但是从《北方的纳努克》开始就显现出人类学纪录片的艺术价值。

在纪录片历史上,优秀的人类学纪录片层出不穷,但是以超长的摄制周期记录个人成长的人类学纪录片还比较少见。在电影史上,法国导演特吕弗曾拍摄了著名的"安托万五部曲"即《四百击》(1959)、《安托万与柯莱特》(1962)、《偷吻》(1968)、《床底风云》(1970)、《爱情狂奔》(1979),让同一位演员演出少年安托万到中年安托万故事,具有一定人类学意义。英国纪录片导演迈克尔·艾普特的《人生七年》记录了14个不同阶层的孩子从7岁到56岁的人生历程,引起了巨大轰动。

然而,在国内,像《零零后》这样拍摄周期超长,记录个人成长经历的纪录片还属首创,为中国市民社会发展的影像纪录提供了有价值的资料。

其次,电影实现了与观众的平等对话。

斯图亚特·霍尔提出了解码过程的三个假设立场,即主导一霸权、协商式和抵制式,其指涉传一受两者平等对话的可能性。近年来,部分学人就中国解释型纪录片作品过多的问题提出了质疑,究其根本,即是从直接电影的创作理想出发,批评纪录片传者和受者的不平等对话。

美国纪录片理论家比尔·尼科尔斯将纪录片分为六类:解释型、观察型、参与型、自我反射型、表述行为型和诗意型。解释型是一种创作者通过解说,将自己的观点显在地植入到纪录片之中,引导观众理解创作主题的纪录片类型;观察型"主张观察现场自然发生的一切,因此他们不得不放弃诗意型或解释型纪录电影制作者可以使用的一切操控手段,比如对现场的搬演、对场景的编排或组合等。在影片的后期剪辑以及拍摄过程中,'观察'的实质就是推崇不使用画外解说、没有辅助的音乐或音响效果、不插入字幕、不搬演历史、不在影片中出现任何拍摄行为,甚至不做任何采访"[2]。

采用何种形式拍摄纪录片,反映了创作者如何看待自己与观众之间的关系,即话语权问题。在纪录片历史上,格里尔逊学派开创了解释型纪录片类型,并在二战及战后初期发展到高潮。"出于对'二战'后具有强烈教化意味且缺乏个性的'洗脑式'纪录片的反感,纪录片创作者利用新的摄制技术来发现与记录生活原本的样貌,达成他们理想中的真实纪录。"[3]于是以直接电影为代表的观察型纪录片"通过隐藏作者观点,尽可能地展现多方观点,可以消除话语霸权,真正让被摄主体说法,体现出社会生活的丰富性和人类行为的复杂性"[4],影响了全球的纪录电影创作。

张同道导演曾在《小人国》中进行了观察型纪录片的实践,但是也许考虑到中国观众的观片习惯,电视纪录片《零零后》基本抛弃了《小人国》的艺术追求,除了加入解说词和采访之外,"摒弃传统的按时间顺序的线性叙事,采用碎片化叙事的策略,在孩子和成人、不同孩子、孩子的现在和过去之间来回穿插叙述,形成视点多元、彼此互补互映的开放式结构形态"[5]。而纪录电影《零零后》正延续了其风格追求。

张同道导演曾指出"假如承认纪录片是一种艺术样式,那么,就应该承认纪录片拥有如下权利:按照艺术创作规律处理生活素材,而不是镜子一样简单地记录生活表象,更不是还原生活——生活是按照时间的维度线性展开的,永远无法以另外的方式还原,不管是记录者还是当事人”[6]。实际上,“即使是在直接电影的鼎盛时期,有关主观性疑虑仍没有被完全消除。”[7]所以,平等对话的关键是创作者如何处理“在场”的问题。纪录电影《零零后》的导演张同道作为一名资深教师,完全有表达对中国教育问题看法的话语权,但总的来说,导演并没有采取居高临下的俯视态度,而是通过影像引发观众的思考,展现导演的商议态度,值得中国纪录片创作者借鉴。

第三,电影的时空交错结构实现了其创新价值。

观察型纪录片通常采用时空顺序来处理影片的结构,这样影片才能保持其客观性和人类学研究方法的科学性。可以说,罗伯特·弗拉哈迪的《北方的纳努克》即奠定了这种方法,也被后来的直接电影所采用,形成一种常规范式。

然而,纪录电影《零零后》却另辟蹊径,在结构素材时采用了时空交错的方式,将被摄对象幼儿园和小学的影像与正在进行时的生活交叉处理,形成了全新的风格。此探索在电视纪录片《零零后》已经得到实践,而在电影纪录片《零零后》中显得异常成熟。这种来自现代电影的处理方法在近年来中国人文历史纪录片中得到充分运用,但是在观察社会类纪录片中却很少见到。总体来看,这种时空交错结构的使用是比较恰当的,通过这种方式,创作者建构了人的成长不同时期的关系,即人的过去对现在的影响。

例如,在影片过去时空中,池亦洋幼儿园时期活泼好动,调皮捣蛋,“常常带着几个孩子玩打仗,抢别人的玩具,打哭小朋友,甚至还骂老师‘混蛋’,霸气十足”[8]。芭学园很多家长都不喜欢他,要求学园开除他,但大李老师却看到他的优点——他是所有男子汉的榜样。池亦洋天性中的坚强、执着、善于领导团队是他可能走向成功的基石。于是家庭根据他的天性为其选择了国际学校之路,同时他也爱上了橄榄球运动,通过努力成为国少队的优秀人才。

又如,儿童时期的柔柔在芭学园中时常受到其他孩子的欺负,在小学私塾里,数学成为她学习的一大难题,但她的父母非常重视素质教育。后来,她选择了寄宿留学,虽然多有挫折,备受打击,但是她却始终咬牙坚持了下来,柔柔外表的弱和内心的强形成了鲜明的对比。

总之,电影纪录片《零零后》的创作团队匠心独运,在艺术创新上用功极深,创造了一种观察型纪录片的新形式,是中国纪录片创作的新突破。

二、教育伦理追问：全面发展、教育平等与本质真实

正如比尔·尼科尔斯所论，“纪录片的声画组合给观众带来了审美体验，但是它们不仅形成了短暂的感官印象，而是具有某种意指，即它们代表着更为抽象的本质特性或概念。”[9]纪录电影《零零后》形式上试图实现制作者、观众和被摄对象的平等对话的同时，在素材选择时也将中国教育伦理现状、家庭伦理新秩序的本质真实彰显出来。

首先，影片引发了对人的全面发展的伦理话题思考。

马克思在《1844年经济学哲学手稿》中考察了资本主义制度下的异化劳动，揭示了资本主义制度使人片面发展的现实。马克思和恩格斯在《德意志意识形态》中提出“任何人的职责、使命、任务就是全面地发展自己的一切能力”[10]。恩格斯则指出要“使社会全体成员的才能得到全面发展”[11]。

在中国，陶行知较早地提出了全面发展的和谐教育，他指出教育要培养“健康的体魄，农人的身手，科学的头脑，艺术的兴趣，改造社会的精神”[12]。但长期以来，中小学的应试教育和大学的专业教育等方面在一定程度上影响了“全面发展”的价值实现。培养方案、教学大纲、教学内容、教学过程、考核方式、考试答案统一化、标准化，学生学习要求模式化，学生的个性得不到很好的发展，一刀切、一把尺子量到底、培养无差异目标和个性的个体已然成为新时代中国教育显著的伦理性问题。那么，中国的社会教育、学校教育和家庭教育如何突破？电影《零零后》可谓提供了较好的范例。

电影中的两个主要被摄对象：池亦洋和柔柔都是不适合应试教育的典型人物，但是他们的天赋和渴望也能为他们找到出路。池亦洋“天生神力”，善于处理团队关系，影片在过去时空中记录了他幼儿园时期以自己的力量打败所有同学，引起了家长们的不满的事件，也记录了他作为“孩子王”的种种行为，所以他选择橄榄球运动是符合他的天性的，他被选入国少队，以橄榄球运动申请了美国的高中。柔柔在幼儿园时期时常被欺负，始终不能融入团队，所以她渴望融入团队，这种愿望让她到美国学习期间很快适应了美式社交生活，最终也成功地考取了美国的大学。

美国教育家杜威曾指出：“承认兴趣在有教育意义的发展中的能动地位，其价值在于使我们能考虑每一个儿童的特殊的能力、需要和爱好。”[13]而池亦洋和柔柔在银幕上的生活正是对杜威“兴趣教育”理论的回应，成为教育主体个性化发展的影像表征。

其次,影片引发了对平等教育伦理话题的新思考。

美国教育家杜威曾着力推广民主教育,主张师生关系的平等;而在中国传统的伦理观念中,“天、地、君、亲、师”作为个人伦理关系的对立面,代表着身份的上位。新中国建立之后,民主、平等的新师生关系理念也逐渐被推广,为人们接受,然而家庭教育的平等问题却依然值得关注。

从《小人国》到电视纪录片《零零后》,再到纪录电影《零零后》,我们可以清晰地看到,摄制组所跟踪拍摄的对象是一批中国中产阶层的家庭。“在现代社会,中产阶层承载着缓冲贫富分化与社会利益冲突的功能,以及社会地位公正获得的示范功能和现代社会价值观的示范功能,对于实现社会良性运行与和谐具有重要的意义。”[14]因此,他们的家庭教育伦理观和处理代际关系的方法对整个中国社会有一定的引导作用。有研究者进行了调查研究,得出结论:“中上层父母比底层父母的权威型倾向更弱。”[15]

纪录电影《零零后》为观众展现了两个亲子关系和谐,父母尊重子女选择的现代中产阶层家庭。池亦洋进入小学后学习成绩不好,父母没有一味地逼迫,而是给予他一定的自由,让他读国际学校,支持他参加自己热爱的橄榄球运动。当父母发现池亦洋早恋时,不是指责他、批评他、控制他,而是采取商榷的态度。影片中,父亲跟池亦洋谈心,提醒儿子不要因恋爱而影响学业和训练,询问他可否合理安排恋爱时间,池亦洋答应父亲每周约会一次,父亲欣然同意。柔柔决定到美国寄宿读中学,父母支持她,将其送到美国,当柔柔在美国遇到困难回国后,父母也并没有借此来重新安排柔柔未来的生活,也没任何苛责、焦虑,当柔柔决定再次去美国时,他们也继续支持她。有意思的是,电影记录了柔柔的美国养父养母与她的尖锐矛盾,特别是柔柔其中一位养母在手机中尖酸刻薄地要求柔柔立即离开,不禁让观众联想到美国社会代际关系危机。

其实,当代中国“总体来看,代际关系变动的最大进步是不同代际成员间的约束减少、自由度增大;亲子地位平等、儿女在代际义务和权益上共担与共享基本得到落实,城市尤其如此”[16]。这种新的家庭关系,给孩子带来了更为自由的空间,确实更有利于少年儿童的成长和发展。所以,“差生”池亦洋和柔柔最终考上了美国的大学,并且柔柔带着回报社会的理想选择了教育类专业,是纪录片结局的一大亮点。

也许,纪录电影《零零后》向中国观众展现了这样一种理念:随着中国改革开放40多年的发展,传统的教育伦理观、家庭伦理观发生了巨大的变化,零零后这一代中国孩子在更加平等、自由的社会语境中长大,可以根据“内心引力”来选择自己的发展道路。

最后,影片突破了后殖民主义视域下对中国教育伦理的刻板印象。

纵观国内外一些优秀的教育题材纪录片,如《篮球梦》(1994)、《高三》(2005)、《请投我一票》(2007)、《高考》(2015)等确实接近比尔·尼科尔斯所定义的观察型纪录片的理念,而大多数中国教育题材纪录片如《两百万分钟:一次全球考察》(2008)、《中国学校》(2008)、《出路》(2012)、《我们的孩子足够坚强吗?中国式教学》(2015)等均尝试做到完全客观却未能实现,最终显在地表现出创作者的话语霸权。

21世纪以来,对中国应试教育的影像纪录与解读已然成为一种单一性故事,展现出一代又一代中国少年的“青春残酷物语”。早在1963年,教育部就提出不应该“片面追求升学率”;到20世纪90年代“应试教育”这个词被提出并迅速与国家倡导的“素质教育”形成二元对立关系,在社会舆论中对“应试教育”的批判占压倒性优势,并将其作为伦理问题来讨论。

戚务念认为教育中应试主义的社会根源主要有二:一是“社会不平等与阶层流动”,二是“信任危机与分割的社会”。因此“应试教育并非仅仅是一个教育问题,而是一个亟待系统施策的复杂的社会治理问题”[17]。所以,解决应试教育伦理问题实际上是要解决复杂的历史遗留问题,不可能一蹴而就。“故而,将应试教育与素质教育完全对立起来是不科学的,我们应该更加关注两者的统一性,推动两者的有机结合。”[18]但是,在大量的中国教育题材纪录片中,应试教育或是成为少年成长苦痛的景象,或是沦为“妖魔化”中国的视觉奇观。

例如,2005年出品独立纪录片《高三》通过一年多时间观察式跟踪记录福建省武平一中一个文科高考班班主任王锦春及其部分学生高三一年的生活,展现了高考对少年们的人生“洗礼”。影片记录了师生所面临的巨大压力、单调重复的日常生活对少年们所造成的精神压抑、部分学生的迷茫与反抗,特别是影片不怀好意地将高考与政治意识形态询唤联系起来,将本来的日常生活引向政治所造成社会畸形的奇观展示。又如,尼尔·阿伦特导演的《两百万分钟:一次全球考察》以及BBC出品的纪录片《中国学校》《我们的孩子足够坚强吗?中国式教学》等站在“先进体制”的高度以所谓人道主义的观念来俯瞰中国应试教育,充满以后殖民主义视角对“落后国度”的伦理性鄙视与同情,归根到底是在竭力塑造政治和文化上的他者形象。

基于此理念,中国教育题材纪录片形成了新的“陈词滥调”,即使作为学者导演的张同道也不能脱俗。在《零零后》电视纪录片中，考试依然是少年们人生中的巨大磨难，它疏离了萌萌家庭过去祥和的亲子关系（《时光若倒流》），造成了梁昊天和刘嘉阳迥然不同的生活方式（《成长单行道》）。在采访中，选择走应试教育道路的梁昊天父母表达出的是无奈与自责，而选择走出国道路的刘嘉阳母亲却满怀自豪之情。

创新应该来源于对生活现象的新认知和新理解。如果怀着更为客观和现实的态度来看待中外教育问题，也许创新就会自然而至。对中外教育问题，持现实客观态度的学者指出"应试教育并非中国独有的现象，即便在美国，从某种意义上说也存在类似的应试教育"[19]，并认为，"在美国社会，关系、人情相对淡薄，社会诚信度较高，人文主义教育所看重的综合素养、道德品质、活动经历等无法用考试分数来体现的内容，可以通过校长推荐信、社会实践证明等纳入到招生选拔过程当中，并且不会招致人们的普遍质疑。但在社会诚信度还不够高的中国，却很可能出现课外活动弄虚作假，帮助他人的经历依靠钱权交易获得的现象"[20]。也许，导演已然认识到这个问题，所以在纪录电影《零零后》中，导演一改《零零后》电视纪录片的立场，使用更加成熟的时空交错结构形成个体成长对比，不着力于教育道路差异，而是将传统的"因材施教"观念引入影片的主题。

电影纪录片采用时空交错结构，在现在与过去之间穿梭，形成对比效应。但是，导演悬置了应试教育与素质教育的讨论，而着力突出了个人自由选择的成功，这样就更加开放式地考察了中国教育问题。随着中国的改革开放以来取得的辉煌成就，到零零后这一代，通过应试教育"千军万马挤独木桥"已然不是他们的唯一选择，他们也可以根据自身情况选择出路。我们看到的不是一个个应试教育对青少年个性压抑的影像场面，而是更加积极奋进少年生活，这是一种主题创新、视角创新，大大消解了充斥于中外纪录片里中国教育题材中的"青春残酷物语"。

总之，纪录电影《零零后》一改过去中外纪录片对中国教育题材的处理方式，选择了一种更加真实、贴近的视角。中国经济社会发展到今天，我们在教育实践过程中已经解决了大量的问题，新一代青少年与过去相比获得了更多的教育发展机会，如果还是按照过去看待中国教育的刻板印象来表现中国教育，反而是不真实的。单一故事是危险的，"人们倾向于听到他们想听到的，相信他们想相信的，而不去关注甚至不去相信注意那些与他们的愿望和期望不符的事情"[21]。我们需要让世界各国看到中国教育的巨大变化，客观认识中国教育的现代化，这也让我们更加期待纪录电影《零零后》的国际发行。

注：

[1]景秀明，李慧敏．成长题材纪录片《零零后》的多重叙事[J]．电视研究，2019(4)．

[2]比尔·尼科尔斯．纪录电影的类型(上)[J]．世界电影，2004(2)．

[3]牛光夏．纪录片类型与风格的历史演进与现实图景[J]．艺术百家，2016(3)．

[4]黎小锋．"直接电影"的伦理研究[J]．新闻大学，2012(2)．

[5]魏李梅．多重意蕴空间及其叙事策略探析——后现代视域下的纪录片《零零后》[J]．电视研究，2018(2)．

[6]张同道．真实：支点还是陷阱？——纪录片的真实观念[J]．电影艺术，2004(1)．

[7]迈克尔·雷诺夫．新主观性：后真实时代的纪录片与自我表述[J]．世界电影，2011(1)．

[8]刘洁．纪录片《小人国》：生命成长的修辞[J]．中国电视，2010(1)．

[9]比尔·尼科尔斯．纪录片表达的内容是什么？[J]．世界电影，2003(6)．

[10]中共中央马克思恩格斯列宁斯大林著作编译局．马克思恩格斯全集(第3卷)[M]．北京：人民出版社，1960：330

[11]中共中央马克思恩格斯列宁斯大林著作编译局．马克思恩格斯选集(第1卷)[M]．北京：人民出版社，1995：243．

[12]陶行知．陶行知全集(第2卷)[M]．长沙：湖南教育出版社，1984：110．

[13]杜威．民主主义与教育[M]．王承绪译．北京：人民教育出版社，2001：143．

[14]胡建国．"三问"中产阶层[J]．人民论坛，2010(10)．

[15]洪岩壁，赵延东．从资本到惯习：中国城市家庭教育模式的阶层分化[J]．社会学研究，2014(4)．

[16]王跃生．中国家庭代际关系的维系、变动和趋向[J]．江淮论坛，2011(2)．

[17]戚务念．论应试主义的社会根源[J]．华中师范大学学报(人文社会科学版)，2019(3)．

[18]孙薇，郁钰．应试教育与素质教育并非水火不容[J]．中国教育学刊，2016(5)．

[19]刘安．中美"应试教育"比较[J]．江西师范大学学报(哲学社会科学版)，2017(2)．

[20]周序．"应试主义"的成因与高考改革的方向[J]．内蒙古社会科学(汉文版)，2018(4)．

[21]Catalin Brylla，Mette Kramer．Cognitive Theory and Documentary Film[M]．Cham：Palgrave Macmillan，2018：95．

(本文原载于《电影新作》2020年第01期)

从《四个春天》看家庭私影像的伦理呈现与审美叙事

鲁　宁　袁智忠

《四个春天》是一部典型的私影像类型的纪录片，私影像通常是创作者对亲身生活的真实记录，这种对真实的私人记录可以说是作为创作者个人的纪念合集的存档。换句话说，家庭私人影像在于展现日常生活中的真实状态，所以影像的创作者对自己私人生活状态的暴露并不忌讳，创作者的意图更多地倾向于展现生活真实的原貌，如实的展现自我。家庭私影像旨在探寻，去探寻和挖掘事实的最深处，在最深处用对生活的记录的手段去探寻生命的本质，从而实现类情感的内归以及影像的内归。私影像的创作过程也是对创作者表达和诉说行为的赋权，人生价值的本质也随着摄影机的镜头表达进行了在思考。导演对自己四年度的家庭生活故事的真实记录将镜头聚焦自己的父母亲人如何度过每个春天，呈现出一个贵州小镇的五口之家在故土的生活图景。在纪实镜头的背后，导演陆庆屹用一种宁静又生动的方式诉说了他家庭的人生态度，既不冷眼旁观，也不多加粉饰诗化，而是用最私有的生命体验细诉着家庭生活和乡土生活的冷暖。

一、打破现代焦虑的传统伦理呈现

中国的纪录片中大多是对苦难的展现和挖掘，少有像《四个春天》这样将镜头对准日常生活去呈现普通人的生活状态，更难能可贵的是在当下这个快节奏的时代，影片愿意呈现慢节奏的乡村生活，并在大量琐碎的日常生活中，挖掘出生活的美感与诗意，同时也并不回避生活的艰辛与苦难，展现了一个中国传统原生家庭的伦理美德。中国典型的传统家庭伦理被当今社会尤其是年轻人不断唱衰的现状被这部影片从某种维度上打破。网络上随处可见年轻人对长辈的唠叨与疲于应对的亲属关心的抱怨情绪。而影片中的家庭虽然保留着大量传统乡村风俗，但与典型中国式家庭的状态并不太相像，这个家庭是一个由父母和三个孩子组成的核心家庭形态。尽管三个孩子都漂泊在外，但是每逢春节一家五口总会团聚在故乡，这便是中国传统伦理中父母在，不远游的观念传承。《四个春天》里更感人的还是那些已经牢牢嵌入生活的观念和习惯。母亲在闲暇时会替父亲理发，父亲尝到美味的热汤会自然地喂母亲一口，他们会一起上山踏青采药，一起出游，共同劳动，彼此分担家庭责任。不像年轻夫妻生活中常见的为家务分派不均而争吵，夫妇二人可以称得上是中国传统婚姻伦理中典型的“相濡以沫”这个词的具象化代表，夫妻间举案齐眉，琴瑟和鸣的伦理美德在他们身上展露无遗。父母优秀的品质也很好地影响了下一代，在影片中凡是一家团聚的时刻总是温馨愉快的，弟弟对姐姐的关怀自然流露，母亲对儿子的疼爱溢于言表，可以看到以家庭为核心所展开的父子、母子、兄弟姐妹关系都是十分温馨有爱。这种核心家庭形态将中国传统伦理上的夫妻和睦、兄友弟恭、母慈子孝悄然流露。除此之外，影片以春节这个具有特殊传统文化意义的时间档口作为叙事节点，通过游子归家，家庭团聚，冬去春来等人文和自然的循回往复来寄托了中国传统文化中的乡愁，并且这种乡愁通过母亲亲人和父亲的旧影像拓展了时空的维度，可以从母亲口中了解到对亲友乡亲的关怀，从父亲的歌声中体会到对山河故园、同胞兄弟的眷恋，由此可以洞见不同时代的共同乡愁。《四个春天》让人感受到中国传统家庭伦理的温度和深度。

二、消退生命痛楚的温和叙事

在观众与导演之间，影片往往扮演着沟通桥梁的作用，而家庭私影像则是以更亲密和私密的方式将创作者的生活向观众分享，以自己的人生体验和感官视角来传递某种人生信仰和理念，并且这种方式更温文尔雅和耐人寻味。影片《四个春天》通过对生活琐事的记录和呈现，以与大多数人有共同人生体验的方式来传递蕴含在其中的人生哲理。影片中的大量篇幅是记录老两口的日常生活，父亲浇花、听歌、摆弄乐器，母亲做饭、唱歌、做手工活。影片中有一段温馨宁静的画面，画面的左边是母亲踩着缝纫机缝衣服而画面的另一边是父亲在电脑前听歌欣赏，没有惊艳的画面也没有跌宕的情节，影片不过是记录了一对老夫妇如何知足常乐地栖居在自己的家园。导演以一种富有仪式感的形式将这些生活琐事娓娓道来，一部好的电影能带给观众反思，让人反观自己的生活。影片虽然记录的不过是普通人的日常生活，却以一种温文尔雅的方式呈现了一种理想式的田园生活，给浮躁迷茫的都市人提供了一种新的生活思路。

在影片中的第一个春天，陆庆屹和姐姐陆庆伟因为父母金婚而回到故乡，此时的姐姐已经生病多年，但是回到故乡的她精神状态还是十分好的，镜头始终追随着姐姐。在饭桌上姐姐讲起了回家路途中的趣闻，脸上洋溢着乐观的笑容，而下一个场景则是姐姐与父亲登山，镜头拉远放慢，音乐缓缓响起，旁白是母亲和陆庆屹的对话，说姐姐身体状态并不好，心理上也对家人抱有愧疚。这个场景对之后姐姐的辞世埋下了伏笔，但导演并没有去对这种悲伤的情绪进行进一步的渲染，随着姐姐和父亲慢慢登上了山顶，二人转过身来父亲对着陆庆屹微笑招手，将这种悲伤的情绪缓缓抽离，取而代之的是对于生活乐观、勇于面对和争取的生活态度。第二个春天压抑沉重，大量篇幅记录了姐姐从病重到去世的过程，导演将这个过程都细腻完整地记录下来，尤其是丧礼的部分，从超度到上山再到灵位回家都完整地表现出来，将一个人生老病死的全过程刻画下来，体现了对生命的尊重。姐姐因病去世后，影片对家中亲人如何面对姐姐的离世的处理中也并没有持续渲染悲伤的氛围，取而代之的是一种一家人达成默契的隐忍和关爱。吃饭的时候，大家会默契地为姐姐摆出一副碗筷，父亲打开电脑不会再听音乐而是默默翻看从前制作的家庭录像。一家人都没有把悲伤放在脸上，而是隐忍着对逝者的感伤，依然坚强乐观的生活。

贵州小镇上的一个平凡家庭的悲欢离合，事实上与万千中国家庭的悲欢离合相通，悲欢离合的相同是引起广大观众共鸣的关键因素，观众有了共鸣情绪的酝酿又发起对自身生活和生命的珍贵且历久弥新的反思。跳出影片来看，这种反思是具有普世价值的。

三、回归乡土自然的审美呼唤

一部好的纪录片不只在于它所想表达的情绪和内容，同时也在于其承载的形式，而画面和美感是观众记忆一部影片最原始和最直观的因素。《四个春天》的拍摄场景从始至终停留在贵州独山这个小乡镇的田园生活，这里远离城市喧嚣，影片天然带有自然的乡土气息。老夫妻二人做香肠、采草药、做裁缝，他们忙碌着各种事情并乐在其中。劳作对于他们来说，不是迫不得已的工作，而自得其乐的休闲。正像这座小镇四周还保留着自然的原生态环境，他们的劳作从农业社会中传承而来，带着自然的韵律，日出而作日落而息，他们还抱有一分耕耘一分收获的最原始的快乐。这种生活状态对人的打动不仅仅限于对家乡的思念，而更有对更高境界的生活状态的一种追求和一种生活美感的追求。影片还记录了每年春天老夫妇俩都会去踏青的场景，这种追随着自然的季节更迭，感受时节的变幻的行为实在是田园精神的典范。山中崎岖的小路、松涛的声音、茅草的气味，这些对自然场景的大量铺陈，包括影片中多处出现的燕子也是田园精神的现实符号，老人对燕子的珍视和燕子对老窝的眷恋都体现出导演对现代人回归家园，回归自然的一种呼唤。影片中的父母都具有艺术天赋，母亲李桂贤可以随时随地自然地唱起歌来，父亲陆运坤会多种乐器，这是这一方水土的滋养，是自然赋予艺术灵气，艺术带给人以美感。

整部影片呈现的不过是中国一个普通乡镇家庭的家长里短和悲欢离合，但是正因将平淡的日子温热，将平凡的故事润色，方才体现出人性伦理的关怀和温暖。整部影片将世间之事人生道理装在一个带着淡淡乡愁的包装盒里呈递给每一位用心生活的平凡人，告诉观众人间喜乐常在，自然自得其法。无论身在何方，名叫故乡的家里总有一盏灯为你等候。春去秋来，燕子飞走又回来，游子漂泊后归家，一切都在不慌不忙地循环往复，生生不息，《四个春天》用最柔软的笔法将生活的美感细细描绘。

［本文系西南大学 2020 年度中央高校基金“创新团队”项目“中国电影伦理思想研究”(SWU2009111)的中期成果］

伦理视角下《红海行动》民族精神的镜像表达

张文博

近年，主旋律电影主要倾向两个层面的创作：一是以《建国大业》《建军大业》等为代表的展现国家存在、国家强大的主旋律电影；二是以《战狼2》《湄公河行动》《空天猎》等为代表的展现以青少年个体为出发点，阐释爱国主义、民族情怀、社会价值、个体生存等为主的主旋律电影。《红海行动》是一部以国家为主体，阐释民族精神主旋律的军旅题材电影，其改编自中国的海外撤侨真实事件，结合了历史与现代、故事与现实、商业与文化，淋漓尽致地刻画了枪林弹雨、残肢断臂的战场即视感，该电影充分体现了"大工业"质感的中国电影。电影《红海行动》用蛟龙队集体形态进行抗战，符合战争时代的真实场景，树立了团结协作、智勇双全的现代军人形象。影片凸显了个体存在与国家使命重合的民族观，表达正义、国家荣誉、个人牺牲以及彼此之间爱的主体，强调战争面前，中国作为强大的支持后盾，促使每一位中国海外人员具有安全感、归属感。影片用"蛟龙突击队"进行的枪战、炮战、坦克站的血色浪漫完美诠释了国家、民族、个人之间的存在关系。

一、民族之魂

改革开放以来，社会在外来价值、内部价值的交叉下日益开放，科学、伦理、道德、理性与非科学、非伦理、非道德、非理性之间的处事逻辑左右着个体对价值的判断。古有"国家昌盛则民族亦昌盛"强调了国家的强大、昌盛对民族的昌盛、发展、壮大具有重要作用。中国从鸦片战争以来，经历了丧权辱国、社会战乱、人民颠沛流离等等。以国家为主导、人民为主体，通过不懈努力、团结协作促使经济、社会、文化快速发展，逐步呈现为人民社会地位、物质水平、教育体系及其他社会保障具有显著提高。民族精神是在长期的社会实践中所形成的具有本民族特色的生活习惯、价值取向、理想信念等，中华民族以爱国主义为焦点，形成团结统一、爱好和平、以人为本、勤劳勇敢、自强不息的中华特色的民族精神。其内涵主要集中在两个层面：一是相对物质而言，民族精神主要体现在人类心理不同的层面及其内涵积淀的精神存在；二是体现民族、社会中存在的民族文化正面的部分，强调对民族文化的继承与发展。

"魂"强调崇高的精神；"民族魂"，则是一个民族的精神，是一个国家、民族的重要精神支柱。中华民族的爱国主义传统，就是我国的国魂或民魂。电影作为还原社会现实的影像艺术，其在故事主题、情节设计、人物设置等层面映射了社会、政治、经济与文化，肩负了凝结社会意识、团结社会力量、传播主流价值的重任。影片《红海行动》讲述了中国海军“蛟龙突击队”执行撤侨任务并粉碎叛军阴谋的故事。舰队作为海外行使国家权力的主体缩影，面对拉卡组织直播的杀害人质的血腥场面并威胁中国不要介入战争，否则就会伤害中国人质，舰长高云用“一个中国人都不能伤害”诠释了国家对于海外人员安全的强有力支撑，以国家为强有力的存在后盾，而支撑本国公民的个体生命存在。而侨民口中的“舰来了，我们的舰来了”，充分凸显离别故土、外洋漂泊、无依无靠的华人在获得国家军舰的接回时内心所充斥的激动与欣喜，更是间接阐释国家面对战争的态度是保全本国公民，充分体现了强国不畏战、不惧战但却一直以民为本的态度。“我们是中国海军，我们带你们回家”更是将电影情感基调进行了高潮的烘托，一句温馨的话、一个熟悉的面孔、一个细微的动作携带的是来自祖国强大所赋予的信任感、安全感。“蛟龙突击队”作为营救的主力，在关乎国家荣誉、民族精神、海外华人安全等层面进行了史诗级的演绎，行动的每一个细节都在于救援海外华人，枪林弹雨中转手的防弹背心、炮弹爆炸之际的以身相护、局势混乱中的人质交换等等，影片用战斗细节去诠释了作战团队在危难之际“以人为本”的民族精神，表达了对每个中国公民生命的尊重、重视、平等，并充分凸显为之不懈奋战、不怕牺牲的正义感、团结感。

中国电影一直致力创造“武侠英雄”形象来塑造和表现中国形象，《精武门》《卧虎藏龙》《功夫》等影片中塑造了功夫文化的中国形象。随着中国经济实力的不断发展，中国电影要从“电影大国”发展成“电影强国”，除了“武侠英雄”声名远扬外，中国电影也要去展现大国的担当，去塑造为了人民、为了国家奋不顾身的“英雄”形象，让民族精神成为身份认同的集体力量。电影《红海行动》与《战狼 2》《湄公河行动》都蕴含了对民族精神的阐释与传达，影片《红海行动》区别于后者使用个体深入地方阵营进行个人英雄式的救援行动，采用以国家、组织为元素，阐释个体与他人之间的整合，强调国家强大与军人英雄之间的双重含义，以国家强则个人强大，个人强则国家强大，书写人民团结、自强不息的中华民族精神。将民族文化进行戏剧化的诠释，涵盖民族的社会认同、归属、价值等等，充分体现中华民族的自尊心、自强心、自信心，反映了中国人的民族精神、生活方式和价值观念，促使社会个体在民族精神的凝结下成为命运的共同体。

二、战争之殇

兵书《吴子》中使用了“战争”来表达国家、民族、阶级之间矛盾激化后的最高对抗形式。战争范畴可分为两个层面：一是自然界而言，包括人、动物、自然之间的争夺，例如：动物之间为争夺伴侣、领土等等而进行的暴力行为；二是人类社会中，以人为主体而形成的国家、民族、组织之间相互使用暴力、杀戮等血腥行为达到自身政治地位巩固、经济发展以及领土扩张等层面的目的。与之为代价的是经济的损失、社会的动荡、人民的流离。《荀子·议兵》亦曰：“不杀老弱，不猎禾稼，服者不禽，格者不舍，奔命者不获。凡诛，非诛其百姓也，诛其乱百姓者也。”《史记·孔子世家》之谓“君子讳伤其类也”，《孟子·梁惠王上》之谓“无伤是乃仁术也”等皆是阐释战争的正义性，其包括战争过程、目的、动机等多层面的正义，力求战争不得杀害无辜、不得蓄意破坏和平，强调对生命、生存的尊重。而现实社会关系之间，由于矛盾日积月累而形成各意识形态主体之间采用打击、暴力、掠夺等形式维护、达到自身目的。在敌对双方进行武装斗争的过程中往往包含了对无辜群体的裹挟，无论是《战狼2》《空天猎》抑或是《红海行动》都对战争带来的社会、民生等问题进行了深刻的诠释。

战争中武器所携带的对生命体的伤害暴力而残忍，爆炸、火烧、中弹等等都是战场上最为直观的血腥。战争对现实社会所造成的危害，其作为一种危险的、邪恶的叙事因素，一旦介入影片，很容易左右观众的价值判断，极易建立剧情冲突的伦理基础。《红海行动》通过逼真的画面将战争的无情、残暴、冷血，以及对战士、普通人民生命存在的拷问推向了制高点。影片在街巷作战中，使用特写镜头将战士的死亡进行了描绘，大量展现了肢体的残缺、表情的狰狞、生死边缘的无助。被金属穿透的胸、为保命而截肢的腿、为战斗而烧伤的残躯……颤抖的腿、恐惧的面颊、密集的枪弹是对战争的真实写照，更是对战争下个体生命、存在最直接的拷问。再次，影片在蛟龙突击队去巴塞姆镇路上的伏击战中，恐怖分子对装满生命的车内进行扫射，画面采用中景、特写将车内的惨象进行了淋漓的刻画，车内的血肉模糊与车外的枪林弹雨形成了鲜明的照应。电影最讽刺也是具有戏剧张力的矛盾结合是扎卡组织的神秘狙击手，却是一个冷血杀手与稚嫩青少年的结合体，表达了对战争迫使天真烂漫的青少年褪去了本应独有的稚嫩成为冷血的杀人武器的讽刺，将战争导致青春个体无情杀害他人的事实推向了社会伦理拷问的制高点。电影在巴塞姆镇上以少对多的人质争夺战中，面对突然到来的蛟龙突击队，当地妇女和幼童眼里流露出的惊慌失措诠释了战争携带的人心不安与焦灼，转而在记者夏楠的解释下，透露出犹豫、彷徨与充满希望的复杂情绪，普通个体在战争之中任人宰割而惶惶不安，对自我生命、生存的不确定与无奈，前后的变化将战争的伤害推向了伦理的边缘。

关于战争，先秦儒家思想精神和《司马法》《吴子》等兵书的态度是完全一致的，讲求战争不得伤害无辜甚至要优待战俘或伤残者。《说苑·政理》认为"无夺无伐，无暴无盗"，指出战争应最大限度不破坏民生基础、不伤害生灵性命。《战狼 2 》《空天猎》等中都蕴含了战争之下的社会动荡、民不聊生的残酷现实，电影《红海行动》更是使用了大篇幅的特写镜头去展现战争之下社会稳定、生命生存等的不复存在，以逼真的画面还原战争所裹挟的危害，战争必然意味着暴力，意味搏杀戮掠。故而基于社会安定、民生安稳，个体生命、生存不受干扰、侵害，抑或是保障个人生命的存在及个体的发展，影片《红海行动》是对战乱的质问，是对霸强的声讨，更是无差别攻击之下个体生命、生存的呻吟。

三、情爱之隐

电影在建构自身价值体系的时候，通常是在自我与集体、个人与社会、个体与国家之间建立相斥性的价值谱系，并为人物提供排他性的价值选项。这种相斥性的价值建构谱系，具体体现为两个层面：一是使剧中人物要么皈依于集体、社会、国家的价值体系之中，远离自我、个人、个体的价值追求；二是使剧中人物沉溺在自我、个人、个体的价值取向之中，悖逆于集体、社会、国家的价值目标。而情爱作为服务于个体内在精神需求的满足，传统文化倡导重礼法、轻情感。而在商业化的驱使下，促使电影在表达情感层面具有显著的变化，诚如"随着社会文化的发展，青年群体的价值观延伸至社会的主流观念，物质欲望充斥着青春群体的成长，情感的功利化、边缘化促使青春群体信仰、道德的迷失"[1]。进而表现而外放的情爱欲望。如《战狼 2》中冷锋对龙小云的爱、《空天猎》中吴迪对赵亚莉的情、对凌伟峰的义等等都是通过艺术手段而进行情爱的直接表露，通过行动、言辞而弥漫在战争中的情感叙事。而影片《红海行动》对爱情、亲情、友情的书写重回了传统对情感的规制，取缔了外在化的情感表达方式，采用内隐式、含蓄式的叙事手法阐释了国家、民族大义面前隐晦、羞涩的情爱观。

影片《红海行动》也不乏对情感进行了若隐若现的表达。对于友情的表达，海域站中队员夏星被射穿神经，队长隐瞒事实带领队员继续作战的决心，并非不关心，而是内心对战友隐忍的关心与呵护，在自我意识下强制压抑的战友情，采用完成任务而达到对战友的“无声”关怀与强有力的支撑。在枪战、坦克战等的团队作战中，蛟龙突击队队友之间由于战场混乱、战事焦灼而并无太多的语言上的沟通与交流，队友之间采用行动上的相互切合、相互照应阐释了保护与攻击之间、队友之间最深层的情感牵绊。以及顾顺对李懂的言语鼓励与行为支持、庄羽在生命弥留之际用尽最后的力气连接通讯、石头拼命保护战友等等都是对友情“无声”却有力的阐释；对于亲情的表达，记者夏楠口中的“总有一些比生命更重要”隐含的是正义、真相、事实，所折射出隐藏在内心对丈夫、孩子的思念和爱，以及郁结在内心的痛苦与不安，直到得知助手遇害后的呐喊与咆哮，将原本隐于内心的复杂情感进行了外化表现，将内心对爱人、亲人、友人已逝而自己独活的悲哀与凄凉进行了诠释，更是一种国家、民族之前，个人情爱的压抑与克制。而街巷战中被恐怖组织以孩子威胁开车作为人肉炸弹的父亲的痛苦，在个人生命与孩子生命之间选择后者的父爱，面对救助却哀求徐宏救孩子将父亲对儿子的真挚、无私的亲情进行了表达；对于爱情的表达，集中于佟莉与张天德（石头）之间未曾言明的爱情故事，以战场上两人相处的场景去描述战争之下爱情的隐忍，例如在团队作战后石头手中递过的糖，石头防弹背心内侧藏着两人的合照，石头在个人生命弥留之际佟莉的口中呐喊的“回家了”……张天德与佟莉之间是一段未曾言明而隐匿于战争之下的爱情，影片使用两人在战场上的互动取缔了商业化爱情直白、外放的表现方式，采取羞涩、含蓄、间接的方式进行爱情的诠释。

电影对于情感的表达根据时代的变化而呈现不同的侧重点，亲情的阐释游走于叛逆与回归，友情的表达固守于“肝胆相照”“出生入死”，爱情的诠释从传统的“父母之命，媒妁之言”的制约到改革开放之后爱情懵懂、内隐到释放欲望、开放的情感叙事。而电影《红海行动》对于个体情感的阐释却呈现出不同的风格，回归到集体之下羞涩的爱情、无声的亲情与真挚的友情的雕刻，特别是对爱情的刻画，将其笼罩于集体主义之下个人情爱欲望在正义、道义面前的置后及隐忍，进而在情感叙事的变化之中阐释国家、个人之间的存在关系。

结语

电影承载了文化符号，将文化进行了艺术化、商业化的处理，呈现对现实生活的折射。《风声》《建国大业》《集结号》《十月围城》《湄公河行动》中有些影片都是电影市场年度的单片票房冠军，为中国电影与好莱坞电影在中国市场上的博弈赢得了决定性的市场份额，但从伦理视角分析，其伦理价值单一。而电影《红海行动》映射了战争的残酷与无情，以艺术的方式演绎战争之下“勇者无惧，强者无敌”的人类命运的共同体，将个体与国家之间的关系进行了深刻的阐释，以铁骨柔情蛟龙突击队表达了“少年强则国强”的思想观念，以舰队为国家缩影的方式隐喻了“国强而民安”，以战争为主题进行了国家、民族、个人之间伦理关系的诠释，凸显战争题材电影独有的存在价值与意义。

注：

[1]张文博，袁智忠. 新世纪以来青春电影个体伦理研究[J]. 中华文化论坛，2017(11).

［本文系西南大学 2020 年度中央高校基金“创新团队”项目“中国电影伦理思想研究”(SWU2009111)的中期成果］

现实灾难片中空间关系的伦理抒写

——从真实事件到电影《中国机长》

刘　好

电影《中国机长》是根据2018年5月14日四川航空3U8633航班机组成功处理空中突发灾难的真实事件改编。影片主要从飞行在3万英尺空中的灾难空间和地面空间交替进行讲述，在高原航行过程中，突发风挡玻璃爆裂脱落，机组成员与119名乘客经历了低温、缺氧、客舱释压等极端险情，最终凭借机组人员过硬的职业素养、地面安全和调度中心的全力配合安全着陆的故事。“影视作为一种独特的艺术形式，涵盖了人类文化的重要组成部分，并借助符号和媒体进行文化的传播”[1]，以真实事件为故事蓝本进行再创作的影片在银屏上大放异彩，其中一个重要原因在于观众更能透过对现实灾难事件的影像化表达，审视不同空间关系中的伦理抒写。

一、灾难空间——人性自救与职业素养

搭乘航班的乘客，他们均是各怀故事的个体，随着飞机的颠簸和失重经历了一场有关人性底线的洗礼。电影通过对普通个体的描述——他们有的蛮横无理、有的青春叛逆、有的欺骗妻子到拉萨当大厨师……展现当灾难真实发生在身边时，面临死亡的步步逼近必然会爆发危机自救和反思，更有甚者通过情绪的爆发跟空乘人员发生激烈的口角以抒发“我想活着”的意愿的场景。在狭小的空间中，当人性的底线伦理道德开始自省和硝杀后，自然会出现新的现象，即“同理心”的出现。仅会经过短暂的质疑，大家都会成为机舱的命运共同体，面对共同的“敌人”进行战斗，在客舱释压之后帮助第二机长接力“推”其回到驾驶舱，是一种举手之劳的帮助也是一种危机时刻的伦理自救。

求生是所有人的本能，驾驶室一门之隔即会有截然不同的空间解读。驾驶室以内，冷面机长在缺氧、仪表失灵的情况下手动操作飞机；副机长面目全非忍痛继续操作；第二机长担当智囊后盾，驾驶室是无言的，紧张的，不言放弃的。驾驶室以外，乘务长在缺氧情况下用镇定的声音广播——呼唤空乘，用自己的安危换来乘客

的安心,"我们每一个人都接受了日复一日的训练,就是为了能保证大家的安全,这也是我们这些人为什么在这架飞机上的意义"。机舱内是焦灼的,他们唯一能做的就是坚持信念。纵观危机化解的全过程,不简单是用台词来振奋人心,更是通过行动的有效性和准确性来博得乘客和观众的信任。职业伦理是一种职业规范,它是人们在从事职业的过程中形成的一种内在的、非强制性的约束机制,正是因为驾驶室内外所有机组成员对生命的敬畏,对飞机内所有生命体的责任心,用正确的职业伦理觉醒铸就了奇迹的出现。

二、地面空间——规则伦理与后援保障

电影向观众展示了飞机起飞之前机组人员的例行准备工作,熟悉飞行路线,了解天气,查看应急预案;乘务组核对时间、检查形象;繁忙且都市化的机场中不同部门间的交接,大大满足了观众对这一神秘空间的窥探。准备工作完成后,正式进入第二场景——飞机机舱。进入机舱后,机组人员开始检查设备,每一次简单的操作,都要重复口令进行双向确认,一派井然有序。专业且严谨的飞行工作日常,不仅是对影片专业度的一种表达,更是对规则的敬畏。起飞前的各项准备是保障系统的必备,在地面空间中,用机械化的操作步骤奠定了制度和规则的重要性,也是对规则伦理的尊重和肯定。

在电影中,导演还通过多元化视角来讲故事,不仅有机长与航空公司后勤部门的对话、军方航空基地的对话,把飞机、机场地面、军方基地这三者有机串联到一起;消防、公安和各应急部门在统一安排下迅速到位;也有新闻报道、乘客与机组人员家属的视角、航空爱好者以及西南空管局的视角,将天上与地面紧紧地联系在了一起。飞机安全着陆后,导演为了表现民航人通力合作的精神,还安排了刹住滑行不止的飞机场景,将观众的紧张情绪推向高潮。当一切归于平静,救援稳步开展后,不禁让大家思考,在灾难的后方,一定是有国家、家庭和无数多陌生人一起努力与祈福,各出其力、各司其职来制造一次不平凡的成功。

地面空间中机组人员对规则的遵守,灾难空间中乘客的人性觉醒共同战斗,机组人员间的互相信任和熟练操作,外加飞机降落后的有序后援,让这趟航班在空间关系上进行了"人与人、天与地"之间的连接,不仅是同飞机上的每一个人产生了联系,而且让 3U8633 与"我"产生了联系,让这一真实事件的电影化表达更加有张

力，也让对人性的、职业的、规则的伦理抒写得更加有力度。《中国机长》本可以将其表达成为对个人英雄主义的赞颂，叠合灾难空间和地面空间的伦理抒写来看，这趟飞行的每个参与者都是“平凡英雄”，值得被关注和歌颂。

注：

[1]袁智忠.影视文化纲要[M].重庆：西南师范大学出版社，2017：220.

[本文系西南大学 2020 年度中央高校基金“创新团队”项目“中国电影伦理思想研究”(SWU2009111)的中期成果]

从疫病灾难片感受人性光芒

曹峻冰

在新冠肺炎疫情期间，与疫病相关的灾难电影再次受到人们的关注。尽管这些影片故事大多是虚构的，但其中展现出的世间百态，却值得人们回味：影片不仅表现了人类在巨大灾难面前的恐慌，也激发了置身于其中的人们与命运抗争的决心。

极限困境下的守望相助是共同的主题

灾难电影（以下简称“灾难片”）多涉及自然灾害、生态环境突变、基因变异的怪物和失控的科学等题材。其中描写疫病对人类造成巨大灾难的，除《卡桑德拉大桥》《恐怖地带》外，还有《十二只猴子》《传染病》《流感》《釜山行》等。它们在灾难片的主体架构中，融入科幻片、恐怖片、惊险片等类型元素及道德伦理电影等题材成分。作为对死亡或末日恐惧的想象，也作为流行文化的奇异表征，影片往往在令人惊恐的秩序崩塌的镜式情境中，既拷问生死之间的良知，也全力呈现希望与救赎。

同时，为强化叙事张力与情绪感染力，疫病灾难片大都设定了闭锁或牢笼般的灾难时空，比如病毒肆虐的列车、令人绝望的封闭疫区等，且多为具有二律背反色彩的极限处境——它们往往以已经发生或可能发生的现实故事为蓝本。实际上，影片所设定的极限灾难处境在人类历史上并不鲜见，如鼠疫（黑死病）、天花、甲型H1N1流感、霍乱、甲型H3N2流感、埃博拉病毒等，造成成千上万的人罹难，无数家庭整体灭失。

在某种意义上，疫病灾难片的极限处境也具有隐喻意味：它既暗示社会秩序的裂解与崩塌，加剧置身其中且极易陷入盲目的非理性状态的普罗大众的恐慌与焦虑情绪，也让平凡英雄们完成“大写之人”的速写与人性签名，同时高扬主流价值观，达成重构社会平衡的愿望与努力。诚然，疫病灾难不可能彻底避免，但人们应对突发灾难的心态、言行、勇气、胆识则成为叙事重心。疫病灾难片总是自然而然地喻示人们：面对灾难，人们唯理性关爱、守望相助、齐心协力、共抗疫病，方能得救，而自私偏激、作茧自缚、盲目非理性、利欲熏心、恶意相残，都是极不可取的。

对伦理关爱的书写彰显出人性的光芒

其实，身处疫病灾难片所预设的极限处境，个体行为快速演绎成生动的人性镜像。直面生死攸关的突发灾难，人极易失去常态环境中的价值，而以所谓的自由选择所迸发出的人性来实现自我价值的重新定义。生于大地，死于尘土，生命可以被剥夺，但以善良、勇敢、利他、互助的人性所构成的“平凡英雄”形象，则可穿越灾难时空，永远响彻于生者的内心和他们所见的及银幕外的理性世界；而利己、偏私、教唆、损人的恶行，亦会为生者的内心和他们所见的及银幕外的理性世界永远唾弃。

当然，人性书写不外于伦理及伦理秩序。作为人与人相处的各种道德准则，伦理既包含个体和集体处理人与人、人与社会、人与国家、人与自然之间关系的行为规范、责任义务，也含蕴其所凭依的情理、道德。换句话说，一个人的言行只要与他者发生关系，那就关乎伦理秩序，就应符合伦理道德或遵从伦理规范，否则，就可能是反人性、无人性的。立足辩证唯物的立场，具体的人性乃人在一定历史条件下和社会制度中所形成的品性，既受到某一种族集体无意识的影响，也为某种独特的地域和文化所浸染。因而，于险恶或灾难境遇中对生命的渴望，在战斗或竞争中对胜利的希求，对同类间自己所处地位的重视，对与自我习性、认知相似的伴侣的渴求，基于爱心、同理心对同类帮助的意愿等，都应是人性的有机组成部分。

鉴于此，疫病灾难片所趋向的伦理关爱书写与人性光芒已经阐明：不论老幼、尊卑，不管性别、身份，人性的高尚、伟大抑或异化、扭曲都在一个伦理天平上称量。于灾难面前，你可以选择成为英雄，乃至为他人牺牲；你也可以选择成为恶人，不择手段，自私害人；但最终都要为自我行为负责，亦逃不过道德的量度、良心的拷问和公义的审判。

与国外疫病灾难片的主旨相通，国产影视作品也通过对灾难下的人性书写，传递人性的光芒。在此次疫情中，国产影视作品的创作也在积极展开，不仅呈现出灾难下的人间大爱，这些作品也将用英雄形象书写一个个感人至深的战疫故事。比如，目前已经启动创作的《在一起》，将以战疫期间各行各业真实的原型人物、故事为基础，通过艺术加工，塑造战疫一线可歌可泣的平民英雄群像，呈现出灾难下的人间大爱。

既是艺术呈现也是对现实的深刻反思

遵循经典类型程式的优秀疫病灾难片多以鲜活的个性化人物塑造、真切感人的视听修辞、张弛有致的节奏及颇为密实的宏大奇观与微奇观的交相铺叙，营造类型既有的影像风格和审美效果，同时以机巧的策略建构启人深思的题旨深度，进而有效实现突破边界、跨类融合的混搭美学追求。

在一定程度上，西方的疫病灾难片多寄寓了令人忧虑的保守主义欲念膨胀的现实危机意识：社会人际关系渐为谋利的关系所取代，互不信任、彼此倾轧的竞争充斥其中；浪费、污染、堕落和歧视随处可见；人被物化异化，成为他人谋利的手段，失落了本来的人性、人情、道德、理性和自由；失业、暴力、混乱等荡涤着被大众传媒过滤的商品化的社会生活；贪得无厌与滥用工业技术已经破坏了大自然和大自然中的生命形态，随时可能诱发灾难。尽管中西国情与文化根源不同，但是在全球化的背景下，不当的价值观仍然需要警惕。

当下，世界正值2020年新冠肺炎疫情持续肆虐的极限灾难处境中，短短几个月，新冠肺炎已在全球100多个国家和地区蔓延，世界有超100万人感染——世卫组织宣布新冠肺炎成为大流行。毋庸置疑，世界各国都是人类命运共同体中的一员。疫病灾难影视作品反复警示我们，人类只有一个地球，各国共处一个世界。覆巢之下无完卵；灾难无情人有情。灾难固然可怕，然缺乏关爱、丧失人性的人心，则更让人恐惧。因此，人类务必摒弃自私偏见、隔岸观火、以邻为壑、污名抹黑、落井下石之意识行为，秉持互通有无、守望相助、同舟共济、共克时艰之信念决心并勠力践行之，唯此才能在不远的将来赢得抗疫的最后胜利，还世界一个可不戴口罩、能自由呼吸的灿烂明天。当然，人类必须从一次次疫病灾难、生态灾难中得到警醒，吸取教训，总结经验。

灾难虽不可完全避免，但人类无节制地捕猎、贩卖野生动物，过度开发自然等行为诱发了灾难的发生。可以说，疫病灾难片既是艺术的反映，也是对现实生活的写照，不仅剖析了灾难来临时的人性表现，也给现实中的人们上了一课：人与自然和谐相处才能减少灾祸的发生，而当灾难发生时，整个人类，没有人能置身事外。

灾难片的伦理审视

袁智忠

自古至今,世界总是不断发生海啸、地震、火灾、疫情等灾害,时刻提醒人们对自然应抱以尊重和敬畏之情。灾难片是对灾害最直观的表现,它以强大的视觉冲击和心灵震撼成为商业电影的噱头,也反映出一种避世心理和安抚作用:观众观影时处在一种精神紧绷、充满不安全感的虚拟环境中,当看完电影回归现实后,可以意识到现实世界安稳、平静的幸运感;同时,灾难片中勇敢、有责任心和能力超群的英雄人物及所具有的人文关怀,也给予观众精神的慰藉。

灾难片有三个标志:第一,强大的不可抗力因素,来自自然、人为以及外太空的破坏力;第二,巨大的破坏性导致巨大的(主要是对生命的)伤害;第三,表现人类为战胜灾难而付出的牺牲、接受的各种考验,体现出伟大的智慧和努力。战胜恐惧的最好办法就是直面恐惧,而灾难片为我们提供直面恐惧的虚拟体验,由此产生了一种超越恐惧的美学表达和艺术呈现方式。今天,当我们在新冠肺炎疫情的背景下谈论灾难片,似乎变得特别有意义,纵观各种不同题材类型的灾难片,莫不是以表现灾难对个体、人群的伤害为主题。站在伦理视角审视多种多样的灾难片,不难发现总是在其叙事表达、人物塑形、审美追求以及商业化策略上,传达出灾难面前人与人、人与集体(国家)、人与自然之间多层次的伦理道德关系,如生死、爱恨、情仇、信仰、价值观以及梦想。

国产灾难片,经历了初期的《枯木逢春》(1960)、《为了61个阶级兄弟》(1961),到新时期《蓝光闪过以后》(1979)、《特急警报333》(1983)、《冰河死亡线》(1986)、《紧急迫降》(1999),再到新世纪的《惊涛核浪》(2002)、《超强台风》(2008)、《唐山大地震》(2010)、《1942》(2012)、《流浪地球》(2019)等几个阶段。不难发现,伴随新中国电影的发展,国产灾难片一样有着不俗的表现和大踏步前进的轨迹,其叙事一直以家国一体的团圆模式为大前提,从简单的意识形态传达升入到人性、科技、伦理的艺术思维空间。

国内20世纪60年代兴起的灾难片与整个文艺的时代气息一样,传达的是革命现实主义和浪漫主义内在统一的艺术,表现团结友爱、苦尽甘来、战胜一切的道德情怀和革命勇气;改革开放以后,随着西方外来文艺思潮的引入和影响,灾难片也在电影语言表达与呈现方式的现代化浪潮中学习西方,学习甚至模仿好莱坞灾难片，有场面，有紧张，有惊险，有了更多的情感表达和人性表现。

应该说，只有到了《唐山大地震》(2010)、《1942》(2012)，才有真正的中国气派、民族风格、东方伦理精神的灾难电影。在《唐山大地震》中，面对自然灾难，影片在一种东方伦理语境下讲述了灾难、亲情、生死、选择、命运、善爱等复杂命题。该片不是一部单纯的灾难片，其中的价值和技术体现在对特殊年代背景的情怀抒发，对家庭伦理、人物情感的细腻解析。影片呈现了极具震撼效果的灾难场面，但冯小刚导演着力表现东方化的母女、母子，传宗接代生育儿女视点下的生死抉择，从震前漫天飞舞的蜻蜓，到震后惨不忍睹的一片废墟，持续在心灵的跨时空“余震”才是该片内容表现的重中之重。这种基于血亲关系的伦理之痛像一层轻纱，触动着观众内心储存已久、压抑着的悲伤。

[本文原载光明网 2020 年 4 月 21 日，系西南大学 2020 年度中央高校基金“创新团队”项目“中国电影伦理思想研究”(SWU2009111)的中期成果]

风正一帆悬，潮平两岸阔(代后记)

行行重行行，弹指一挥间。从2017年5月20日第一届论坛至今，已然是第四个年头了。前三届会议所取得的成绩和影响，正在逐步发酵，散发它应有的学术光芒。

2019年6月29日第三届论坛甫一结束，第二天(30号)我们会务组就去璧山区作了总结，并就2020年度的论坛作了策划，并于7月10号发出了《中国电影伦理学·2020》会议和书稿的约稿函。10月份贾磊磊老师应邀来西南大学美术学院讲学，我们又藉次机会作了深一步的交流和讨论。本以为6月顺利举办的论坛，因为疫情受到了阻碍。但疫情绝对影响不了我们学术的热情和信心，相反，它使我们变得更坚强，有了更大的决心。

从今年我们在知网上搜索到的电影伦理学及其相关研究成果来看，一是数量明显增多了；二是文章的级别提高了，这一年光C刊就有40多篇；三是研究队伍壮大了。一批年轻的教授、博士加入中国电影伦理学的研究行列。今年的书稿还有一个变化就是根据会议主题投稿的数量增加了。所以今年的书稿基本上就是由网上选稿和应征稿件两大部分构成，单独约稿的情况减少了，这一切着实令我们欣喜。

综观全书，我们还发现，中国电影伦理学的研究在学科创新向学派建设方向迈出了坚实的步伐。这几年，贾磊磊、袁智忠、史可扬、史博公等学者对电影伦理学的学科构建、理论框架等命题作了有价值的研究和思考，袁智忠教授撰写，贾磊磊研究员作序的中国第一部电影伦理学专著《电影伦理学纲要》即将出版。袁智忠教授领衔的创新研究团队的课题《中国电影伦理思想研究》(课题号：SWU2009111)获得西南大学中央高校2020年中央高校基本科研项目资助。这一切，都为进一步建设中国电影伦理学派打下了坚实的基础，提供了良好的条件。

从研究选题和内容来看，较之前三届，呈现出多元化趋势，一些年轻学者的跨界思维显示出了有亮度的学术智慧，研究的学理性和学术思考的深入性也有了极大地提升。风正一帆悬，潮平两岸阔。这一切，又为我们连续性、递进性的推进中国电影伦理学派增添了信心和力量。

“千磨万击还坚劲，任尔东西南北风。”衷心感谢西南大学、北京电影学各位领导的支持和帮助，感谢西南师大出版社米家德社长的大力支持和帮助，特别感谢西南大学新闻传媒学院虞吉院长、李增银书记的关心、支持和帮助。感谢西南大学工作团队的各位小伙伴，他们是：杨璟、刘好、田鹏、赖天虹、张明悦、王琳、宁值、姬婷、唐乐乐、宛君、李檬等。感谢北京工作团队的曹紫烨老师。在推进中国电影伦理学学科研究和学派发展的道路上，我们愿意和各位学者一道竭尽全力，负重前行。

袁智忠
2020 年 5 月 28 日
于西南大学影视传播与道德教育研究所

附录

1.学科范式探究与学理命题拓进——第三届(2019)中国电影伦理学高端论坛学术综述/袁智忠　杨庆梅　张明悦

2.第三届(2019)中国电影伦理学学术论坛在学校举办(西南大学校网)

3.第三届(2019)中国电影伦理学学术论坛顺利举办——坚守本土立场,创构新兴学科,清理影像原罪,探究伦理救赎(腾讯大渝网)

4.会议手册

5.参会名单

学科范式探究与学理命题拓进

——第三届(2019)中国电影伦理学高端论坛学术综述

袁智忠　张明悦　杨庆梅(西南大学新闻传媒学院)

作为一种以人文科学的学术研究为使命的中国电影理论,在坚持正确的思想导向的同时,究竟选择怎样的学术发展方向,确立怎样的科学立场,完成怎样的历史使命,这一系列关系到中国电影理论未来发展以及学科建设的重要问题,是当代中国电影理论界需要自我叩问并且躬身践行的问题。为此,西南大学新闻传媒学院影视传播与道德教育研究所所长袁智忠教授联合北京电影学院未来影像高精尖创新中心中国电影学派研究部部长、中国艺术研究院贾磊磊研究员共同发起并于2019年6月29日在重庆西南大学举办第三届中国电影伦理学学术论坛。

本次论坛主要围绕"中国电影伦理学的元命题及范式研究"、"本土与世界:跨文化视域下的中国电影伦理学"、"原罪与救赎:中国电影伦理学的价值皈依"三个议题展开了激烈的讨论。旨在促进电影伦理学研究的纵深发展,促进电影伦理的学术成果得到集中体现和广泛传播,促进中国电影学研究的全面深入发展。共谋我国电影伦理学在新时代下的学科建设、发展与创新。本次论坛延续学科原创理念、坚守本土立场、清理影像原罪、探究伦理救赎、在学科体系、研究范式、核心命题、话题边界等方面取得了重要突破和收获。

一、中国电影伦理学的元命题及范式研究

每一门学科根据不同的研究对象和宗旨,都会有其学术研究的元命题。它是一门学科最为基本、最为原初的研究对象。正像存在是哲学的元命题,影像是电影的元命题一样,善恶则是伦理学的元命题。基于此,就电影伦理学而言,它的元命题既包括影像、镜头、叙事这些来自电影本体的核心概念,同时也包括是非、善恶、正邪这些来自伦理领域的主要命题。

中国要给电影的新时代建构一个文化体系,汇聚传统。北京电影学院贾磊磊教授在致辞中指出,近三年,中国电影连续17年的高速增长已是事实,但是电影评价体系如何?中国电影伦理学崇尚的是文化精神有表象性,电影伦理学的使命和边界包括影像暴力的正确、正当问题,决定战争胜负的文化伦理问题。电影伦理的主旨关心的是电影作品的伦理化取向,能否有利于我们每一个人。电影的叙事逻

辑与伦理逻辑，是社会政治的表达，不是孤立于现实的虚幻表达。

伦理片是中国电影的“原型类型”，中国电影史上所有卖座的影片，都是具有这种“原型类型”的电影。上海大学饶曙光教授以《哲学伦理化与中国电影“伦理片”原型》为题作了主题发言。他认为，中国哲学乃至所有中国人的思维方式有两大基本特点：一是自觉不自觉乃至潜意识状态中把认识论问题转化为人生论问题，最终都归结为伦理问题、道德问题、善恶问题；二是与西方人的区分型思维方式不同，中国人的思维方式是关联性的。可以说，这两个思维方式最大程度上影响乃至决定了中国人的生活方式、生存状态，也最大程度上影响乃至决定了中国电影及其类型。有人说中国电影原创类型是伦理片、武侠片。而无论是伦理片还是武侠片，其核心观念、文化内涵、思想价值都归于伦理至上、善恶分明。

电影是作为电影伦理批评的一个样本，电影作品是作为一个伦理学要研究的一个新样本，研究电影伦理学能推动伦理学的发展。北京电影学院王志敏教授指出如何对具体的作品从伦理学的角度来指认、批评、识别，这是伦理问题。首先，要知道伦理的本质是什么？伦理的特点是什么？王教授总结了伦理学具有以下四个特点：伦理具有某种程度的稳定性，但不是绝对的，是会漂移的；伦理具有个体性和群体性，不具有百分之百的等同性；伦理具有某种程度的界域性和跨界域性；伦理具有某种程度的先验性和经验性。在进行伦理批评时，能掌握这四点，我们下判断的可靠性就会比较大。他同时指出电影中具有“非道德叙事”或者“不论叙事”。

中国文联电影艺术中心期刊编辑部执行谭政主编以印度电影为切入点，介绍了印度是一个联邦制国家，它有多语种文化、多宗教文化。因此，印度电影叙事伦理有其自身的独特性。主要表现在：一是遵守娱乐观众的叙事伦理，如歌颂爱情忠贞不渝、惩恶扬善，遵循社会的主流伦理。二是显示印度人现实的诉求，承担形塑国家的叙事伦理。三是对宗教特别的尊重和维护，对政治阴暗面无情鞭笞的叙事伦理，不能对宗教进行完全的否定。四是对社会性别中男性地位的尊崇，把貌似不雅的故事做成主流商业叙事且获得好的票房。印度电影与中国电影叙事同构方面主要表现在对家庭的看重、对性的禁忌、对女性权力的维护、对教育公平的呼吁。印度影片的叙事伦理非常契合中国的社会伦理，因此取得可观的票房。印度文化以地球村落文化的共同性为表达基点，对爱情亲情的表达、对女性权利的维护、对教育公平变革观念的呼吁等构成了人类共同情感的呼吁，同时形成了独特的印度电影叙事伦理。

伦理困境正如教育体制一般，有一种约束让人类更好地适应日益变更的社会。

海南师范大学易连云教授从教育意义的角度出发来分析影片《肖申克的救赎》，他提出了三个可供教育借鉴的伦理困境问题。第一，影片给我们展示了一个不为人知的特殊群体（服刑人员）的日常生活。我们对现实中的这群人的生活是陌生的，而我们却认为他们理应被惩罚、被羞辱等，甚至认为对这些人采取一些特殊手段是应该也必需的。第二，安迪对监狱里警察的违法行为的揭露与自身违法越狱的事实构成了一个深刻的法律难题。如果安迪不越狱，监狱中警察的犯罪行为就不能被揭露，而安迪的越狱又必须接受法律对他的审判，是难以进行简单判断的伦理难题。第三，影片展示了肖申克监狱的"体制化"生活给人带来的深刻影响，我们又该如何理解"体制化"对人的约束与塑造。

四川大学曹峻冰教授从"异端立场"的陌生化宗教伦理叙事出发，着重论述了李沧东电影的以下四个命题。第一，残缺与痛苦，宗教伦理意味的现实主义表达。揭示人在边缘状态和社会底层的存在形式是导演进行创作一贯的精神要旨，始终秉持着现实主义的态度为其作品形成一种自上而下的人文关怀和哲理思辨色彩。第二，多元与宽容，宗教伦理与民族性的揭示问题。韩国是一个多宗教并存的国家，多元文化的宗教结构必然导致多信仰的民族心态和伦理。第三，二元对立，存在与缺席的宗教伦理叙事建构。导演对宗教的态度是复杂而深刻的，一方面让宗教元素渗入到人物日常的现实生活伦理关系，但又不断加以嘲讽和颠覆。进而使宗教与现实被剥离，最终指向生命存在的深刻性。宗教信仰提供的只是理想化的精神寄托，而非现实化的实际救赎。第四，植根尘土与生命意义。导演始终致力于电影通过观众亲身经历的痛苦寻找答案，这个答案涉及宗教信仰的探讨，最终还是回归人本身，回归于俗世伦理关系。宗教文化从一个文化符号渐变为探寻人生价值的叙事线索，是另外一种伦理意义上的尘土式回归。

西南大学影视传播与道德教育研究所所长袁智忠教授发言题目为《影像语言的伦理性命题》，以影像语言为切入点，分析到影像表达具有伦理性，影像语言的伦理学表征存在如暴力和性等问题。他从影像作为视听语言及其伦理性存在、影像语言思维伦理性表征、影像语言伦理救赎及审美期待三个方面对影像语言的伦理性命题作了阐释。并指出，我们认为电影有"原罪"，拍电影可以给人提供想象空间，那要如何在其中去完成救赎？因此，影像语言的表达应是含蓄、内敛、意味深长的，而非粗俗、浅显和露骨的；即需以科学的、符合中国传统伦理和审美文化为导向指导当今电影文化的健康发展。另外袁教授还提出如何融通中西，构建符合电影语法逻辑，符合中国传统文化的状态，是我们需继续思考的问题。

二、本土与世界：跨文化视域下的中国电影伦理学

电影伦理是研究电影的重要视野，中国电影学派有着天然的伦理基因，对其深入研究，对中国电影深入研究有重要作用。中国电影产业全球第二，需要理论维度、伦理尺度来保驾护航。

当前叙事伦理问题研究已经比产业研究还热。电影不但要做大，还要讲好故事。上海大学影视学院陈犀禾教授从政治、道德、影像的角度，认为中国电影实践语境中分为政治伦理、道德伦理、影像伦理三个层次。前两个层次主要涉及叙事内容，第三个层次涉及叙事形式和结构。政治伦理是指在社会主义核心价值观引领下的中国电影创作，在中国电影实践中是最重要的考量；它是对中国核心价值观的表述，对规则的遵循。道德伦理的主题在中国电影创作中有悠久的历史，在二三十年代中国电影先驱者对电影的探索中形成了所谓“良心主义”的传统。在中国的现代资本主义思潮兴起的背景下，和“处处唯兴趣至上”的潮流进行了种种博弈。在新时期的中国电影中，把政治伦理和道德伦理看作两个有张力的层面，对政治伦理和道德伦理进行了颠覆性的思考和表达。陈教授还指出影像伦理作为电影美学的形式规范有其特殊性，它在对一些所谓“不道德”的主题进行符合专业性伦理的表达中，探索了人性的深度和事物的真相。

在后伦理时代，我们面临伦理的核心是什么？不再是对个人道德困境的探讨，更多关注的是伦理的公共性。陕西师范大学牛鸿英教授通过三个题目来阐述这个问题：一是以他者为参照的文化正义，从三种人物形象的角度来看“以他者为参照的文化正义”。第一种——越轨者，对比个人困境与现实义务之间矛盾的一种影像化的表达。第二种——陌生人，讲弱势群体的生命镜像与伦理困境。第三种——超道德的英雄，公共义务的承担者。二是以体验为中介的审美协商。电影伦理意义的产生与审美的过程当中，以体验为基础的审美主体，会自觉对伦理问题思考、回应与纠偏。三是以情感为机制的社会共识。在整个审美过程中，核心是情感活动。电影作为一个审美活动，它通过对真实社会的伦理问题的思考，最终和伦理秩序达到一种平衡。电影作为社会谈判的公共空间，它以审美化的情感表达，发起了关于社会道德并以非功利性和超越性的态度建立了一个理想的、能体现话语的公共的领域。

自《罗曼蒂克消亡史》出现后，中国电影出现了一个伦理叙事的失落问题。在电影影像的符号体系之间有没有丧失本身影像传达的伦理体系，大国叙事本身这

个话题也是国家期望获得正面、获得观众认同的一套符号语言体系，是今天电影理论者讨论伦理叙事问题所需关注的问题。当中国电影在讲述大国叙事、海外传播和走向人类命运共同体的体系时，中国的包容性本身，这一套话语体系或表述的过程中是排斥非我族类的，失去包容心和大国风范。中国面对大国叙事，强调国家的文化自信时，带来的是一种在电影语言的表现或符号体系建立当中的悖论。因此，当我们在面对伦理叙事、大国叙事、家国叙事、关注人类命运共同体的话题时，是否需要对其进行修正，上海大学黄望莉教授对此做出叩问。

对伦理的探讨，是通过可使用的方法，感受影片中营造出的无异于生活的“真实感”。但历史真实的追求并不是最大的理想，历史精神和文化伦理的传承和表现才是关键。中国文联电影艺术中心彭流萤副研究员以“中国影视文化伦理的价值预设与建构经验”为题，探讨了善恶观念含混和反常伦理关系成为近年来影视剧人性化探索的表现之一，也引发了诸多指责。伦理概念既拥有着鲜明的特征维度，也具备强烈的价值维度。在影视作品中，使用伦理概念来构建文化事实的可能性，就在于影视事实之价值。同时，影视文化伦理是价值判断的问题，关联着道德，不管是什么样的文化事实都蕴藏有一个道德性的核心，在或多或少的程度上也受到政治看法的影响。研究员还讲到影视对现实题材的把握往往会使社会记忆的结构模糊化，这种尝试不考证影片是否再现、是否真实，但是人们会从实证主义的角度借助其他标准来评估文化伦理显现的准确性。影视作品中所虚拟的生活流程和情节结构，通过还原生活原貌的处理，在这些表象偶然性的背后，仍存在实在的真实世界。伦理来源于此，也凝聚于此。

对于电影伦理学的秩序和规范，西南大学田义贵教授谈到两个问题，一是对于电影伦理学的研究应该追根溯源到现实的秩序问题，并且伦理本身应是一个历史发展的过程，应从历史维度去研究电影伦理学。二是对于伦理规范，我们应该怎样来确定，研究电影伦理学最终的目的，是要建立一种在电影领域的秩序，在此秩序下发展电影产业。

三、原罪与救赎：中国电影伦理学的价值皈依

“原罪”被认为是人思想犯罪和行为犯罪的根源，电影作为一种艺术化的媒介，所承载的内容也不可避免地具有“原罪”，我们讨论电影伦理问题在于它指涉到我们怎么样以学术的方式来消解电影的“原罪”。对于电影“原罪”的界定，我们以一种历史的追问意识呼唤影像伦理，而对于“救赎”的探索，我们也同样需要怀揣诗性

的正义去建构道德法则。

“叙事伦理”作为叙事学发展的一个分支，自身具备着丰富性与整体性，但往往与“伦理叙事”的主题和内容分析所混淆。重庆大学杨尚鸿教授和硕士研究生吴怡萱在《成长与规训：论电影〈狗十三〉流动的叙事伦理》一文中表示，在影视界叙事伦理分析呈现出注重故事内容伦理而缺少叙事形式探究，针对具体影片的叙事伦理解读应该着力于对叙事本身的关注和对影像本体的审视。以电影《狗十三》为例，分析影片叙事过程中产生的伦理意涵，区分伦理叙事与叙事伦理两种不同视角下影片内涵的变化。从影像的视觉伦理和听觉伦理两个方面出发阐释伦理的情境逻辑，并试图去论证影像不仅是为了伦理主题而展开，叙事进程和叙事行为中同样产生了伦理的价值。电影叙事既是审美的，也是伦理的，电影因自身的视听影像性质成为伦理试验场，而这也必然是感性和情动的生成。

西南大学虞吉教授从伦理角度出发，分享了伦理分为条款式的外在伦理和具有内在规定性的内在伦理。中国历史契机赋予了伦理稳定性，中国电影具有自身的历史契机，在这种历史契机中生成了“良心主义”影像传奇叙事的观念美学体系，“良心主义”是一种业界从业的共识，同时又是一种内在伦理的一个规定，“良心主义”要在影像传奇叙事中去实现。虞教授还提到中国电影伦理学最终皈依为“良心主义”的大范畴，因为有时“良心主义”是被掩藏的，需在各个历史阶段来研究它的价值演变。

中国文联电影艺术中心主任刘浩东教授认为：电影首先是消费的、工业的，其次才是伦理的、文化的。以喜剧电影为例，讲到喜剧电影是本土的、是不断被复制的，其最大的特点是明星和文化情趣，喜剧电影明星才是最大的收获者。

江苏师范大学刘永宁教授介绍了“视觉禁忌”的艺术化呈现是有效净化银屏的途径，有体现电影商业伦理的底线、平衡电影伦理性与商业性对立的矛盾。从创作角度对电影伦理学的完善，丰富了中国电影学派理论体系，中国电影“视觉禁忌”艺术化呈现具有影像的表现性和含蓄隽永的影像风格的独特性。

中国传媒大学电影研究所所长史博公教授在文章《中国电影与现代婚恋伦理变迁述论（1913—1966）》中认为，民国电影中的婚恋伦理体现在对传统婚恋伦理的扬弃、对现代婚礼伦理的倡导、长期战乱对婚礼伦理的影响三个方面。而新中国电影中的婚恋伦理由于受到新中国法律对婚恋伦理的改良和新中国道德对婚恋伦理的重构，使得新中国的婚恋伦理变革具有官方性、突变性的特征。

从谍战剧入手，华中师范大学彭涛教授讲到其叙事魅力是靠伦理的悖论，把人物置于一种伦理的困境中去推动的。如在革命叙事电影中，有较多假扮夫妻的情节设计，有人伦和革命的伦理困境。有算计同事的情节设计，需不断地使用谎言；这在世俗理论中，谎话连篇，是被讨厌的，而影视剧把这种行为看作是智慧，存在伦理悖论。杀人情节设计，被看作是果敢，没有对生命的怜惜和罪恶感，存在伦理悖论。最后是身份设置，一个人物担当多个角色，也有伦理的冲突和障碍。

重庆师范大学颜春龙教授强调了电影是一种公共性产品的重要性。在电影整个公共空间当中，反公共性或者反公共领域这种形态没被注意，更多是过于艺术化地从诗性和美学角度去解读。从电影的制作、创作、流动、传播，整个公共空间到公共领域的转化一直是存在的。因此我们应当考虑的问题是电影伦理的公共性以及在影片当中或传播过程中的反公共性到底如何消解、如何重新建构。

清华大学博士后庞博对具有浓重伦理色彩的电影《嘉年华》发表了自己的看法，以"色彩表意"和"场面调度"两个方面切入，详细分析该片在影像语言上对于性别二分法的颠覆和超越，进而呈现出其对于后现代女性主义思想的积极回应。

美国南加州大学硕士生袁小令分析了道德和伦理的差异，对其概念化的所指进行了非常形象的描述。以《绿皮书》为载体进行了深入、到位的文本解析。解释了影片不论从道德还是伦理层面都被美国和中国观众所接受，并对这种接受作了深层次的分析。并且指出观众对黑人主人公和白人配角的接受和欣赏，实际是对他们人格中美和善的欣赏。

四、结语

电影作为大众文化的典型代表，一直活跃在审美、生活、文化生产和传播的前沿，在伦理学术方面存在诸多问题，但也是充满活力的。牛鸿英教授为"本土与世界：跨文化视域下的中国电影伦理学"圆桌分论坛作了总结。她讲到本组从研究的导向上，覆盖理论导向、问题导向、对策导向。从理论导向上，主要涉及伦理学研究学科的方法性、合法性的学术泛型角度，伦理学建构的话语正义、社会正义、达成社会共识的理论性角度。同时包括对基本伦理学的理论问题探讨、个体和集体的关系、伦理秩序的变迁、伦理秩序的合理性等。在问题导向上，把电影伦理学在当下呈现出的两个向度问题清楚表现。一是批判性向度，包括对于电影价值观念的导向失范。二是积极的建构性问题导向，包括对于生命伦理的关怀，生命伦理的尊重，以及以积极的伦理态度和价值取向对于社会伦理现实的积极的建构性的肯定。在对策导向上，提出可以借鉴文学研究的方法来推进伦理学研究方法，来使得电影伦理学能更好地向未来迈进提出对策。在研究方法上，一是学科融合，把美学、社会学、伦理学、政治学一系列多元的视角透视到电影伦理学研究领域中。二是把西方的理论话语、理论思潮和中国传统文化的道德本位本土的特点资源以及中国现实的境况相结合两个突出特点。通过研讨发现，电影伦理学的研究从电影的角度，它赋予了伦理问题和社会正义解决它的一个审美的公共性路径。对于电影来说，伦理角度赋予了它人性的温度以及哲学性的深度。所以这两者的结合给电影研究开辟出面向未来广阔、有效的路径。

重庆大学范蓓教授为“原罪与救赎：中国电影伦理学的价值皈依”圆桌分论坛作了总结。他讲到不仅有电影伦理学的问题，还有电影批评和电影研究的伦理问题。讨论电影评论、电影研究的伦理，可从电影研究和电影评论最基本的任务去发掘或识别好的作品。电影批评和电影研究是为了更好的理解电影与个体、电影与社会、电影与国家、电影与世界的复杂关系。另外，电影研究的伦理还包括拓宽电影研究言说的渠道。

最后，陈犀禾教授为本次论坛作了学术总结。他首先对袁智忠教授和贾磊磊教授所创立电影伦理学表示充分肯定。他认为，电影伦理学在目前已然成为一个新的电影学的研究热点，电影在面临着做大做强的背景下，这些热点不会不被重视，尤其是在“讲好中国故事”大环境下，电影伦理学会成为电影研究一个持久的热点。本届学术会议在延续和推进前两届学术命题的基础上，成果丰硕。此外，贾磊磊教授对会标“诗性正义”作了阐释，诗性正义来自努斯鲍姆的《诗性正义：文学想象与公共生活》一书中，指的是不可为而为之，如士兵为了旗帜而前赴后继。电影作为最感人的部分是现实生活中难以完成的或不可能完成的，电影伦理学某种意义上是现实世界中人的救赎，这就是我们讨论的诗性正义。

第三届(2019)中国电影伦理学学术论坛在学校举办

6月29日,由学校和北京电影学院主办,学校影视传播与道德教育研究所、北京电影学院未来影像高精尖创新中心联合承办的"第三届(2019)中国电影伦理学学术论坛"在桂圆宾馆会议室顺利举行。来自北京、重庆、上海、浙江、江苏、四川、湖南、湖北、陕西、云南、贵州、海南等地高校和研究机构共80余名专家学者参加论坛。

本次论坛以"中国电影伦理学的本土立场及其学科建构"为主题,对中国电影伦理学的历史演进及其学科建构、电影的"原罪"及其"救赎"、中国电影的伦理叙事及其批评、中国伦理道德在电影文化中的表现研究、中国电影伦理批评的学术范式、中国电影伦理学视角的文本批评及其个案研究等论题进行深入、激烈的学术探讨。论坛由影视传播与道德教育研究所所长袁智忠担任主持人。

中国艺术研究院原副院长、北京电影学院未来影像高精尖创新中心特聘研究员贾磊磊,中国电影家协会原秘书长、博士生导师饶曙光,上海大学影视学院、博士生导师、电影学科带头人陈犀禾,北京电影学院、北京电影学院未来影像高精尖创新中心顾问王志敏,中国文联电影艺术中心期刊编辑部执行主编、北京电影学院未来影像高精尖创新中心研究员谭政,海南师范大学、博士生导师易连云,四川大学文学与新闻学院教授曹峻冰,西南大学新闻传媒学院教授虞吉等专家学者为大会分别致辞或发表主题讲话。

下午,以"本土与世界:跨文化视域下的中国电影伦理学""原罪与救赎:中国电影伦理学的价值皈依"为主题的两个圆桌分论坛正式开始,论坛期间,高校专家、学者,就"伦理救赎""伦理失范""电影的叙事伦理""中国电影伦理研究的公共性价值""电影的伦理叙事及其批评""题材电影创作刍议"等学术问题进行了广泛而深入的交流与探讨。

中国电影伦理学是一门原创交叉学科,迄今已成功举办了两届论坛,至今已出版了《中国电影伦理学·2017》《中国电影伦理学·2018》《中国电影伦理学·2019》三本学术论文集。在理论与实践相结合的基础上,力争扩大研究视野,夯实学术厚度,为中国电影伦理学的进一步发展壮大而不断努力。

(新闻传媒学院杨庆梅、田鹏供稿　韩笑编辑　周翱审核)

第三届(2019)中国电影伦理学学术论坛顺利举办

——坚守本土立场,创构新兴学科,清理影像原罪,探究伦理救赎

6月29日,由西南大学和北京电影学院主办,西南大学影视传播与道德教育研究所、北京电影学院未来影像高精尖创新中心承办的"第三届(2019)中国电影伦理学学术论坛"在西南大学桂圆宾馆顺利举行。来自北京、上海、浙江、重庆、江苏、四川、陕西、湖南、云南、贵州、湖北、海南等地高校和研究机构共80余名学者参加论坛,参加本次论坛的还有凤凰网、网易新闻、腾讯大渝网、中国教育网、中国新闻社、重庆电视台、重庆晚报等10余家媒体。

本次论坛围绕"中国电影伦理学的本土立场及其学科建构"的主题,对中国电影伦理学的历史演进及其学科建构、电影的"原罪"及其"救赎"、中国电影的伦理叙事及其批评、中国伦理道德在电影文化中的表现研究、中国电影伦理批评的学术范式、中国电影伦理学视角的文本批评及其个案研究等问题进行深入的学术探讨。促进电影伦理学研究的纵深发展,促进电影伦理的学术成果得到集中体现和广泛传播,促进了中国电影学研究的全面深入发展。共谋我国电影伦理学在新时代下的学科建设、发展与创新。

上午9点,"第三届(2019)中国电影伦理学学术论坛"正式开始,西南大学影视传播与道德研究所所长袁智忠担任论坛主持人。中国艺术研究院原副院长、北京电影学院未来影像高精尖创新中心特聘研究员贾磊磊,中国电影家协会秘书长、教授、博士生导师饶曙光,上海大学影视学院教授、博士生导师、电影学科带头人陈犀禾,北京电影学院教授、北京电影学院未来影像高精尖创新中心顾问王志敏,中国文联电影艺术中心期刊编辑部执行主编、北京电影学院未来影像高精尖创新中心特聘研究员谭政,海南师范大学教授、博士生导师易连云,四川大学教授曹峻冰,西南大学教授虞吉等专家学者为大会分别致辞或发表主题演讲。

下午14点30分,以"本土与世界:跨文化视域下的中国电影伦理学"、"原罪与救赎:中国电影伦理学的价值皈依"为主题的两个圆桌分论坛正式开始。论坛期间,来自北京大学、清华大学、北京电影学院、中国传媒大学、上海大学、中国艺术研究院、浙江传媒大学、华中师范大学、四川大学、南京大学、上海交通大学、北京师范大学、海南师范大学、陕西师范大学、华东师范大学、南京师范大学、重庆交通大学、重庆师范大学、西南大学、重庆大学、重庆邮电大学、贵州师范大学、云南大理大学、

重庆文理学院等多名高校专家、学者，就伦理救赎、伦理失范、电影的叙事伦理、中国电影伦理研究的公共性价值、电影的伦理叙事及其批评、题材电影创作刍议等学术问题进行了广泛的交流与探讨。

论坛最后，袁智忠教授为论坛作学术总结，贾磊磊教授为论坛致闭幕词。

中国电影伦理学是西南大学袁智忠教授和北京电影学院贾磊磊教授联合发起的原创交叉学科，已成功举办了“首届中国电影伦理学学术论坛”“第二届中国电影伦理学术论坛”两次论坛，均产生了良好的学术反响，出版了《中国电影伦理学·2017》、《中国电影伦理学·2018》、《中国电影伦理学·2019》相关论文集。在理论与实践相结合的基础上，力争扩大研究视野，夯实学术厚度。

第三届(2019)中国电影伦理学学术论坛

主办:西南大学北京电影学院

承办:西南大学影视传播与道德教育研究所

北京电影学院未来影像高精尖创新中心

2019 年 6 月 29 日

一、会议名称

第三届(2019)中国电影伦理学学术论坛

二、会议主题

电影诞生的一百多年来，对于推动人类社会在政治经济、文化思想领域的进步，促进艺术的繁荣发展作出了许多不可磨灭的贡献。可是这些耀眼的光环并不能掩盖电影在一百多年来对人类社会所造成的的其他影响和所产生的消极作用。电影到底有多少“原罪”，我们该如何“救赎”它？这正是电影伦理学不可推卸的历史责任。

电影伦理学的研究对象并不仅仅针对中国电影，而是对一百多年来已有的多种多样的电影以及电影的各个方面，从各个角度出发进行伦理追问。在前两次中国电影伦理学学术会议的坚实基础上，第三届(2019)中国电影伦理学学术会议所涉及的范围更为广泛，涵盖电影伦理学的历史研究、电影的“原罪”及其“救赎”、电影伦理叙事、电影伦理批评的学术范式等多个方面的内容。这是一项浩大工程，需要全国的学者专家们齐心协力，思维交锋碰撞出学术闪耀之火花，共同为中国电影伦理学的进一步发展、壮大而助力。

三、会议议题

1. 中国电影伦理学的历史演进及其学科建构
2. 电影的“原罪”及其“救赎”
3. 中国电影的伦理叙事及其批评
4. 中国伦理道德文化在电影文化中的表现研究
5. 中国电影伦理批评的学术范式
6. 中国电影伦理学视角的文本批评及其个案研究

四、会议规模

与会人员:80 人

五、会议时间

时间:2019 年 6 月 29 日

六、会议地点

中国·重庆·北碚·桂园宾馆

地址:重庆市北碚区西南大学5号门

七、论文成果

《中国电影伦理学·2017》,西南师范大学出版社出版

《中国电影伦理学·2018》,西南师范大学出版社出版

《中国电影伦理学·2019》,西南师范大学出版社出版

八、会议议程

2019年6月29日重庆西南大学桂园宾馆	
6:30—8:00	早餐
8:00—8:30	与会人员签到
9:00—9:40	开幕式
主持人:	袁智忠　西南大学新闻传媒学院教授,博士生导师,影视传播与道德教育研究所所长
开幕式(讲话嘉宾)	1.虞　吉　西南大学新闻传媒学院教授,院长中国高教影视学　会副会长 2.饶曙光　中国电影家协会秘书长,教授,博士生导师 3.贾磊磊　中国艺术研究院原副院长、研究员,北京电影学院未来影像高精尖创新中心、中国电影学派研究部特聘研究员 4.陈犀禾　上海大学影视学院教授、博士生导师,电影学科带头人 5.易连云　海南师范大学,教授,博士生导师,中国教育学会德育专委会副理事长 6.谭　政　中国文联电影艺术中心期刊编辑部副主任、北京电影学院未来影像高精尖创新中心特聘研究员
9:40—10:20	合影、茶歇
10:20—11:40	主题发言:中国电影伦理学的元命题及范式研究

续表

2019年6月29日重庆西南大学桂园宾馆	
10:20—11:40	主持人:虞吉 点评人:谭政 1.贾磊磊　中国艺术研究院原副院长、研究员,北京电影学院未来影像高精尖创新中心、中国电影学派研究部特聘研究员 2.饶曙光　中国电影家协会秘书长,教授,博士生导师 3.王志敏　北京电影学院教授,北京电影学院未来影像高精尖创新中心顾问 4.谭　政　中国文联电影艺术中心期刊编辑部副主任,北京电影学院未来影像高精尖创新中心特聘研究员 5.易连云　海南师范大学,教授,博士生导师,中国教育学会德育专委会副理事长 6.曹峻冰　四川大学文学与新闻学院教授 7.虞　吉　西南大学新闻传媒学院教授,院长中国高教影视学会副会长 8.袁智忠　西南大学新闻传媒学院教授,博士生导师
12:00—14:20	午餐、休息
圆桌论坛,集体交流	
14:30—17:30	本土与世界:跨文化视域下的中国电影伦理学 主持人:曹峻冰 点评人:贾磊磊　陈犀禾 谭　政　彭流萤　黄望莉　牛鸿英　薛利霞　吴卫华　王华敏 李姗泽　高秀昌　任　丑　田义贵　李远毅　袁智忠　罗显勇 魏小勇　唐仁平　唐　红　邓建中　文华权　刘晓军　李天福 李红秀　李明海　何晓燕　秦红雨　吴林博　贾　森　马　健 余鸿康　张文博　袁小令　秦　昕　赵　敏　彭　成　田　畅 高　原　杨　璟
15:50—16:10	茶歇

续表

<table>
<tr><td colspan="2">2019 年 6 月 29 日重庆西南大学桂园宾馆</td></tr>
<tr><td>14:30—17:30</td><td>原罪与救赎:中国电影伦理学的价值皈依
主持人:杨尚鸿
点评人:饶曙光　王志敏
易连云　史博公　虞　吉　张　燕　刘浩东　郭　亮　庞　博
彭　涛　邵瑜莲　武新宏　刘永宁　骆　平　付筱茵　邱正伦
段运冬　范　蓓　颜春龙　韦济木　江　锐　韩　敏　白　璐
曾　峥　刘丹凌　张泽钊　林雪娇　邓延庆　范文静　唐　杰
武　静　张　强　鲁　艺　徐庆兰　石玉洁　刘宜东　刁　颖
罗　曼　石　纯　刘　好　田　鹏</td></tr>
<tr><td colspan="2">闭幕式主持人:袁智忠</td></tr>
<tr><td>17:40—18:00</td><td>学术总结:贾磊磊</td></tr>
<tr><td colspan="2">闭幕辞:袁智忠</td></tr>
<tr><td>18:30—20:00</td><td>晚宴</td></tr>
<tr><td colspan="2">主席台就座名单:贾磊磊、饶曙光、陈犀禾、王志敏、谭　政、易连云、虞　吉、袁智忠</td></tr>
</table>

附件 1：

第三届(2019)中国电影伦理学学术论坛
邀 请 函

尊敬的________(先生/女士)：

您好！

为了推进电影伦理学研究的纵深发展，促使电影伦理的学术成果得到集中体现和广泛传播，促进中国电影学研究的全面深入发展，由西南大学和北京电影学院主办，西南大学影视传播与道德教育研究所、北京电影学院未来影像高精尖创新中心承办的"第三届(2019)中国电影伦理学学术论坛"将于2019年6月28日至30日在西南大学桂园宾馆(重庆市北碚区天生路2号，西南大学5号门)举办。此次会议以"中国电影伦理学的本土立场及其学科建构"为主题，分为以下6个议题：

1. 中国电影伦理学的历史演进及其学科建构
2. 电影的"原罪"及其"救赎"
3. 中国电影的伦理叙事及其批评
4. 中国伦理道德在电影文化中的表现研究
5. 中国电影伦理批评的学术范式
6. 中国电影伦理学视角的文本批评及其个案研究

鉴于您在电影研究领域的突出地位和重要影响，诚邀您莅临论坛，并就上述议题发表鸿论，嘉惠学林。

论坛真诚期待您的支持帮助与指导！敬请拨冗与会，并复回函。

西南大学影视传播与道德教育研究所
北京电影学院未来影像高精尖创新中心
2019年6月15日

附件2：

第三届(2019)中国电影伦理学学术论坛会议议题

1. 中国电影伦理学的历史演进及其学科建构
2. 电影的“原罪”及其“救赎”
3. 中国电影的伦理叙事及其批评
4. 中国伦理道德在电影文化中的表现研究
5. 中国电影伦理批评的学术范式
6. 中国电影伦理学视角的文本批评及其个案研究

本次会议共设有3个分论坛，分别为：

1. 影像“原罪”与伦理“救赎”
2. 多元审视与学科创建
3. 伦理视野与个案批评

附件 3:

第三届(2019)中国电影伦理学学术论坛工作成员及主要联系电话

总　负　责:贾磊磊 袁智忠 刘 军

北京联系人:梁恩和(联系电话:18710102167)
张晓峰(联系电话:15910483705)
黄　今(联系电话:18013965486)

重庆联系人:张明悦(联系电话:16602305225)
田　鹏(联系电话:13372721431)

秘　书　处:彭　成(联系电话:13983684697)
田　畅(联系电话:18623657107)

会　务　组:张明悦(联系电话:16602305225)
田　鹏(联系电话:13372721431)
刘　好(联系电话:17783068008)
鲁　艺(联系电话:18623188742)
周星宇(联系电话:13628326129)
郗嘉瑶(联系电话:19923803559)
董维喆(联系电话:18202365540)

接　待　组:郑　义(联系电话:13368060805)
李鹏宇(联系电话:18581292304)
张　强(联系电话:18680796607)
鲁　宁(联系电话:17723582598)
李子祾(联系电话:17723987440)
秦　昕(联系电话:13635421562)
赵　敏(联系电话:13708660950)
牟馨馨(联系电话:15178707226)

宣　推　组:杨庆梅(联系电话:18875088713)

杨　璟(联系电话:18996226416)
何　周(联系电话:17723596927)
巴靖雯(联系电话:18883368863)
尹葰嫣(联系电话:13618009944)
田素娟(联系电话:18883186189)

1. 参会名录

第三届中国电影伦理学学术论坛

参会专家

序号	姓名	简介
1	贾磊磊	中国艺术研究院原副院长、研究员，北京电影学院未来影像高精尖创新中心、中国电影学派研究部特聘研究员
2	饶曙光	中国电影家协会秘书长，教授，博士生导师
3	刘浩东	中国文联电影艺术中心研究员
4	谭政	中国文联电影艺术中心期刊编辑部副主任，北京电影学院未来影像高精尖创新中心特聘研究员
5	张燕	北京师范大学教授
6	刘永宁	江苏师范大学教授，北京电影学院未来影像高精尖创新中心特聘研究员
7	王志敏	北京电影学院教授北京电影学院教授、博士生导师，《北京电影学院学报》主编，重庆大学美视电影学院教授、硕士生导师，华东师范大学传播学院兼职教授及博士生导师。
8	陈犀禾	上海大学影视学院教授、博士生导师，电影学科带头人
9	黄望莉	上海大学副教授，上海电影学院制作部主任，上海电影评论协会会员
10	史博公	中国传媒大学电影研究所所长，中国区域电影文化研究中心主任
11	彭流萤	中国文联电影艺术中心助理研究员
12	吴卫华	三峡大学教授，硕士生导师，湖北省新闻与传播教育学会副会长
13	庞　博	清华大学博士后、助理研究员
14	易连云	海南师范大学教授，博士生导师，中国教育学会德育专委会副理事长
15	牛鸿英	陕西师范大学新闻与传播学院副院长，教授
16	薛利霞	陕西师范大学新闻与传播学院研究生
17	曹峻冰	四川大学文学与新闻学院教授
18	袁一民	四川大学艺术学院副教授
19	骆　平	四川师范大学传媒学院院长、教授
20	刘广宇	四川师范大学，教授，博士生导师
21	高　力	西南交通大学影视文化研究中心主任，教授

续表

序号	姓名	简介
22	彭　涛	华中师范大学新闻传播学院教授
23	濮　波	浙江传媒学院专任教师 副教授
24	邵瑜莲	嘉兴学院教授
25	周　翱	西南大学宣传部副部长
26	董小玉	西南大学新闻传媒学院创院院长、教授、博士生导师
27	虞　吉	西南大学新闻传媒学院教授，院长，中国高教影视学会副会长
28	夏　俊	西南大学新闻传媒学院党支部书记
29	涂　涛	西南大学新闻传媒学院教授
30	赵　剑	西南大学新闻传媒学院副院长、副教授
31	杨　涛	西南大学新闻传媒学院党支部书记
32	秦红雨	西南大学新闻传媒学院教授
33	袁智忠	西南大学教授、博士生导师、影视传播与道德教育研究所所长
34	韩　敏	西南大学新闻传媒学院教授
35	陶　红	西南大学新闻传媒学院教授
36	韩　敏	西南大学新闻传媒学院教授、传播学系主任
37	刘丹凌	西南大学新闻传媒学院教授、新闻系主任、硕士生导师
38	付筱茵	西南大学新闻传媒学院教授
39	何晓燕	西南大学新闻传媒学院副教授、硕士生导师
40	王命洪	西南大学新闻传媒学院讲师
41	刘小霞	西南大学新闻传媒学院副教授
42	汤天甜	西南大学新闻传媒学院副教授、硕士生导师
43	代玉梅	西南大学新闻传媒学院副教授、硕士生导师
44	崔　丽	西南大学新闻传媒学院副教授、硕士生导师
45	骆　鹏	西南大学新闻传媒学院副教授、硕士生导师
46	王华敏	西南大学教育学部党委副书记、教授
47	李姗泽	西南大学教育学部教授、博士生导师
48	高秀昌	西南大学政治与公共管理学院哲学教授、博士生导师
49	任　丑	西南大学政治与公共管理学院伦理学教授、博士生导师

续表

序号	姓名	简介
50	田义贵	西南大学文学院教授 博士生导师、重庆广播影视专委会常务副会长
51	邹顺康	西南大学政治与公共管理学院教授、重庆市伦理学学会副会长、中国伦理学会理事
52	邱正伦	西南大学美术学院教授、博士生导师,重庆城市美学学会会长
53	段运冬	西南大学美术学院副院长、教授、博士生导师
54	颜春龙	重庆师范大学新闻传媒学院院长
55	韦济木	长江师范学院传媒学院院长、教授
56	李明海	重庆示范大学教授、硕士生导师
57	李天福	重庆文理学院副校长
58	罗显勇	重庆大学美视电影学院副教授
59	杨尚鸿	重庆大学美视电影学院教授、硕士生导师、常务副院长
60	范　蓓	重庆大学美视电影学院教授、硕士生导师
61	周　刚	梁平区教委主任,研究员
62	邓建中	重庆市教科院政策法规处处长
63	李远毅	西南大学期刊社社长
64	邓延庆	璧山区委宣传部、宣传科科长
65	文华权	重庆晚报编辑
66	李红秀	重庆交通大学人文学院教授
67	田　园	贵州民族大学副教授
68	白　璐	重庆师范大学涉外商贸学院讲师
69	黄文贵	重庆科技学院中文系副主任
70	王诗秒	西南是有大学艺术学院
71	秦　昕	重庆理工大学讲师
72	赵　敏	云南大理大学讲师,艺术美学博士(在读)
73	彭　成	重庆涉外商贸学院副教授、人事处处长,艺术美学博士(在读)
74	田　畅	重庆人文科技学院艺术学院副教授
75	杨　璟	重庆人文科技学院艺术学院副教授
76	刘宜东	西南大学在读博士研究生

续表

序号	姓名	简介
77	刁　颖	西南大学在读博士研究生
78	罗　曼	西南大学在读博士研究生
79	石　纯	西南大学在读博士研究生
80	袁小令	美国南加州大学硕士研究生
81	贾　森	长江师范学院讲师
82	马　健	南京大学电影学博士研究生
83	余鸿康	南方翻译学院讲师
84	张文博	重庆融智学院教师